荣获华东地区大学出版社第七届优秀教材、学术专著二等奖

园林建筑设计

王晓俊　陈　蓉
王　萌　汤　猛　编著

东南大学出版社·南京

内 容 提 要

园林建筑设计是一门实践性很强的专业课程，全书分为三大部分。第一部分为建筑结构篇，着重介绍最基础的建筑构造知识；第二部分为园林建筑设计篇，前半部分从立意、选址、比例尺度、布局等方面入手，深入浅出地介绍了园林建筑设计的基本方法；后半部分按亭、廊、榭、大门及服务性建筑等不同类型的建筑小品分类，讲述了园林建筑的设计要点；第三部分为设计实例篇，详细介绍了单体建筑的设计。

本书为高等职业技术教育园林专业教材，也可供园林设计爱好者以及城市和建筑等其他环境设计专业的有关人员参考。

图书在版编目(CIP)数据

园林建筑设计／王晓俊等编著．—南京：东南大学出版社，2003.12（2020.4重印）
高等职业技术教育园林专业系列教材
　ISBN 978-7-81089-179-0

Ⅰ．园… Ⅱ．王… Ⅲ．园林建筑—园林设计 Ⅳ．TU986.4

中国版本图书馆 CIP 数据核字(2003)第 069913 号

东南大学出版社出版发行
（南京四牌楼2号　邮编210096）
出版人：江建中
全国各地新华书店经销　虎彩印艺股份有限公司
开本：787mm×1092mm 1/16　印张：12　字数：293千字
2004年2月第1版　2020年4月第14次印刷
ISBN 978-7-81089-179-0
印数：40501～41500　定价：22.00元
本社图书若有印装质量问题，可直接与读者服务部联系。电话(传真)：025-83792328

高等职业技术教育园林专业系列教材

编审委员会

主任委员 薛建辉

委　　员 嵇保中　汤庚国　倪筱琴
　　　　　　谭淮滨　王　浩　芦建国

秘　　书 薛新华　祝遵凌

出 版 前 言

高等职业技术教育中的园林专业是应我国社会主义现代化建设的需要而诞生的,是我国园林教育的重要专业之一,该专业的教育目标是培养服务于生产、管理第一线的"一专多能"的应用型园林专业人才。

高职园林专业有其自身的特点,要求毕业生既能熟悉园林规划设计,又能进行园林植物培育及其应用(如花卉生产、树木栽培、插花、盆景制作等)、园林植物培养管理及园林工程施工管理等技术和管理工作,所以在教学中要突出对学生实践操作能力的训练与培养。根据这一要求,为培养合格人才,提高教学质量,必须有一套好的教材。但目前还没有相应的教材可供使用。南京林业大学高职园林专业是江苏省高职专业改革后试点专业之一。我们组织了在高职园林专业教学上有丰富经验的老师,编写了这一套系列教材,准备在两年内陆续出版,以供高职园林专业学生之需要。

结合高职园林专业的教学特点,本套教材力求语言精练,图文并茂、深入浅出、通俗易懂,做到科学性与实用性并重。这套教材可供园林专业和其他相近专业的教师、学生以及园林工作者学习和参考之用。

编写这套教材是一项探索性工作,教材中定会有不少疏漏和不足之处,还需在教学实践中不断改进、完善。恳请广大读者在使用过程中提出宝贵意见,以便在再版时进一步修改和充实。

联系方式:南京四牌楼 2 号 东南大学出版社 姜 来编辑
　　　　　邮编:210096
　　　　　Tel:86-25-83793254
　　　　　Fax:86-25-83790507
　　　　　E-mail:oliviajl@163.com

高等职业技术教育园林专业系列教材编审委员会
2001 年 2 月

前　言

　　园林建筑设计是一门实践性很强的专业课程，面对高职技术教育层次的园林专业，本教材更加注重基础训练与基础知识和技能的讲解与示例。

　　园林建筑是造园四大要素之一，在园林中有着点景、休憩和服务等众多功能。园林建筑虽然规模不大，但是优秀的设计能将功能、地域文化、造景等方面完美地综合起来，真正起到"画龙点睛"的作用，对园林景观的创造有十分重要的影响。

　　园林建筑设计是一种形体的创造，首先应掌握基本的构造知识，对建筑结构有所了解；其次应对基本的使用与功能要求有所了解。

　　形体的创造对初学者来说会有一定的困难，本书从最基本的设计原理出发，并配合大量实例与设计图，为学生提供一个基本的学习平台。

　　全书分为三大部分。第一部分为建筑构造篇，着重介绍最基础的建筑构造知识。第二部分为园林建筑设计篇，前半部分从立意、选址、比例尺度、布局等方面入手，深入浅出地介绍了园林建筑设计的基本方法；后半部分按亭、廊、榭、大门及服务性建筑等不同类型分门别类地讲述了园林建筑设计的要点。第三部分为设计实例篇，详细介绍了单体建筑的设计。

　　本书由以下几位作者分工完成，全书由王晓俊统稿。

　　第1～6章　　　　陈　蓉
　　第7章　　　　　　王　萌
　　第8章　第1节　张剑飞
　　　　　　第2节　陈　蓉
　　　　　　第3节　汤　猛、陈　蓉
　　第三部分　　　　王晓俊、陈　蓉、王　萌

　　由于水平与时间有限，书中定有些不足之处，敬请读者指正！

编　者

2003年8月

目 录

第一部分　园林建筑构造基础知识 ·· 1

0　概论 ··· 2
　　0.1　建筑构造与建筑设计的关系 ·· 2
　　0.2　园林建筑构造基本知识 ·· 2
　　　　0.2.1　园林建筑物的分类 ·· 2
　　　　0.2.2　建筑物的组成 ·· 3

1　地基与基础 ··· 5
　　1.1　概述 ·· 5
　　　　1.1.1　地基、基础与荷载的关系 ·· 5
　　　　1.1.2　地基、基础设计应满足的基本条件 ·· 6
　　1.2　基础 ·· 6
　　　　1.2.1　基础的埋置深度 ·· 6
　　　　1.2.2　基础的宽度和断面形式 ·· 7
　　　　1.2.3　基础的形式与选择 ·· 8
　　1.3　地基 ·· 10
　　　　1.3.1　天然地基 ·· 10
　　　　1.3.2　人工地基 ·· 10

2　墙与隔墙 ··· 12
　　2.1　概述 ·· 12
　　　　2.1.1　墙的作用、分类及组成 ·· 12
　　　　2.1.2　决定墙体构造的几个因素 ·· 12
　　2.2　实砌砖墙 ·· 13
　　　　2.2.1　实砌砖墙的特点、砌式与基本尺度 ·· 13
　　　　2.2.2　墙的加固 ·· 14
　　　　2.2.3　勒脚的构造与防潮、防水处理 ·· 14

3　楼地层 ··· 15
　　3.1　概述 ·· 15
　　　　3.1.1　楼地层的功能和要求 ·· 15
　　　　3.1.2　楼地层的组成和构件布置 ·· 15
　　3.2　钢筋混凝土楼层 ·· 17
　　　　3.2.1　现浇式混凝土楼层 ·· 17

		3.2.2 小型预制装配式钢筋混凝土楼层	17
	3.3	混凝土地层	19
		3.3.1 地层的分类、要求和组成	19
		3.3.2 常用的几种地层和面层构造	19

4 楼梯 21
4.1 概述 21
4.2 楼梯的种类和基本要求 21
4.2.1 楼梯的种类 21
4.2.2 设计楼梯的基本要求 23
4.3 楼梯的组成与斜度 23
4.4 楼梯的构造 23
4.4.1 现浇钢筋混凝土楼梯 23
4.4.2 钢筋混凝土楼梯的保护及防滑措施 25

5 屋顶 26
5.1 概述 26
5.1.1 屋顶的组成与形式 26
5.1.2 屋顶的作用与设计要求 26
5.1.3 屋面坡度 27
5.2 坡屋顶 27
5.2.1 坡屋顶的特点与组成 27
5.2.2 坡屋顶的支承结构 27
5.2.3 坡屋顶的屋面构造 30
5.2.4 坡屋顶的细部构造 31
5.2.5 坡屋顶的排水 32
5.3 平屋顶 32
5.3.1 平屋顶的特点 32
5.3.2 平屋顶的组成与构造 32
5.3.3 平屋顶的排水 35

6 门窗 37
6.1 概述 37
6.1.1 门窗的作用 37
6.1.2 门窗的要求 37
6.2 门 38
6.2.1 门的分类 38
6.2.2 门的一般尺寸 39
6.3 窗 39

  6.3.1 窗的分类 ······ 39
  6.3.2 窗的一般尺寸 ······ 40

第二部分 园林建筑设计基本方法 ······ 41

7 设计方法论 ······ 42
7.1 立意 ······ 42
  7.1.1 现状：我国个性化园林设计新时代的来临 ······ 42
  7.1.2 沿革：中国历史园林设计的立意 ······ 44
  7.1.3 立意的重要性：意在笔先 ······ 45
  7.1.4 立意的有机训练与日常积累 ······ 46
7.2 选址 ······ 46
  7.2.1 选址的重要性 ······ 46
  7.2.2 选址的美学原则 ······ 46
  7.2.3 典型案例 ······ 47
7.3 尺度与比例 ······ 49
  7.3.1 尺度与比例的和谐是景观设计的关键 ······ 49
  7.3.2 失败案例与补救方法 ······ 49
  7.3.3 园林建筑风格与尺度设计 ······ 50
  7.3.4 园林建筑与黄金分割比 ······ 52
  7.3.5 园林建筑尺度与人的关系 ······ 52
  7.3.6 景观设计的最佳尺度 ······ 53
7.4 布局 ······ 53
  7.4.1 布局与空间 ······ 53
  7.4.2 园林建筑空间的组合形式 ······ 54
7.5 形式和风格 ······ 61
  7.5.1 外轮廓线的处理 ······ 61
  7.5.2 虚实与凹凸的处理 ······ 62
  7.5.3 色彩与质感 ······ 63

8 实例分析 ······ 65
8.1 亭、廊、榭 ······ 65
  8.1.1 亭 ······ 65
  8.1.2 廊 ······ 69
  8.1.3 榭 ······ 74
8.2 大门与入口 ······ 77
  8.2.1 总论 ······ 77
  8.2.2 总体布置 ······ 83
  8.2.3 公园大门与入口的类型 ······ 88

  8.2.4 大门建筑形象 ································· 95
 8.3 服务性园林建筑 ····································· 106
  8.3.1 概述 ··· 106
  8.3.2 服务性建筑的设计 ····························· 111

第三部分 园林建筑设计实例 ································· 120

 图1 现代亭设计实例(1) ································· 121
 图2 现代亭设计实例(2) ································· 123
 图3 现代亭设计实例(3) ································· 125
 图4 摄影亭设计实例(1) ································· 127
 图5 摄影亭设计实例(2) ································· 130
 图6 公园花店设计实例 ··································· 133
 图7 亭、廊、榭设计实例(1) ···························· 136
 图8 亭、廊、榭设计实例(2) ···························· 140
 图9 公园游船码头设计实例(1) ·························· 144
 图10 公园游船码头设计实例(2) ························ 149
 图11 公园游船码头设计实例(3) ························ 154
 图12 公园游船码头设计实例(4) ························ 158
 图13 公园大门设计实例(1) ······························ 160
 图14 公园大门设计实例(2) ······························ 163
 图15 公园茶室设计实例(1) ······························ 166
 图16 公园茶室设计实例(2) ······························ 169
 图17 公园茶室设计实例(3) ······························ 170
 图18 公园茶室设计实例(4) ······························ 172
 图19 公园茶室设计实例(5) ······························ 176
 图20 公园茶室设计实例(6) ······························ 179

参考文献 ··· 180

第一部分
园林建筑构造基础知识

0 概 论

0.1 建筑构造与建筑设计的关系

园林建筑构造课程是园林建筑设计的基础。了解和掌握建筑构造的相关基础知识，将更有利于建筑方案设计的合理性和科学性。

1) 建筑构造的内容、任务

建筑构造是一门综合性技术科学，它阐述了建筑构造的基本理论和应用等问题，其任务在于使学生能够掌握建筑构造的基本理论和一般方法，并具有建筑构造设计的综合能力。

2) 学习建筑构造的必要性

建筑构造是建筑设计的一个组成部分，通过本课程的学习，可以让学生了解建筑结构方案和布局、材料的选择和应用、施工的可能性和合理性。

0.2 园林建筑构造基本知识

要掌握建筑物的构造知识就必须先熟悉建筑物的分类、组成，并对各个部分分别进行学习和了解。

0.2.1 园林建筑物的分类

1. 按园林建筑物的用途分类

(1) 休憩建筑 亭、廊、榭等；
(2) 入口建筑 风景区入口与公园大门；
(3) 服务性建筑 接待室、餐饮建筑、摄影部、游船码头、公共厕所等；
(4) 展示建筑 纪念馆、盆景园、展览温室、展览馆等。

2. 按建筑物主要承重结构材料分类

砖木结构、钢筋混凝土结构、钢结构、混合结构。

3. 按结构形式分类

叠砌式、框架式、部分框架式、空间结构。

0.2.2 建筑物的组成

1. 影响建筑物的因素

适用、经济，在可能条件下注意美观的要求，这是建筑设计最基本的原则。此外，建筑物还受各种因素的影响。如：荷载与外力的影响，气候影响等。

2. 建筑物的组成（图 0—1）

建筑物是由基础、墙和柱、楼地层、楼梯、屋顶、门窗等组成的。
1) 基础

基础是指建筑物最下的部分，埋在地面以下、地基之上的承重构件。

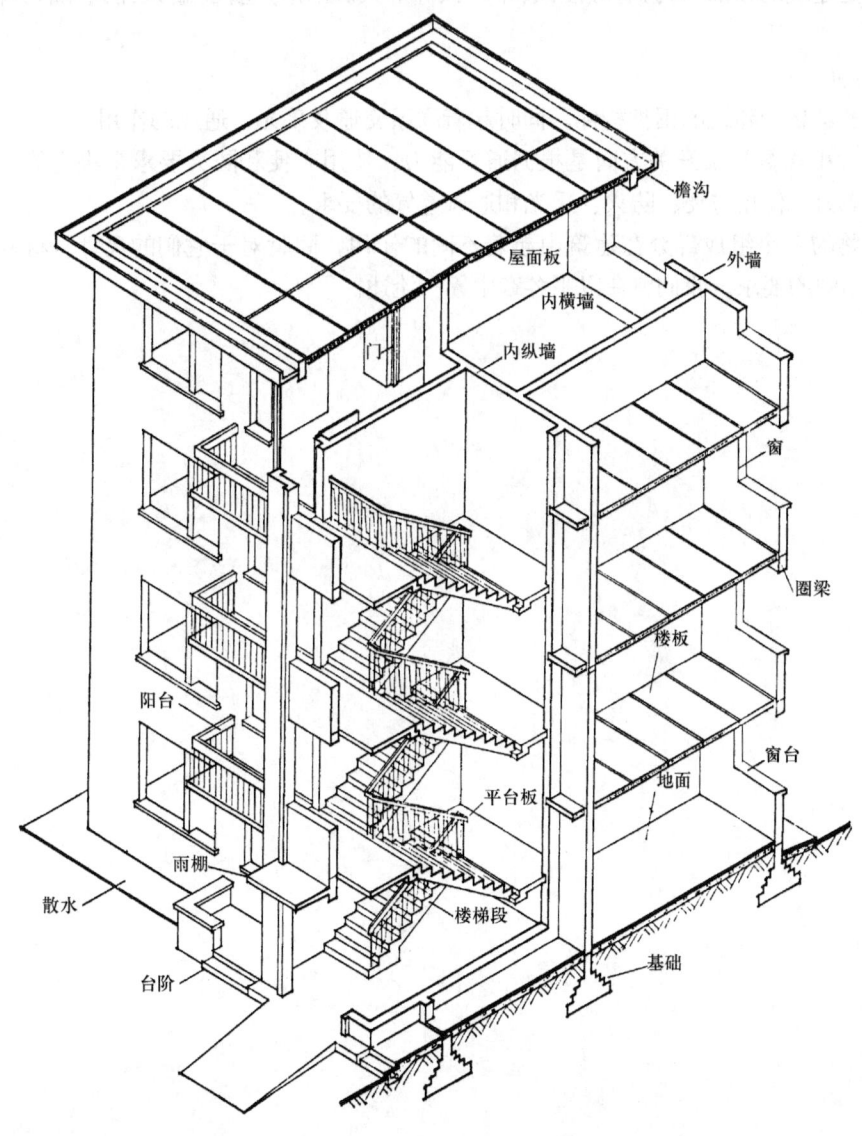

图 0—1 建筑物的组成构件示意图

2) 墙和柱

墙是建筑物的承重及围护构件。按其所在位置及作用，可分为外墙和内墙；按其本身结构，可分为承重墙及非承重墙。

柱是框架结构建筑中起承重作用的部件。

3) 楼地层

楼地层是建筑物水平方向的承重构件，分为楼层和地层。楼层主要包括面层、结构层、顶棚三部分。地层接近土壤，要求坚固、耐磨、防潮、保温。

4) 楼梯

楼梯是多层建筑（2～7层）中的垂直交通工具，应有足够的通行宽度和疏散能力。

5) 屋顶

屋顶是建筑的顶部结构，有坡屋顶、平屋顶等形式。屋顶应坚固、耐久、防渗漏，并能保温、隔热。

6) 门窗

门、窗均属于建筑的围护构件，同时起着联系交通及采光、通风的作用。

门的大小和数量及开关方向是根据通行能力、使用方便和防火要求来决定的，窗亦需考虑通行能力、使用方便、防火、采光和通风透气的要求。

建筑物的各个组成部分在建筑中起着不同的作用，同时对于它们的尺寸、材料、形式等都有着不同的要求。我们将在以下各章中逐一论述。

1 地基与基础

1.1 概 述

建筑物最下面埋在土中的扩大构件称为基础,它是建筑物的墙体或柱在地面下的延伸。承受由基础传来的荷载而产生应力和应变的土层称地基。

1.1.1 地基、基础与荷载的关系(图 1-1)

建筑物上部的总荷载,通过基础传递到地基上,可见基础起着承上传下,传递荷载的

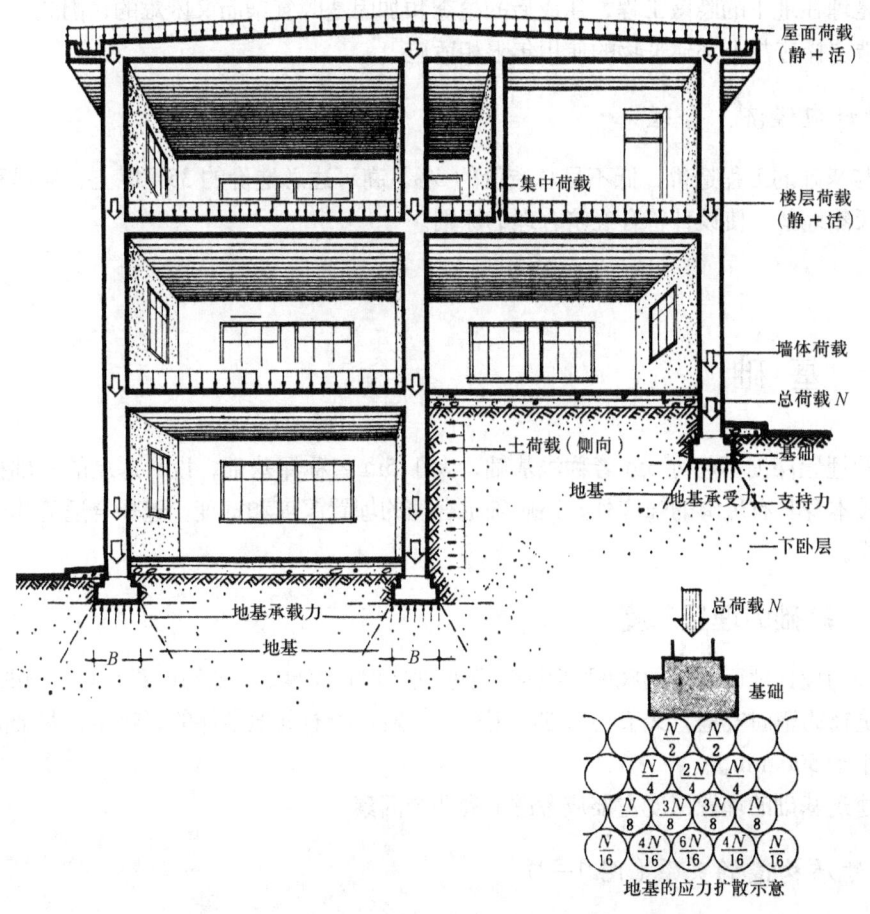

图 1-1 地基、基础与荷载的关系

作用；而地基起着承受由基础传来的荷载的作用。

地基、基础与荷载之间的关系可用下列公式表示：

$F \geqslant N/R$

式中：R 为地基容许承载力； N 为建筑物总荷载； F 为基础底面积。

当地基承载力不变，建筑物总荷载愈大，要求基础底面积愈大；相反，上部荷载相同，地基容许承载力愈小，所需要的基础面积愈大；建筑物以不同的基础底面积适应不同的建筑总荷载和不同的地基容许承载力。

1.1.2 地基、基础设计应满足的基本条件

在设计地基、基础时，一般要求满足下列条件：

1. 应有一定的强度、稳定性以保证建筑均匀沉降

基础本身应具有足够的强度来传递整个建筑物的荷载，而地基则应具有良好的稳定性，以保证建筑物的均匀沉降。

2. 基础所用的材料要有耐久性

基础是埋在地下的隐蔽工程，建成后的检查和加固是既复杂而又困难的，因此，基础的材料、构造选择应与上部建筑物的使用年限相适应。

3. 设计应经济、合理

地基与基础的工程造价，低不足总造价的 3%，高可达总造价的 35% 以上，应尽可能选择良好的天然地基，使设计符合经济合理的原则。

1.2 基 础

基础的埋置深度不超过 5m 者称浅基础，大于 5m 者称深基础。设计房屋的基础构造，除保证基础本身具有足够的强度外，还应确定合理的埋置深度和宽度，选择合适的基础材料和断面形式。

1.2.1 基础的埋置深度

由室外的设计地面到基础底面的距离，称基础的埋置深度。基础的埋置要有适当的深度，既保证建筑物的坚固安全，又节约基础的用材，一般在没有其他条件的影响下，基础的埋置深度不应小于 500 mm。

决定建筑基础的埋置深度主要应考虑下列几个因素：

1. 与地质构造的关系（图 1-2）

房屋首先要建造在坚实可靠的地基上，不能设置在承载力低、压缩性高的软弱土层上，

因此基础埋置深度与地质构造有密切关系。一般有下列几种典型情况：

（1）地基由均匀的，压缩性较小的良好土层构成；

（2）地基由两层土构成，上层弱土层厚度在2m以内，下层为良好土层；

（3）地基由两层土构成，上层弱土层厚度在2～5m之内；

（4）弱土层厚度大于5m；

（5）地基由两层土构成，上层是好土，而下层是弱土层；

（6）地基由好土与弱土交替构成。

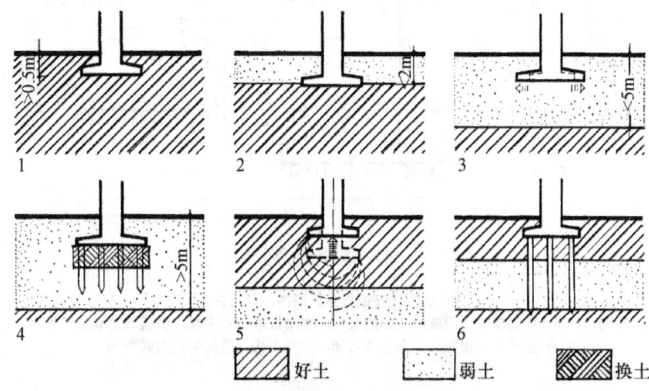

图1-2 地质构造与基础埋深的关系

因此在设计基础、选择埋深时，应根据建筑物的大小、特点、体型、刚度与地基土的特性、土层分布等情况加以区别处理。

2. 地下水位的影响（图1-3a）

地下水位对土层的承载力有很大影响，一般基础应争取埋置在地下水位以上，避免侧压力。当地下水含腐蚀物时，基础应采取防腐措施，如涂沥青等防酸碱材料。

3. 影响冰冻线的因素（图1-3b）

冻土与非冻土的分界线，称冰冻线。

土的冻结是否对建筑物产生不良影响，主要看土冻结后，会否产生严重的冻胀现象。土的冻胀现象主要与地基土颗粒的粗细程度、土冻结前的含水量等有关。含水量越大，产生冻胀现象就越大，因此，基础应埋置在冰冻线以下200mm。基础的埋置深度除与上述因素有关外，还应根据具体工程的特点和周围环境加以调整。

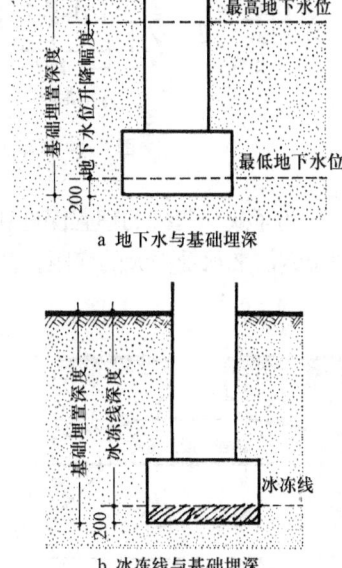

图1-3 地下水位、冰冻线与基础埋深

1.2.2 基础的宽度和断面形式

基础底面积与建筑物总荷载、地基容许承载力的大小直接有关，基础的断面形式，往往与基础所用材料的力学性能有关。

1. 刚性基础

某些建筑材料如砖、石、混凝土等，抗压强度好，但抗拉、抗弯、抗剪等强度却远不如它的抗压强度，为了满足地基抗压强度的要求，基础底宽B往往大于墙基的宽度B_0（图1-4）。当基础B很宽的情况下，出挑部分b很长，如不能保证有足够的高度H，基础将因

7

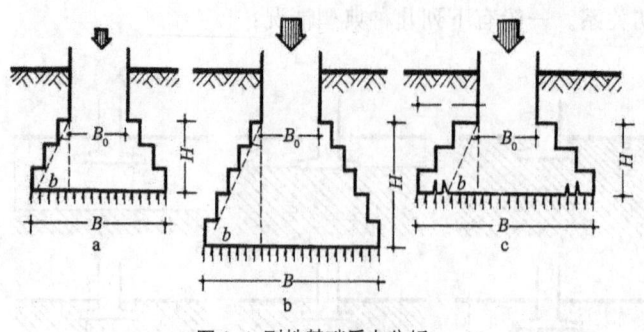

图1-4 刚性基础受力分析

a- 基础的高宽比在刚性角范围内，受力良好
b- 上部分荷载加大，应按刚性角的比例，在增加基础宽度时，相应增加基础高度
c- 当基础宽度加大，高度不增加，刚性角大，基础受拉力而破坏

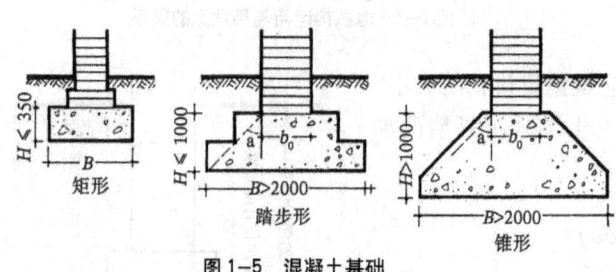

图1-5 混凝土基础

受弯曲或冲切而破坏。为了保证基础不受拉力或冲切的破坏，基础必须有相应的高度。因此，根据材料的抗拉、抗剪极限强度，对基础的出挑 b 与高度 H 之比即宽高比进行限制，并按此宽高比形成的夹角来表示。保证基础在此夹角内不因材料受拉和受剪而破坏，这一夹角称刚性角。凡受刚性角限制的基础称刚性基础。

刚性基础常用于一般地基承载力较好、压缩性较小的五层及五层以下的中小型民用建筑。其中，混凝土基础具有坚固、耐久、不怕水，刚性角大的特点，常用于地下水位以下的基础，其断面可做成矩形、踏步形和锥形（图1-5）。

2. 钢筋混凝土基础

为了减小基础的埋置深度和均匀地扩散总荷载，在混凝土基础中配置抗拉性能好的钢筋，利用钢筋来承受强大的弯距，基础就可以不受刚性角限制，厚度就可减小（图1-6）。

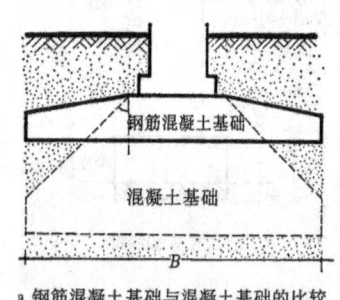
a 钢筋混凝土基础与混凝土基础的比较

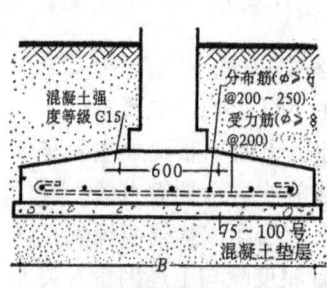
b 板式钢筋混凝土基础

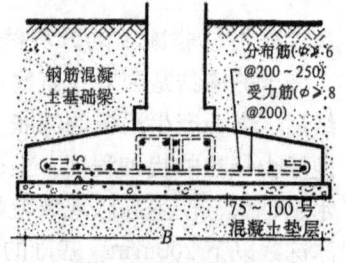
c 梁板式钢筋混凝土基础

图1-6 钢筋混凝土基础

1.2.3 基础的形式与选择

基础的形式主要与建筑物的上部结构形式直接有关。

1. 条形基础

基础呈连续的带形（图1-7a）。

1) 墙下条形基础

当建筑物上部为混合结构，在承重墙下往往做通长的条形基础。

2) 柱下条形基础

当建筑物上部为框架结构或部分框架结构，荷载较大，地基又属软弱土时用。

3) 壳体条形基础

有筒壳或折壳条形基础，采用单跨长条筒壳或折壳来代替钢筋混凝土条形基础。

2. 单独基础

基础呈独立的块状形式（图1-7b）。

1) 柱下独立基础

当建筑物上部为框架结构，沿柱下放大成块状的基础。常用断面形式有踏步形、锥形、杯形。

2) 柱墩式与井柱式基础

当建筑物上部为承重墙结构，地基上面土层软弱。

3) 单独式壳体基础

常用于柱下的单独壳体基础，有正、倒锥形壳。

3. 满堂基础

由成片的钢筋混凝土板支承着整个建筑，连片基础的整体性好，可以跨越基础下的局部软弱土（图1-7c）。

1) 不埋满堂基础

常用于节约土方工程量或在寒冷地区，地基土严重冻结，不便开挖基坑的情况下。

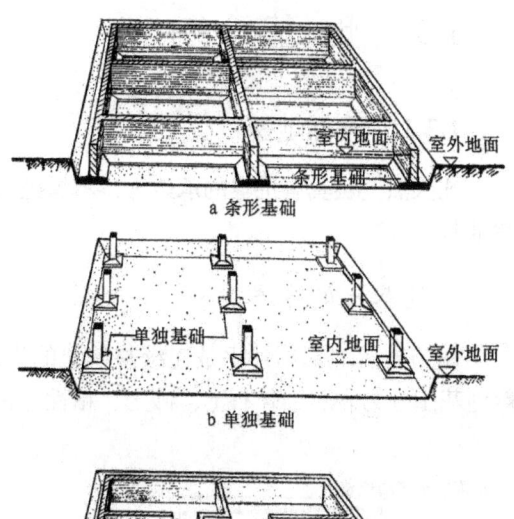
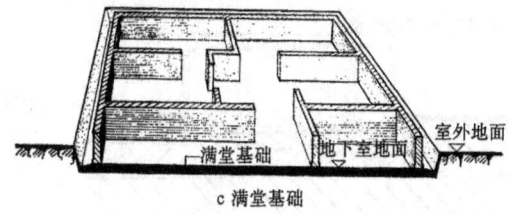
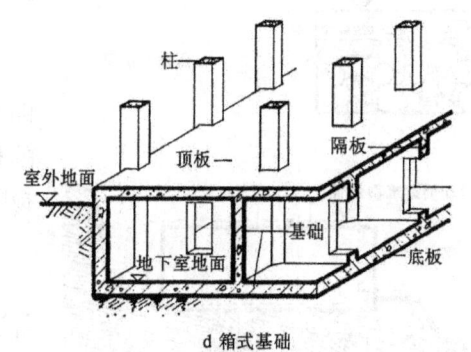

图1-7 基础的基本类型

2) 筏式基础

埋在地下的连片基础，按结构方式分有梁板式和无梁式。筏式基础多用于荷载集中（高层），地基承载力差的情况下。

3) 箱式基础

当钢筋混凝土筏式基础埋深较大，并设有地下室时，可用于特大荷载的建筑，能承受很大的弯矩（图1-7d）。

1.3 地基

1.3.1 天然地基

凡天然土层具有足够的承载力，不需经人工改良或加固，可直接在上面建造房屋的称天然地基。

1. 地基土的分类

作为天然地基不外乎是连续整体状的岩层，或由岩石风化破碎成松散颗粒的土层。一般地基土分为岩石、碎石土、砂土、粘性土、人工填土五大类。

2. 土的地基特性

一般情况下，土可以认为是由固体的颗粒、水和空气三部分组成，因此作为地基土具有下列特性：

1) 压缩与沉降

土在受压之后，将由于颗粒间的孔隙减小而产生垂直方向的沉降变形，称为土的压缩（图 1-8a）。

2) 抗剪与滑坡

土的抗剪强度是指对于剪应力的极限抵抗强度，即在极限应力状态下，一部分土对另一部分土产生的相对侧向位移时的抵抗能力，若外力超过土壤此极限时，就会产生滑坡与局部下陷（图 1-8b）。

3) 土中水及其对地基的影响

土中水呈气态（水气）、液态（水）、固态（冰）等三种形态。含水量是判断粘性土在天然情况下的状态和性质的重要指标，其含水量的多少，直接影响地基的承载力（图 1-8c）。

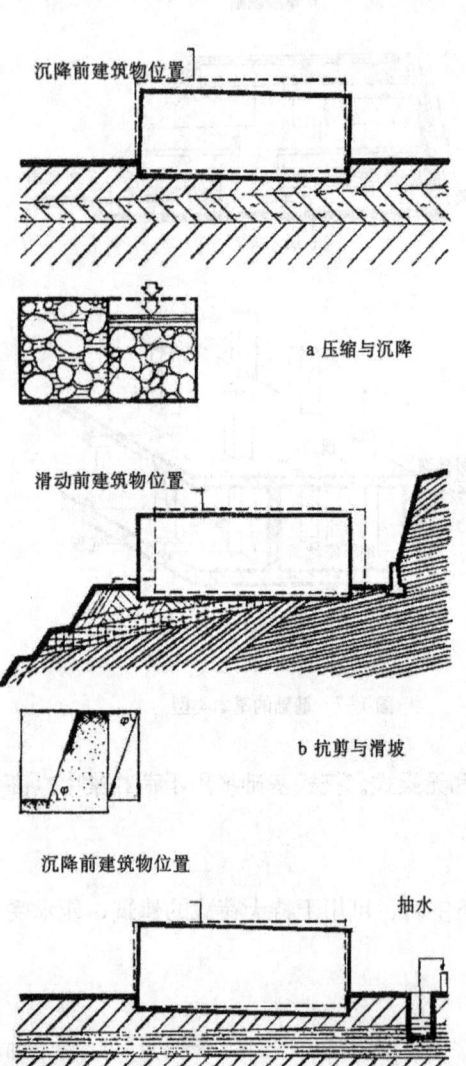

图 1-8 地基变形举例
a 压缩与沉降
b 抗剪与滑坡
c 流沙现象

1.3.2 人工地基

当土层的承载力较差，如以淤泥、冲填土、杂填土或其他变压缩性土层作为地基时，因没有足够的坚固性和稳定性，故必须对土层进行人工加固后才能在上面建造房屋，这种经过人工处理的土层，称为人工地基。

常用人工加固地基的方法有：压实法、换土法和桩基。

1. 压实法

土的压实法主要是通过减小土颗粒间的孔隙，把细土粒压入大颗粒间的孔隙中去，并及时排去孔隙中的空气，从而增加土的干容重，减少土的压缩性，提高地基的强度。

常用的压实法有：土的表面压实法、机械压实法。

2. 换土法

当遇到地基持力层比较软弱，或部分地基有一定厚度的软弱土层，如淤泥、淤泥质土、冲填土、杂填土或其他高压缩性土层构成的地基时，可将软弱土层的部分或全部挖去，换成其他较坚硬的材料，这种方法称换土法。

其特点是：能够充分利用地方材料、节约三材。

3. 桩基

当建筑物荷载较大，或建筑物很高，而地基土层较弱，采用浅埋基础已不能满足地基承载力的要求时，建筑物可采用桩基，即通过柱子似的桩，穿过深达十几米、甚至几十米的软弱土层，直接支承在坚硬的岩层上，这种桩称柱桩或承桩。

当软弱土层很厚，坚硬土层离基础地面很远，桩是借土的挤实，利用土与桩的表面摩擦力来支承建筑物荷载的，这种桩称摩擦桩或挤实桩（图 1-9）。

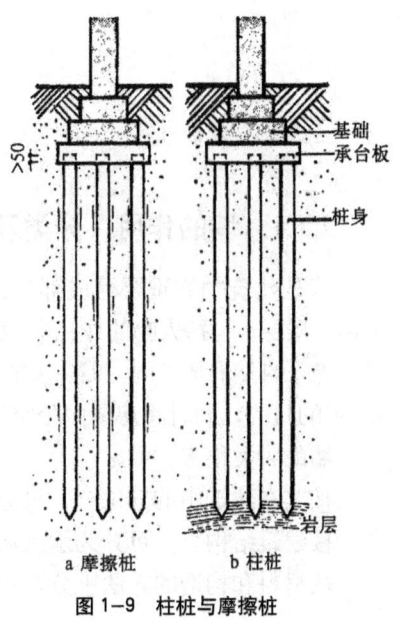

图 1-9 柱桩与摩擦桩

2 墙与隔墙

2.1 概述

2.1.1 墙的作用、分类及组成

墙是建筑物的重要组成部分，它既可能是承重构件又可能是围护构件。它承受房屋的屋顶、楼层，包括人物的作用荷载及本身自重等荷载，并通过它（或柱）传递给基础。此外，墙隔绝了自然界风、雨、霜、雪的侵袭，防止太阳辐射、声音干扰的影响，达到隔热、保温、隔声的目的，同时将房屋内外空间分割成许多房间，起着围护作用。

墙的种类很多，如：

按其在建筑中的部位分，可分为外墙和内墙。外墙主要由勒脚、墙身及檐口组成。

按建筑结构分，可分为承重墙与非承重墙。

从材料和构造的方法上分，可分为实砌砖墙、空斗墙、空心砖墙、石墙、土墙等。

2.1.2 决定墙体构造的几个因素

1. 墙的结构布置

为了保证结构的合理性，一般要求上下承重墙必须对齐；各层墙上门窗洞孔也尽可能上下对齐；根据这一原则，在多层建筑中，空间较大的房间往往布置在顶层。

2. 坚固方面的要求

在砖石墙承重结构中，墙除承受自重外，还要能支撑整个房屋的荷载。墙的稳定性与墙的高度、长度、厚度关系极大。当墙身较高而长，则需要考虑加厚墙身，或加墙墩、墙内加筋等各项措施。

3. 保温、隔热等方面的要求

墙体热阻的大小直接影响墙的保温、隔热程度。

增加围护结构热阻的方法有：

(1) 增厚墙身；

(2) 采用热阻大、导热系数小的材料；

(3) 改善围护结构的构造方法。

4. 隔声方面的要求

一般砖墙的厚度为 240 mm，双面抹灰时，隔声可达 45dB；如厚度为 120 mm(半砖时，隔声量达到 30 多分贝。在生产性的厂房内易生噪音，墙的隔声更为重要。此外，如电影院、会堂等，对隔声也有一定的要求，应根据建筑的性质，对隔声的要求，而决定采用不同的隔声措施。

2.2 实砌砖墙

实砌砖墙所用的材料一般为粘土砖、矿渣砖等。

2.2.1 实砌砖墙的特点、砌式与基本尺度

砌墙用的砖块种类很多，最普通的是粘土砖。粘土砖由粘土烧制而成，据其颜色有青砖和红砖之分。青砖是粘土砖在出窑前浇水闷干而形成的，红砖是粘土砖在开窑后自行冷却而形成的。

矿渣砖是以高炉硬矿渣和石灰为主要原料，掺入少量烟囱粉煤灰制作而成的。

耐火砖在建筑上仅用于砌造炉灶或在烟囱内壁作为耐火衬层之用。耐火限度为 1000℃ ~ 1750℃。

1. 砖与砂浆的规格

标准粘土砖规格为：
240 mm × 115mm × 53mm（图 2-1）；

砖的长：宽：厚 =4：2：1（包括灰缝）；

砌墙用的砂浆是由胶结材料和填充材料用水搅拌而成的。配合比取决于结构要求的强度及和易性。

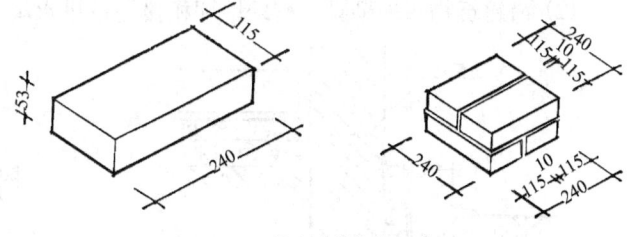

图 2-1 粘土砖的规格尺寸

2. 砖墙的砌式

砖墙的砌法指砖块在砌体中排列的方式：

砖块的排列方式应遵循：内外搭接，上下错缝的原则，错缝长度一般不应小于 60 mm，砌时不应使墙体出现连续的垂直通缝，否则将显著影响墙的强度和稳定性（图 2-2）。

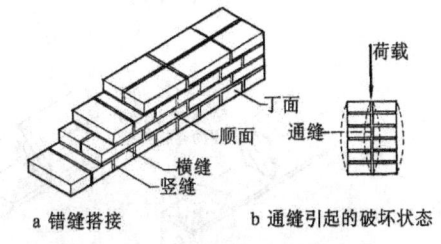

图 2-2 墙的错缝搭接及砖缝名称

3. 砖墙的基本尺寸

墙的厚度,决定于荷载的大小和性质、层高及横向墙的间距、门窗洞的大小及数量、支承的情况及必需的隔热、隔声、防火等要求。常见的石砌砖墙有:

半砖墙厚　　　115 mm　　　通称12墙;
3/4砖墙厚　　　178 mm　　　通称18墙;
一砖墙厚　　　240 mm　　　通称24墙;
一砖半墙厚　　365mm　　　 通称37墙;
两砖墙厚　　　490mm　　　 通称50墙。

2.2.2 墙的加固

若墙的长度及高度大于规定,稳定性不好,因而需要加固时,可以采用以下三个措施:

(1) 加墙墩　墙墩为柱状的突出部分,通常为一直到顶,承受上部梁及屋架的荷载,并增加墙身强度及稳定性。墙墩所用砂浆的标号通常比墙所用砂浆的标号要高。

(2) 加扶壁　扶壁与墙墩的主要不同在于扶壁主要是增加墙的稳定作用,其上部不需要考虑承担荷载。

(3) 加圈梁(腰箍)　圈梁是沿房屋外墙水平方向一圈设置连续封闭的梁。其主要作用是提高房屋的刚度及增强墙身的稳定性,减少不均匀沉降而引起的墙身开裂,砌时不必一砌到顶。

2.2.3 勒脚的构造与防潮、防水处理

外墙与室外地面接近部位称为勒脚,勒脚防潮处理方法有(图2-3):
(1) 在勒脚部位外抹1:2.5水泥砂浆或水刷石;
(2) 沿建筑物四周勒脚与室外地坪相接处设排水沟(明沟)或散水。

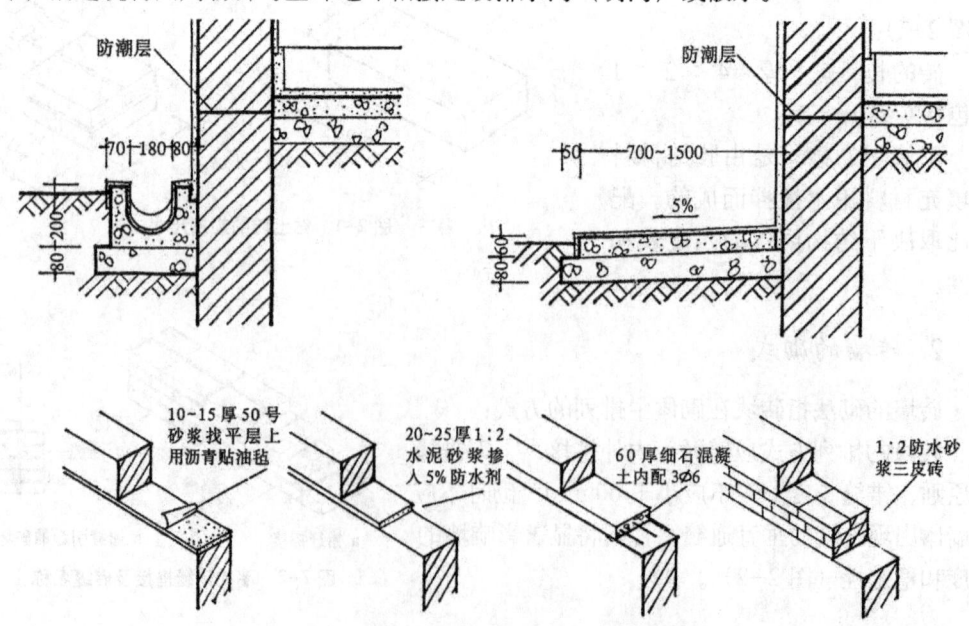

图2-3　勒脚的防潮及地面水的排除

3 楼地层

3.1 概 述

楼地层在设计上要满足功能、技术等方面要求：它是房屋的主要水平承重构件，把重量（自重与使用荷载）传递到墙上；同时它对墙身起着水平支撑作用，以减少水平风力，增加房屋的刚度和整体性；它把房屋按高度分隔成若干层，同时也发挥了有关的物理性能，如隔声等。

3.1.1 楼地层的功能和要求

为让楼地层在建筑物中充分发挥承重、支撑和分隔作用，对楼地层的设计有一定的要求，主要有以下三点：

1. 坚固方面的要求

应有足够的强度，能够承受自重和不同使用要求下的使用荷载（活荷载：人群、家具、设备等）而不损坏。

应具有足够的刚度，在一定荷载下，不发生超过规定的形变挠度，以及人走动和重力作用下不发生明显的振动。

2. 隔声方面的要求

楼板的隔声包括隔绝空气传声和固体传声两方面。

空气传声的隔绝方法，主要是避免有裂缝、孔洞，并可增加楼板层的容重。

隔绝固体传声，首先应防止在楼板上有太多的冲击能量，可利用富于弹性的铺面材料作面层，如橡皮地毯等，使它吸收一些冲击能量。

3. 经济方面的要求

楼地层的建造要力求经济实惠，以就地取材为原则，并且应采用轻质高强材料，以减轻楼层厚度、自重。

3.1.2 楼地层的组成和构件布置

1. 楼地层的组成

楼地层由下面两种主要构件所组成：

1) 承重构件

如梁、搁栅、楼地层、拱等用来支承楼、地层所传来的荷载，并将其传递到支座墙、柱、砖墩及基础上去。

2) 非承重构件

即面层，亦可称为铺地，像水泥抹灰、水磨石地面以及顶棚，这些构件层仅将荷载传递到承重构件上，同时具有必要的热工、隔声、防潮等性能。

总之，就其主要组成成分可分为面层、承重构件与顶棚三部分。

2. 楼地层的分类

根据承重构件主要用料，楼地层构造可分为四大类型：

1) 木楼地层

优点：自重轻，保温性能好。

缺点：易燃，易腐。

2) 钢筋混凝土楼层或混凝土地层

优点：刚度和强度较高，耐火性和耐久性良好，不易腐蚀，采用装配式更有工业化生产的优点。

缺点：自重大，隔声、保温性差，造价高。现浇式支模费用大，进度慢，且受季节性限制。

3) 钢楼板层

优点：强度大，跨度可更大，在 6 m 以上，自重较钢筋混凝土轻。

缺点：易锈，价格较贵，要使用宝贵的钢材。

4) 砖楼地层

优点：构造施工简便，垫料后隔声性能尚佳，比较经济。

缺点：自重大、施工复杂、整体性不强。

3. 构件布置

构件的布置，应满足建筑设计和结构上的要求。

1) 构件支承情况

（1）单向支承　当房间或空间成长方形，即长跨 L_2 与短跨 L_1 之比大于 2，多采用单向支承，将构件利用短跨沿长跨方向排列，对短跨方向不考虑支承作用；

（2）双向支承　当长短之比 $L_2/L_1 < 2$，或为方形时，则可采用双向支承，但长、短跨之比为 1～1.2 时较经济，一般房间或柱网常采用单向支承。

2) 构件布置的几个原则

（1）符合建筑设计要求，使构件合理承受上层的墙和隔断，如尽量避免搁在板的中间，同时也要使构件在下层有合理的支点；

（2）注意结构上的问题：结构布置时应考虑建筑物的完整性，采用构件的经济跨度，如布置柱网时考虑到主梁布置在柱距小的方向；

（3）综合处理建筑物其他方面的要求。

3.2 钢筋混凝土楼层

钢筋混凝土楼层一般可分为现浇式钢筋混凝土楼层和预制装配式钢筋混凝土楼层两类。

3.2.1 现浇式混凝土楼层

现浇式混凝土楼层又有两类：钢筋混凝土板式楼层和梁板式楼层。

1. 钢筋混凝土板式楼层

最简单的是用钢筋混凝土板单向简支在四周墙上，如厕所，厨房等。跨度一般在2m左右，可至3m，板厚约70mm，板内配筋，用在面积较小，形状不规整的地方。

2. 梁板式楼层

钢筋混凝土梁板式楼层是由板、次梁、主梁所组成，一般布置次梁依大跨方向排列（开间方向），主梁可由砖石墙垛或钢筋混凝土柱，砖柱支承，最常用主梁跨度5~8m，梁的构造高度为跨度的1/8~1/12，梁宽为高度的1/2~1/3，其间距为次梁跨度。次梁跨度一般4~7m，其间距为板跨，一般1.5~2.5m，楼板厚为60~80mm（图3-1）。

3.2.2 小型预制装配式钢筋混凝土楼层

1. 分类

1) 梁式板式

预制板宽分为400mm、500mm、600mm、800mm、900mm以至1m，将梁和板分为两部，板搁置在梁上，梁中距即板跨1.5~2m，板厚不小于60mm（图3-2）。

2) 梁板合一

可分为肋形楼板和多孔板两种：

(1) 肋形楼板 制成L形，T形，槽形等（图3-3）。

(2) 多孔板 钢筋混凝土板，梁构件，其上部主要用混凝土承担压力，下部依赖钢筋承担拉力，在中和轴附近的混凝土内力作用较少，如把它挖去省掉，截面就成为T，I等形，同样能达到一定的强度（图3-4）。

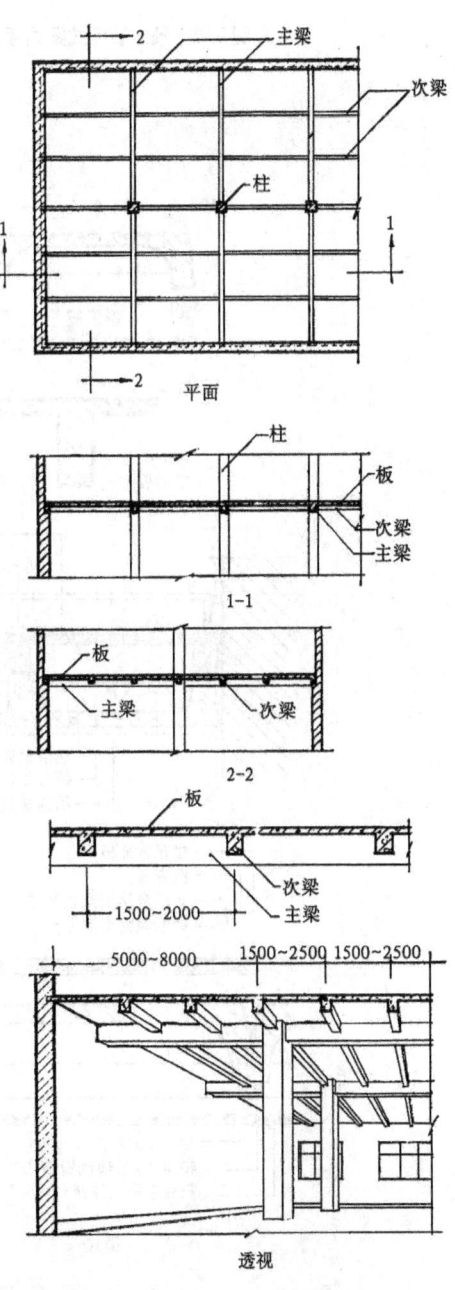

图3-1 现浇钢筋混凝土板楼层

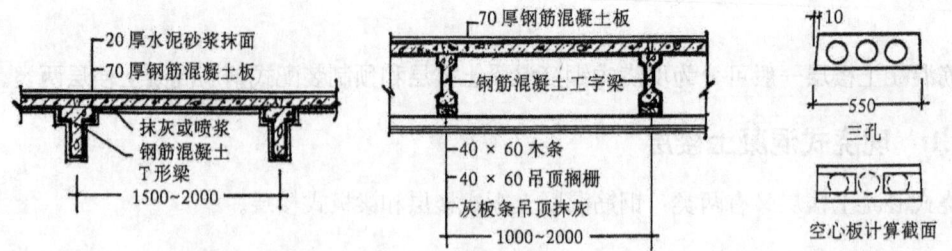

图 3-2 预制装配式梁式板式楼层构造

图 3-4 三孔板楼层构造

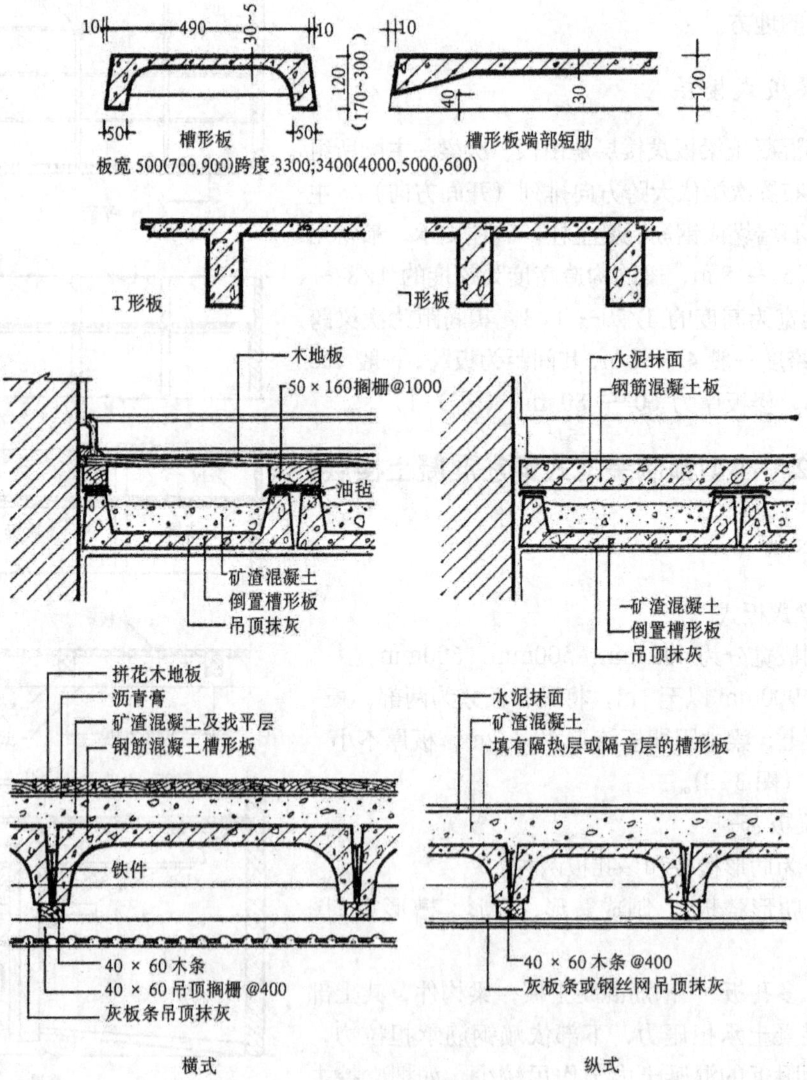

图 3-3 肋型及槽形板楼层构造

3) 梁板的搁置方式

构件两端搁置在墙上时不得少于半砖。多孔板孔端内须填实，搁在钢筋混凝土梁时应大于 60 ～ 70mm。

3.3 混凝土地层

3.3.1 地层的分类、要求和组成

地层构造总的分类不外木地层、混凝土地层两类。由于木材本身的局限性（易腐蚀、不防火）所以已很少使用，只有在修复古建等情况下才会用到，所以本书不作详述。

它的要求，大部分是和楼层构造相仿的，也要符合坚固、卫生、经济等方面要求，特别需要注意的是，因为接近地基，要具有隔绝潮湿及保温作用。混凝土对防湿、防水有一定作用，潮湿不易上升。

地层的组成分为面层、结构层和垫层。以混凝土地层为例，其面层为简单的水泥砂浆，结构层即为混凝土。垫层需要与否，要视土壤承载力及施工方法而定。

3.3.2 常用的几种地层和面层构造

1. 混凝土地层

混凝土地层价格便宜、载重大、防水、稍起尘、易散热、施工简便，在民用、工业、农业建筑上应用广泛。

各种做法如下（图 3-5）：

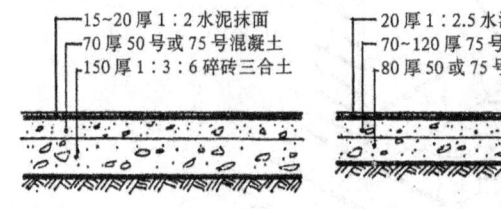
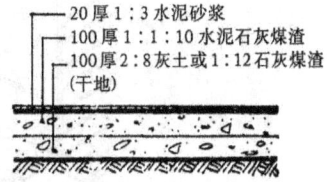

图 3-5 各种混凝土地层构造

水泥地如因需高度防水或保温，需另加防水层，甚至排设沟管，或另设保温层，也可称为填充层。

2. 水磨石地面

水磨石地面是将天然石料（大理石或白云石等）的石屑，用水泥浆拌和在一起，抹浇结硬再经磨光、打蜡而成。水磨石具有与天然石材近似的耐磨性、耐久性、耐油碱性。

水磨石地面的构造，一般可分为两层，面层由 85% 的石屑和 15% 的水泥浆构成。厚度

一般为10～12mm，底层用1:3～1:4的水泥砂浆做成12～20mm厚。水磨石面层不得掺砂，否则易产生孔隙（图3-6）。水磨石地面的分格，一般用玻璃条，防止因气温产生不规则裂缝。也可先预制，再行安装。

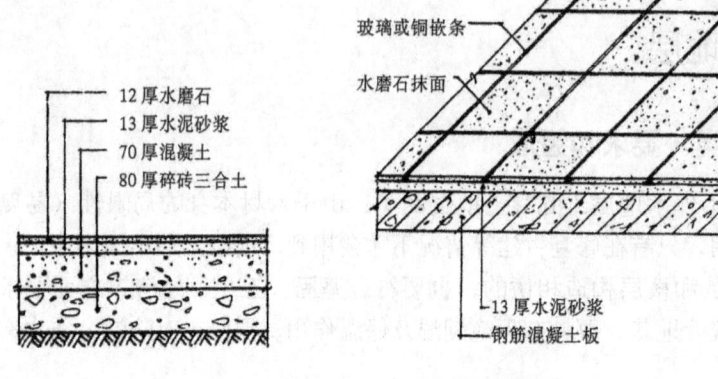

图3-6　水磨石铺地

3. 缸砖铺地

缸砖由粘土和矿物原料烧制而成。一般呈红棕色。形状有正方形、六角形、八角形等。尺寸：100×100mm，150×150mm。厚度10～13mm或17mm。缸块质地细密坚硬，强度较高，耐磨性好，且能耐水、酸、碱、油，易于清洁不起尘（图3-7）。

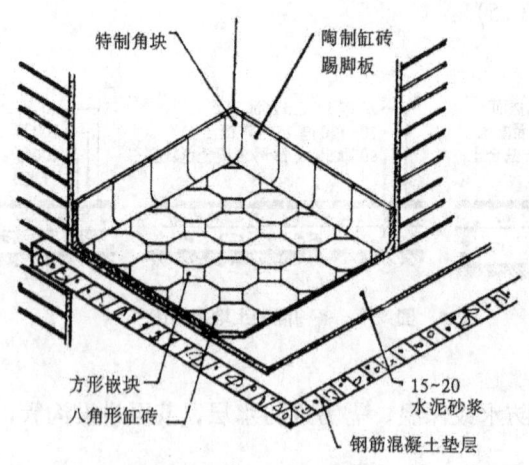

图3-7　缸砖铺地

4 楼 梯

4.1 概 述

楼层间的上下交通，除了多层、高层建筑和医疗、交通类等建筑特殊需要时，采用电梯和自动楼梯外，主要是由楼梯来解决的。楼梯有栏杆、扶手，所以也称扶梯。由室外直达楼层的则称室外楼梯。

衡量倾斜大小的标准是：

1）斜度

凡斜线、斜面或曲折面的外切线同水平面所成的角度，称为斜度。

坡道斜度范围一般自 0°～20°，楼梯斜度自 20°～45°，以 33°42′ 适宜。爬梯的斜度在 45°以上，以 60°为宜。

2）翻势

凡斜线、斜面同水平面所成的高与水平面的长度所成的比例，称为翻势，即高、长比，其使用范围也就是和斜度角 α 角相对应的 $tg\alpha$。

4.2 楼梯的种类和基本要求

4.2.1 楼梯的种类

楼梯的种类很多，形式各异，按不同的分类标准可以分为以下几种。

1）按楼梯的位置分

可分为室内楼梯，室外楼梯。

2）按楼梯的使用性质分

室内可分为主要楼梯、辅助楼梯；室外可分为安全楼梯、防火楼梯。

3）按制作楼梯的材料分

可分为木楼梯、钢筋混凝土楼梯、混合式楼梯及金属楼梯。

4）按楼梯的形式分

可分为直上楼梯、曲尺楼梯、双折楼梯、三折楼梯、八角形楼梯、圆形楼梯等（图 4–1）。

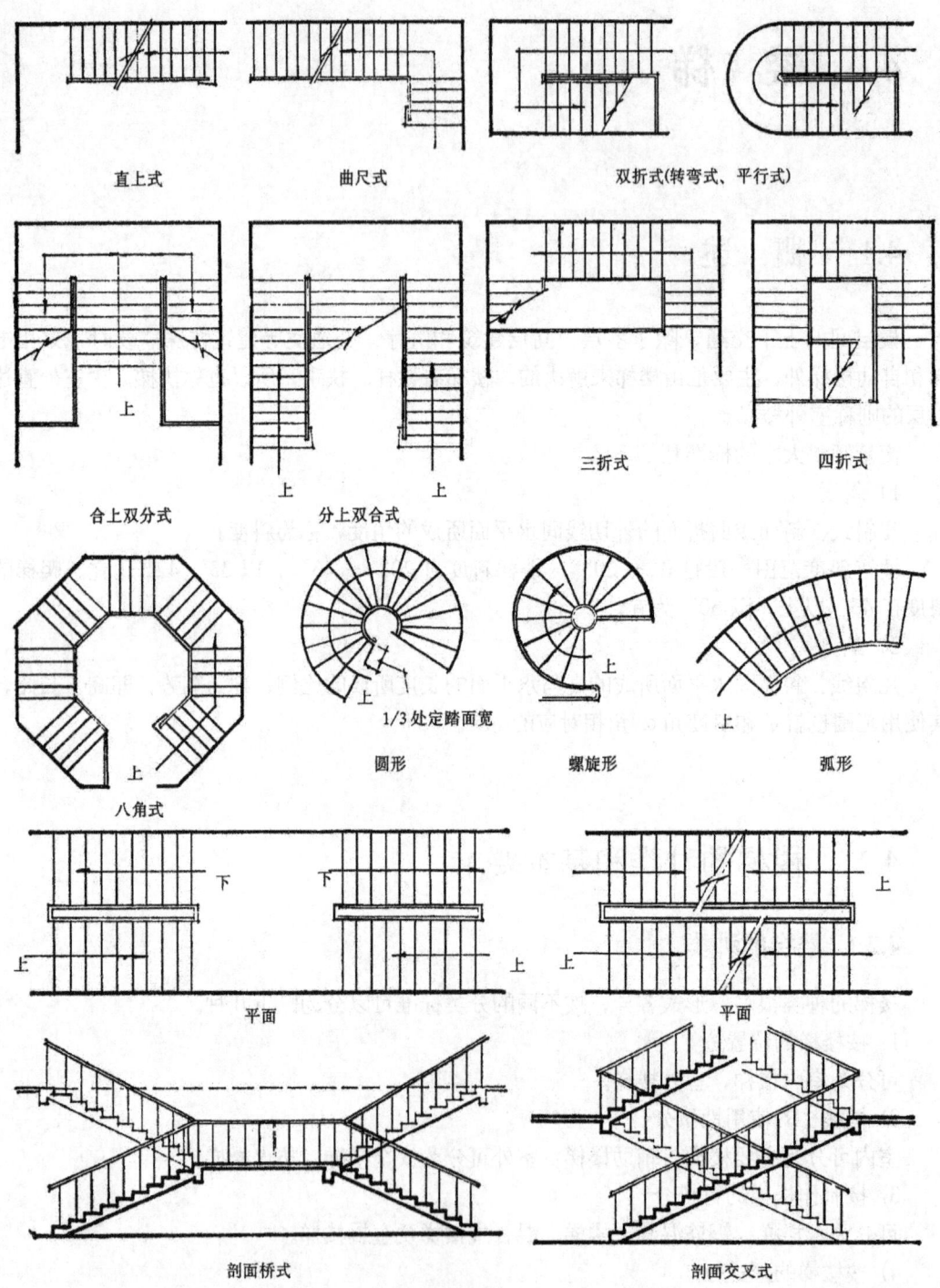

图 4-1 各种楼梯形式

4.2.2 设计楼梯的基本要求

1) 满足功能要求
要解决功能上的要求,保证满足交通和疏散方面的要求。
2) 注意美观
楼梯作为联系上下交通的工具,在造型及色彩上要与建筑整体风格相协调。尤其是公共建筑中的主要楼梯,更应注意美观。
3) 结构、构造方面的要求
(1) 坚固、安全、具有足够的强度;
(2) 必须有良好的采光及通风;
(3) 必须有适当坡度,踏步有足够宽度和适宜高度,有平台,平台下净高 2m 以上。
4) 防火安全的要求
四周用耐火墙体,设防烟楼梯。

4.3　楼梯的组成与斜度

楼梯段原则上等长,每段不超过 18 级,亦不少于 3 级。
楼梯宽度　居住建筑 1.1～1.4 m
　　　　　公共建筑 1.4～2 m
斜度规定　室内踢板高 150～170 mm,踏板宽 260～300mm
　　　　　公共建筑用 150mm×300mm
　　　　　居住建筑用 170mm×260mm 或 180mm×270mm
踏板与踢板尺寸的决定,常用方法有
　(1) 踏板宽 + 踢板高 =450mm
　(2) 踏板宽 +2× 踢板高 =600～620mm

4.4　楼梯的构造

在一般性建筑中多数采用钢筋混凝土楼梯,仅在特殊建筑中用木踏面的楼梯,其弹性好、传热系数小、行走舒服,但耐磨性较差。

4.4.1 现浇钢筋混凝土楼梯

1) 特点
优点:防火性能好,刚性强,坚固耐久。
缺点:现浇施工缓慢,费模板。

2) 应用范围

适用于无起重设备及小型个体建筑中。

3) 构造

可分为板式和梁式两种（图4-2）。

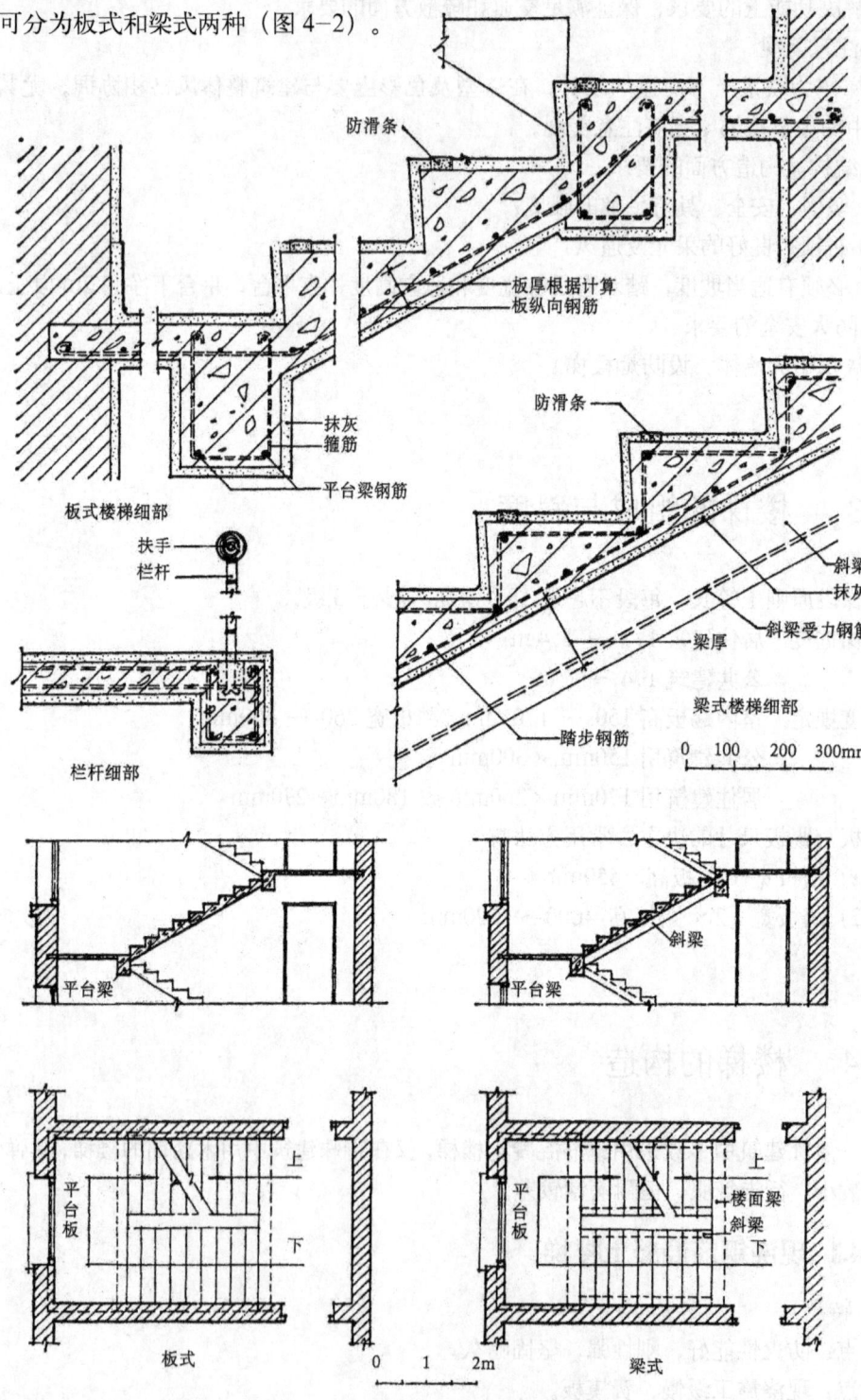

图4-2 现浇式钢筋混凝土楼梯构造

(1) 板式　宜用于跨度较小，受荷载较轻的建筑中，底面是平的，纵向配置钢筋搁于楼面梁及平台梁上；

(2) 梁式　是一般常见的形式，包括板与楼梯斜梁，也有反梁式，以及利用栏板做反梁的。将踏步配筋，搁在楼梯斜梁上，另加分布钢筋。

4.4.2 钢筋混凝土楼梯的保护及防滑措施

(1) 常用水磨石铺面，应于踏步边缘做宽 15 mm 金钢砂防滑条两道；
(2) 用大理石铺面时，须铺地毯；
(3) 加铺硬木踏面板，厚约 30mm；
(4) 铺油地毯。

5 屋 顶

5.1 概 述

5.1.1 屋顶的组成与形式

屋顶由屋面与支承结构组成。支承结构可以是平面结构也可以是空间结构，前者如屋架、刚架、梁板；后者如薄壳、网架、悬索等。屋顶常见的有平屋顶，坡屋顶及曲面屋顶等（图5-1）。

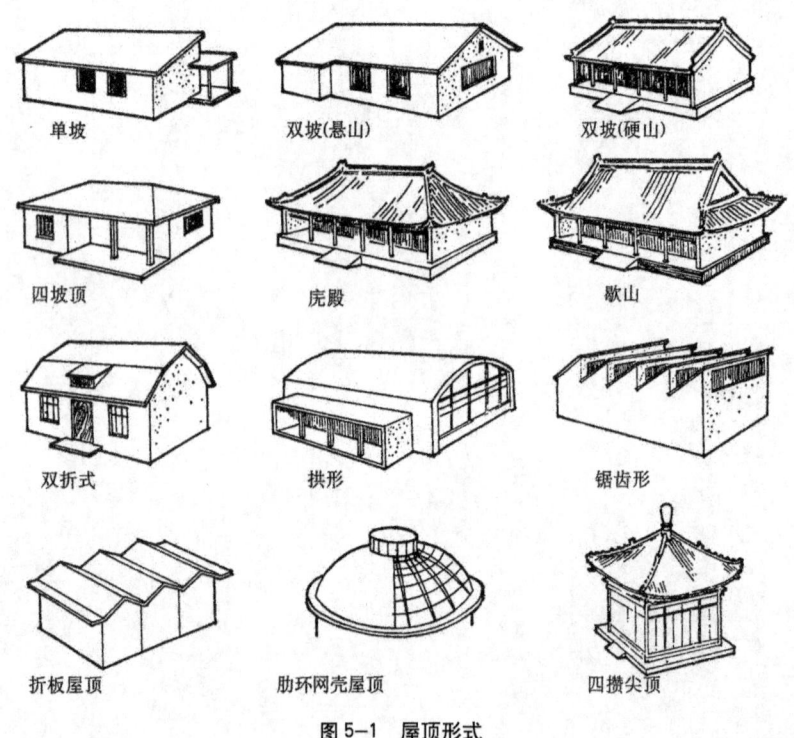

图 5-1 屋顶形式

5.1.2 屋顶的作用与设计要求

屋顶的主要作用有二，一是防御自然界的风、雨、雪、霜、日光等侵袭；二是承受屋顶上部荷载，包括风、雪荷载及屋顶自重，将它们传递到墙或柱上。因此设计时除必须满足坚固耐久、防水、防火、保温、隔热、抵抗侵蚀等要求外，还应考虑抗震要求。做到自重轻，构造简单，施工方便，就地取材，造价经济。

5.1.3 屋面坡度

解决防水问题首先应尽速排除屋面的水，避免有堵塞积水等现象。同时应将可能产生渗漏的缝隙、孔洞等严密嵌实堵好，利用屋面坡面及排水等装置将降落在屋面的雨、雪、水以最短而直接的途径排除干净，减少渗漏可能。因此，屋面坡度的大小对屋顶防水关系很大。坡度的大小是根据所选用的屋面防水层材料的性能决定的。如果采用防水性能好、单块面积大、接缝少的材料，如油毡、钢筋混凝土板等，坡度可以小些；如采用粘土瓦、石棉瓦等小块面层，坡度则应大些。

5.2 坡屋顶

5.2.1 坡屋顶的特点与组成

坡屋顶由屋面、支承结构、顶棚组成。

屋面由一些相同坡度的倾斜面相互交接而成，交线为水平线时称正脊；当斜面相交为凹角时，所构成的浅斜交线称斜天沟；当斜面相交为凸角时的交线称斜脊，坡屋顶坡度随着所采用的屋面铺材和铺盖方法不同而异，一般均大于 1∶10。

坡屋顶的基层主要承受屋面荷载，一般包括檩条、椽子及屋面板。采用坡屋顶要求建筑平面简单，因为平面形状复杂，将会使屋面产生许多斜天沟而容易导致漏水，并且斜天沟部分冬季易积雪，增加了屋顶附加荷载，因而加大了支撑构件的尺寸，这是不经济的。

5.2.2 坡屋顶的支承结构

坡屋顶的支撑结构有山墙承重和屋架承重两类。

在底层住宅、旅馆等建筑中，由于房间开间较小，常采用山墙承重结构。

在食堂、学校、俱乐部等建筑中，开间面积较大的房间，可根据具体条件采用屋架承重结构。

1. 山墙承重（图 5-2）

山墙作为屋顶承重结构，在山墙上搁檩条，檩条上立椽子再铺屋面；檩条在山墙上的间距应尽可能一致，一般在 4m 以内，不超过 4.5m。

山墙承重结构的优点是：节约木材和钢材，构造简单，施工简便，防火隔声性能好。

2. 屋架承重

1) 屋架的组成，类型与布置

（1）屋架的组成（图 5-3） 屋架是以一组杆件（上弦木、下弦木及腹杆）在同一平面内互相结合的整体的物件来承受荷载，每个杆件承受拉力或压力。上弦木是受压构件，下弦木为屋架下部受拉构件。

（2）屋架类型 一般中、小跨度的屋架由木、钢木或钢筋混凝土制作，形成三角形、

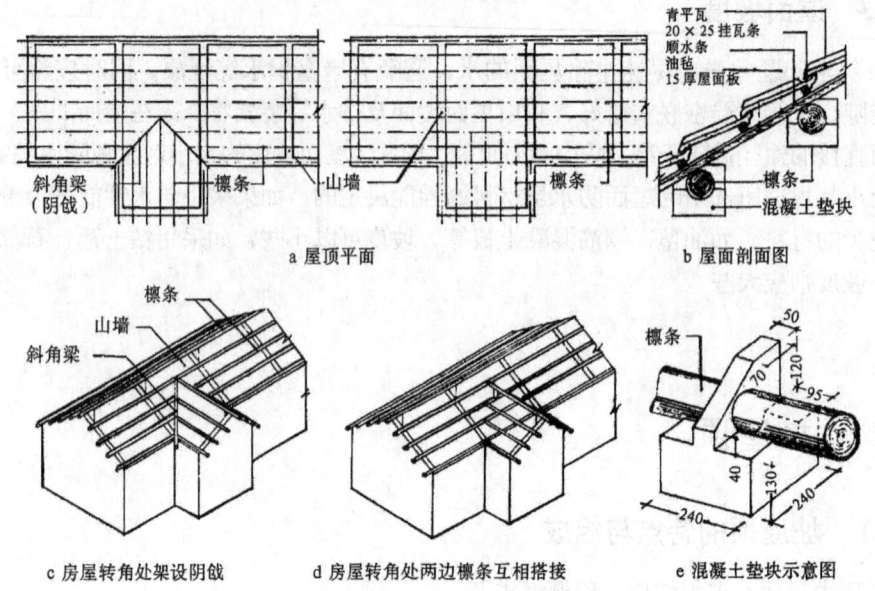

图5-2 山墙承重的屋顶

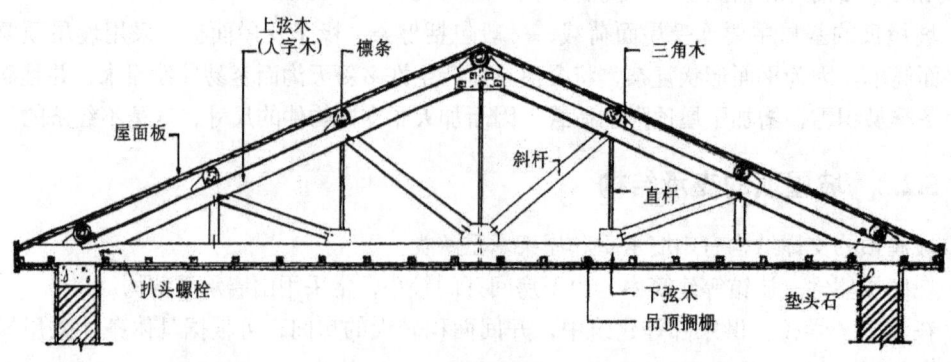

图5-3 屋架各组成部分

梯形、多边形、弧形等形式，屋架形式的选择应根据房屋跨度、屋顶形式与铺材来考虑（图5-4）。

（3）屋架布置　基本原则是排列简单，结构安全，经济合理，常见为"一"字形，即平面屋架沿房屋纵长方向等距离排列，屋架两端搁在纵向外墙或柱墩上（图5-5）。

2）屋架的建造

屋架支承处必须设置木或混凝土制的垫块。

屋顶空间稳定方式不外两种（图5-6）。

（1）水平支撑稳定构件　当房屋很长，屋架榀数较多时应采取格构式水平支撑，撑牢在两榀屋架的上弦各节点处。

（2）竖向支撑稳定构件　竖向支撑常用剪刀撑，即沿纵长方向在每两榀屋架之间设一二道剪刀撑，分别将其上下端用螺栓固定在屋架受压节点处。

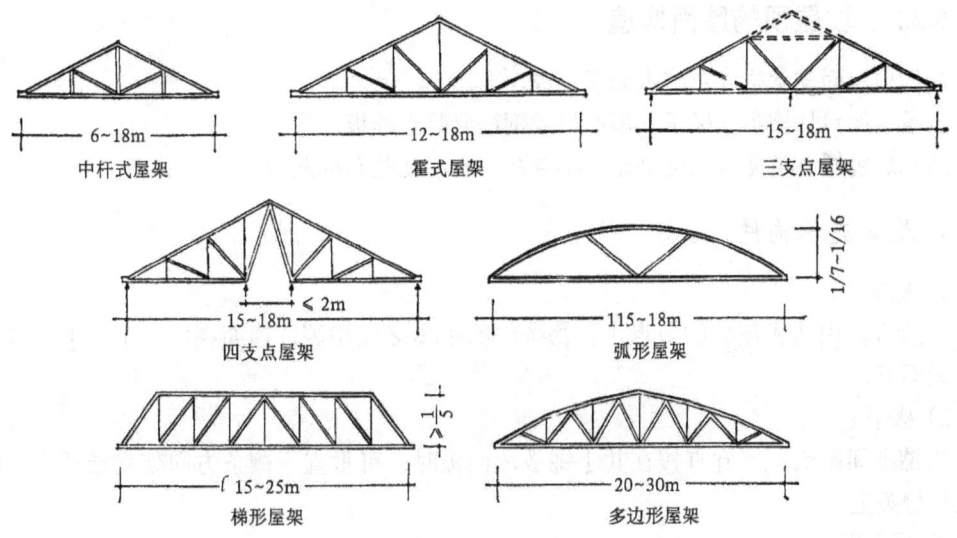

图 5-4 木及钢木屋架

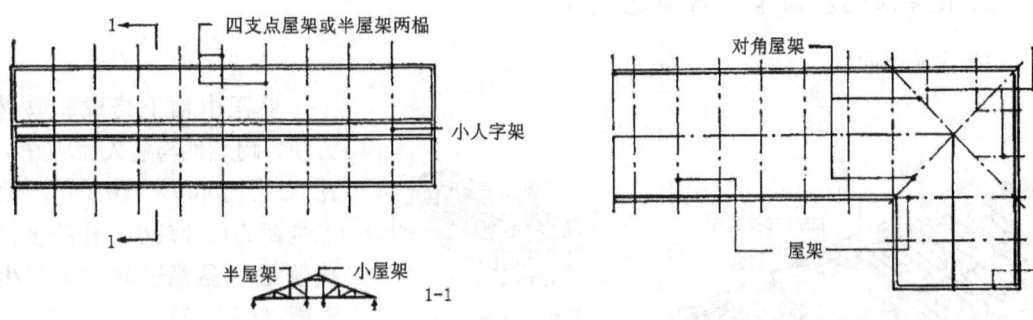

图 5-5 两落屋顶

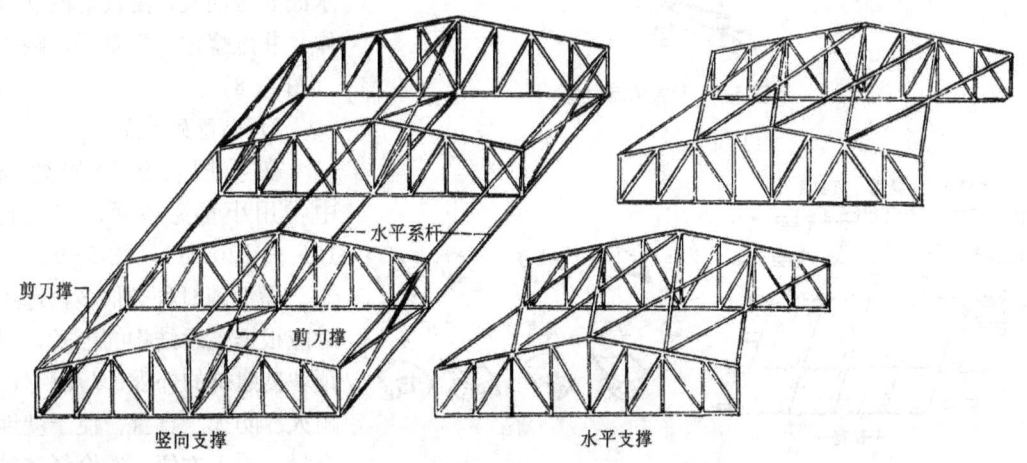

图 5-6 坡屋顶的稳定构件

5.2.3 坡屋顶的屋面构造

屋面由屋面支承构件及防水面层组成。

支承构件包括檩条、椽子、屋面板或钢筋混凝土挂板。

防水层包括各类瓦（粘土平瓦、小青瓦、水泥瓦及石棉瓦等）。

1. 屋面支承构件

1) 檩条

一般搁在山墙或屋架的节点上。檩条间的距离必须相等，顶面在同一平面上，以利于铺钉屋面板。

2) 椽子

当檩条间距大，不宜直接在其上铺放屋面板时，可垂直于檩条方向架立椽子，一般搁在三根檩条上。

3) 屋面板

厚 15～25mm，板长度应搭过三根檩条或椽子。

2. 坡屋顶的屋面铺材与构造

1) 平瓦屋面

平瓦由粘土烧成，取材方便，耐燃性与耐久性均好，瓦尺寸约 400×230mm，缺点是瓦的尺寸较小，接缝多，接缝处容易飘进雨雪，产生漏雨（图 5-7）。

2) 波形瓦屋面

波形石棉瓦由石棉纤维水泥混合而成，是良好的非导体，非燃烧体，重量轻，耐久（图 5-8）。

3) 小青瓦屋面

在我国传统民居建筑中常用小青瓦屋面，宽度自 165～220mm（图 5-9）。

屋面铺材种类很多，选用时应根据支承结构的形式、屋顶坡度建筑的外观，以及耐久、耐火、防火、自重，便于就地取材，施工方便，造价经济等因素综合考虑。

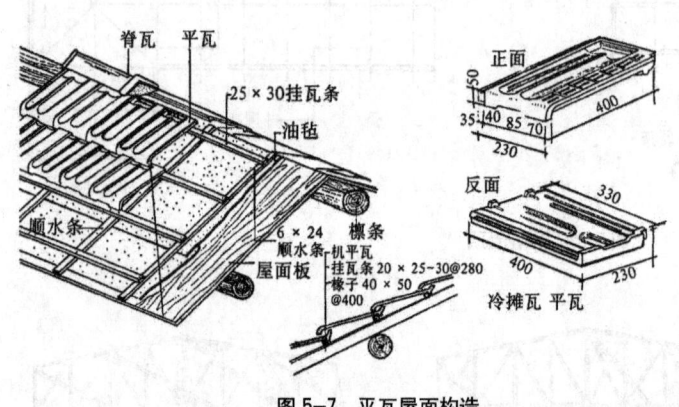

图 5-7 平瓦屋面构造

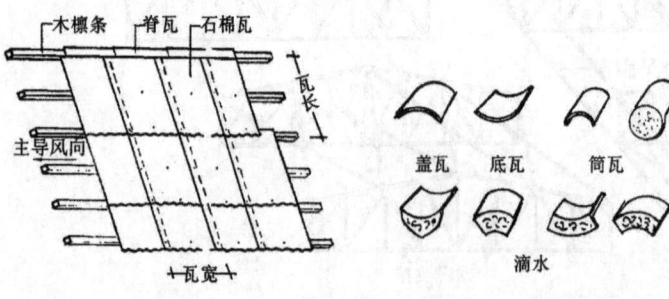

图 5-8 石棉瓦固定在檩条上示意图　　图 5-9 小青瓦与筒瓦外形

5.2.4 坡屋顶的细部构造

1. 檐口构造

建筑物屋顶在檐墙的顶部称檐口，它对墙牙起保护作用，也是建筑物的主要装饰部分，常做成包檐、挑檐两种不同的形式。

1）包檐

檐口与墙齐平或用女儿墙将檐口封住（图5-10a、b）。

2）挑檐

檐口挑出在墙外，做成露檐头或封檐头等形式（图5-10c、d）。

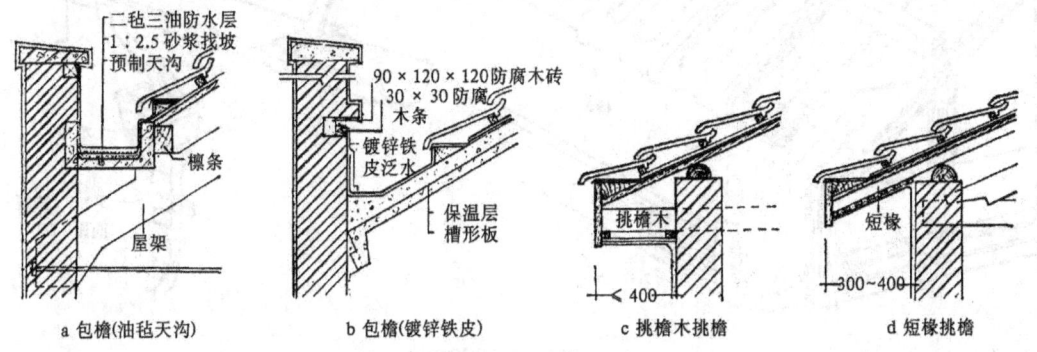

图5-10 坡屋顶的细部构造檐口

2. 山墙构造

两坡屋顶尽端山墙常做成悬山或硬山两种形式。

1）悬山

尽端屋面出挑在山墙外，一般常用檩条出挑（图5-11a、b）。

2）硬山

山墙与屋面砌平或高出屋面的形式（图5-11c）。

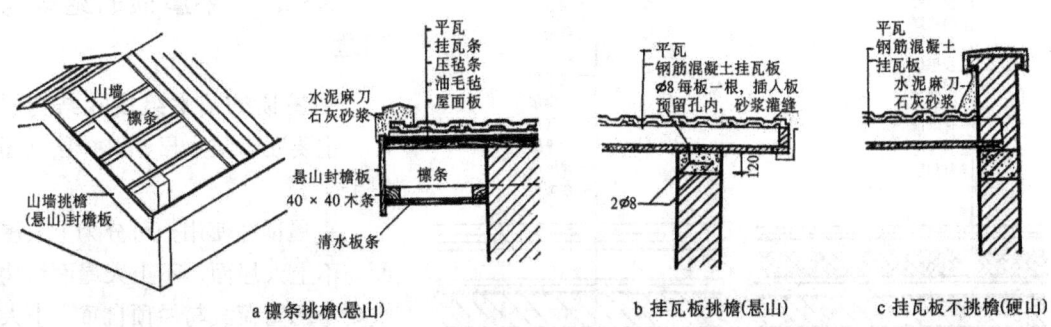

图5-11 山墙的构造

5.2.5 坡屋顶的排水

在雨量少的地区，简陋房屋可不装置排水设备，任雨水沿屋檐自由排下，称无组织排水。坡屋顶排水设备有檐构、天沟、水斗及水落管等，其常用规格及结构安排见图 5-12。

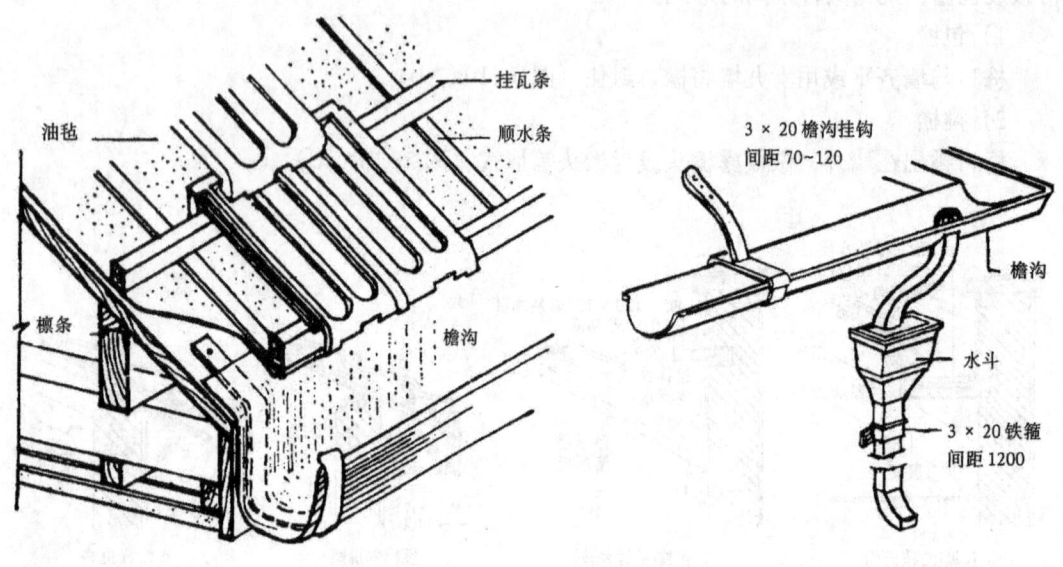

图 5-12 出檐檐沟

5.3 平屋顶

5.3.1 平屋顶的特点

坡度小于 1：10 的屋顶称平屋顶。平屋顶的支承结构常采用钢筋混凝土梁板，能适合各种形状和不同大小的平面。因其坡度小，故屋面可利用作为各种活动场所。

平屋顶坡度小，排水慢，屋面积水机会多，易产生渗漏，故其排水与防水问题更为重要。

5.3.2 平屋顶的组成与构造

平屋顶的基本组成除结构层外，主要还有防水层，保护层（图 5-13）。

平屋顶在使用上可分为上人屋面与不上人屋面，不上人屋面结构主要考虑雪荷载与屋顶自重，上人还要考虑人的活荷载。

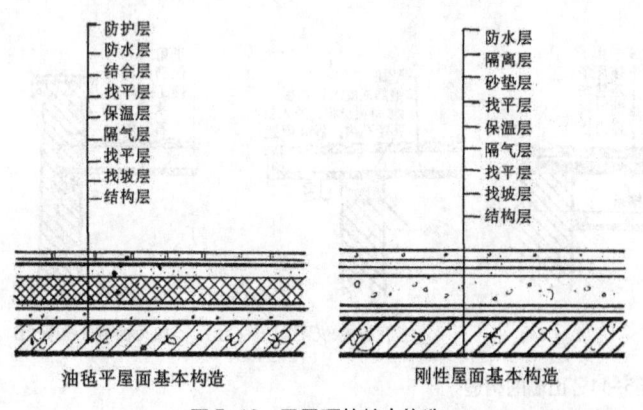

图 5-13 平屋顶的基本构造

1. 结构层的选择与布置

(1) 结构层必须具有足够的强度与刚度；
(2) 预制板之间的缝应有足够的强度和密实性（图 5-14）。

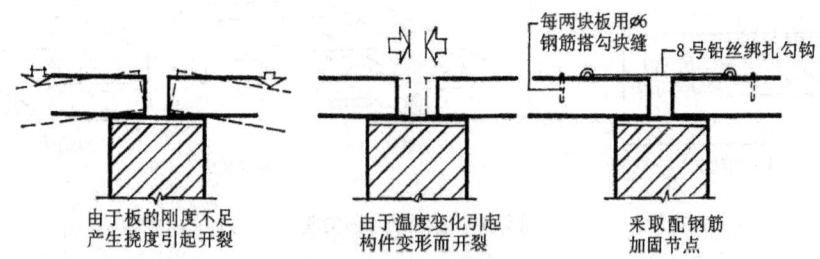

图 5-14 支座节点构造比较

2. 防水屋面

根据采用的材料和构造的不同，防水屋面可分为柔性防水屋面与刚性防水屋面两类。

1) 柔性防水屋面

柔性防水屋面又称卷材防水屋面，用油毡、玻璃布等纤维织物作胎层的卷材，用各种胶结材料（沥青）粘结在结构层上形成防水层，具有良好的不渗水性（图 5-15a）。

(1) 材料　沥青与油毡

沥青是黑色或黑褐色的有机胶合材料，具有良好的防火性、绝缘性，能耐多种酸碱腐蚀，具有一定的粘结力和柔韧性。

油毡是纤维组织用沥青浸透两次制成的卷材层。

(2) 柔性屋面构造　由卷材与涂料分层粘结组成防水层（图 5-16a）。

卷材铺法：顺风向，顺水流，互相搭接。

条铺法即粘贴剂呈条状铺设；点铺法即粘贴剂呈点状铺设。铺法见图 5-16b。

2) 刚性防水屋面

常用涂料防水、防水砂浆、细石混凝土屋面三种形式（图 5-15b）。

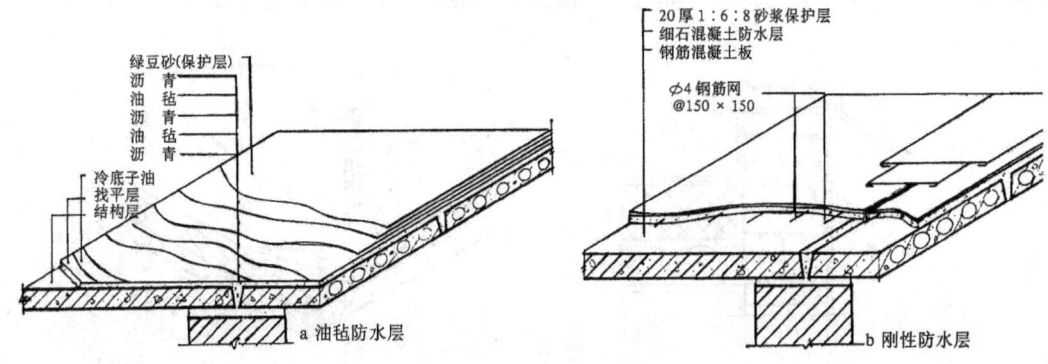

图 5-15 平屋顶防水构造

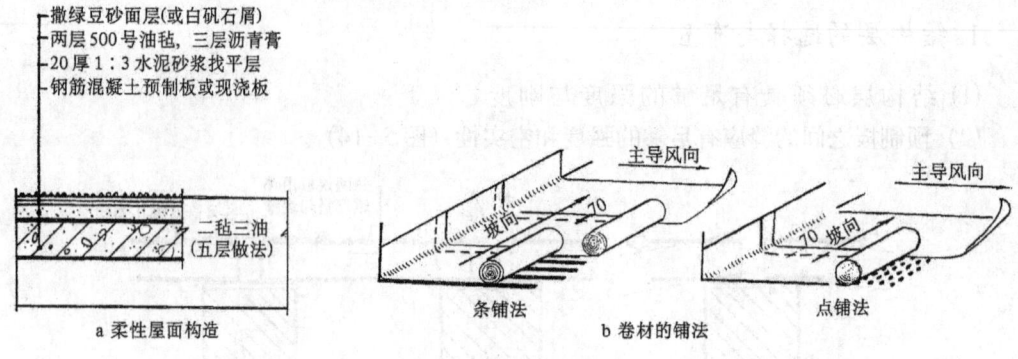

图 5-16　柔性防水面构造

防水屋面存在的最大问题是防水层表面由于温度引起的热胀冷缩及材料本身干缩开裂导致屋面渗漏，以及结构变形将防水层撕裂而漏水。要求房屋结构刚度好，整体性好。

(1) 细石混凝土防水屋面

在预制钢筋混凝土板上做找平层（图 5-17a）。

① 先刷冷底子油一度，热沥青一度，再做好细石混凝土防水层，使结构层与防水层分开。

② 不设隔离层，直接刷纯水泥浆，随刷随用，使二者结合成整体。

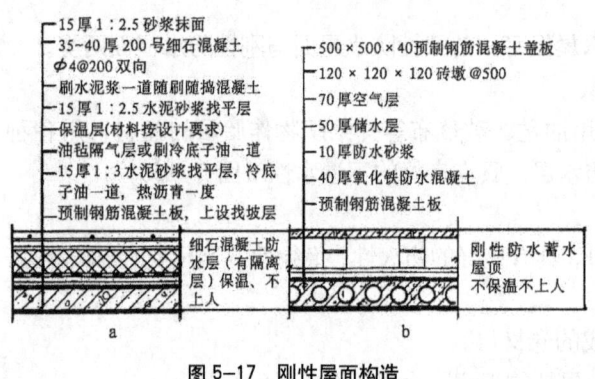

图 5-17　刚性屋面构造

(2) 涂料防水屋面

用各种可塑柔软的防水材料直接涂刷在基层上，形成一层防水薄膜用以防水。涂料防水屋面耐久性差，但自重轻，修理方便（图 5-17b）。

3. 保温层

保温层设在结构层上，防水层下，应选自重小，保温效果好，具有一定强度，并能与结构层粘结，价格便宜的材料，如泡沫混凝土、膨胀珍珠岩、蛭石等（图 5-18）。

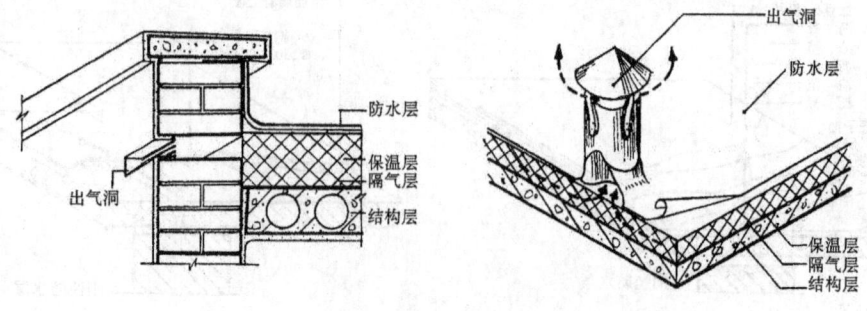

图 5-18　有保温层的平屋顶构造

5.3.3 平屋顶的排水

防止平屋顶渗漏的主要措施是：

(1) 尽快排除屋面上的雨、雪水，使之通过导水装置迅速流到地面排水沟内，避免产生积水。

(2) 另外还应将一切可能产生渗漏的部分加以堵塞，所有的缝与孔的细部构造处理妥当，"排"与"防"结合。

1. 平屋顶排水坡度

坡度在1：10以内，可由保温层找坡，最薄处不小于15mm。如坡度较大，最好将支承结构倾斜成一定坡度，以利于排水。

2. 导水方式与装置

为迅速将雨水排除，采用无组织排水与有组织排水两种方式。前者是让屋面的雨水顺檐口自由下落，或在檐口隔一定间距设排水口，雨水经排水口自由下落，这种方法只有在建筑物跨度在12m以内，高度在10m以下，雨量不大的地区方可采用；后者是将屋面划分为若干排水区，将聚集在檐沟中的雨水分别由雨水口，经水斗、雨水管等装置导至室外明沟内，要求排水线路简洁畅通，避免迂回堵塞。

檐沟根据檐口构造不同，可设在檐墙内侧，或出挑在檐墙外。挑檐檐沟为防止暴雨时积水产生倒灌或外泄，沟深不宜小于150mm，沟底要做滴水线，防止雨水顺沟底流至外墙面（图5-19）。

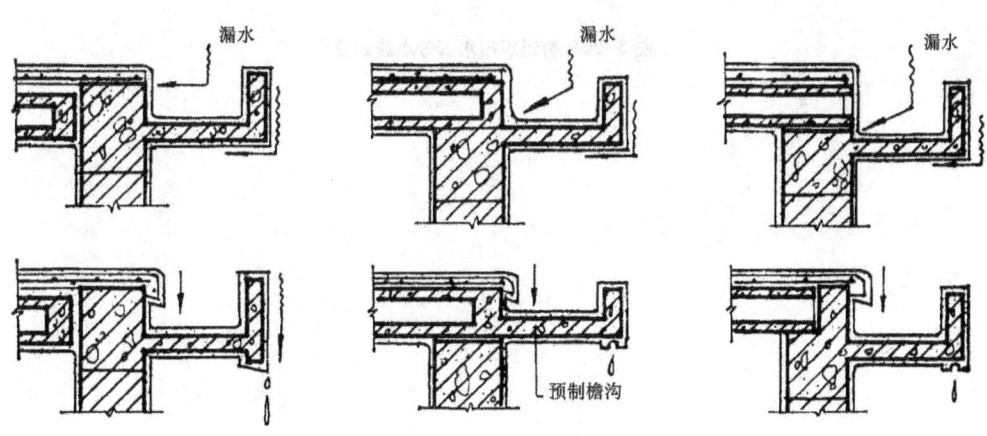

图5-19 檐沟排水方案比较

3. 分水线与排水口

分水线将建筑物的屋面分为几个区域（排水区），每一区域设有不同方向的坡度，使得落到屋面上的雨水可以随坡度流入排水口中（图5-20）。排水口连接落水管，可以将屋面雨水直接导入地面的阴沟里。在设计时对排水区及排水口的使用都有一定的要求：

排水区　面积相近，不宜过大。

排水口　布置均匀，间距常为 10～15m。

防水原则　防水层密实，排水要快，导水要畅，堵缝要严。

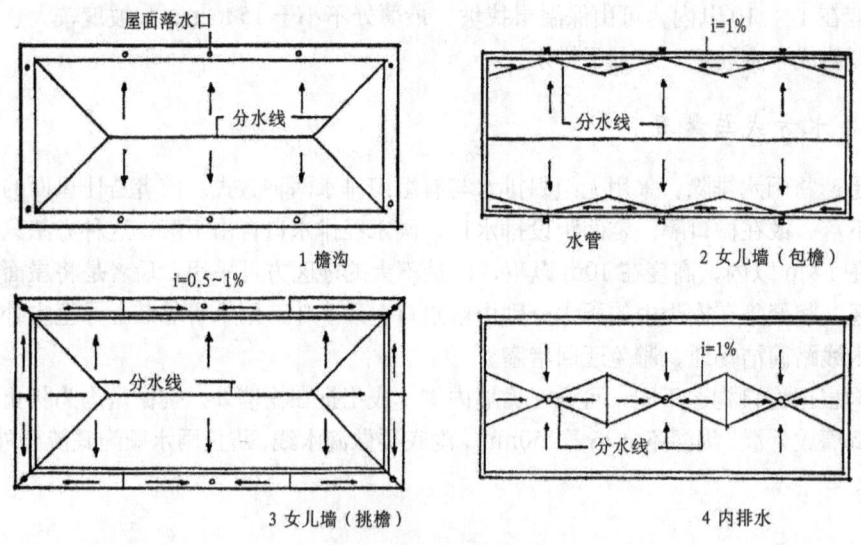

图 5-20　有组织排水（分水线划分）

6 门 窗

6.1 概 述

6.1.1 门窗的作用

门的作用是供出入及联系交通,窗供采光和通风之用。此外,门和窗均属围护构件,起着防止自然侵蚀(风、雨、冰、雪),及隔声方面的作用。

6.1.2 门窗的要求

1. 交通安全方面的要求

门要求通行流畅,符合安全的要求,大型公共建筑的外门必须向外开。

2. 采光、通风方面的要求

建筑主要依靠天然采光,应选择合适的窗户形式。

采光面积相同时,窗竖向或横置,效果亦不相同。竖向窗适用于进深较大的房间,可以使阳光充分进入房间;横置窗适用于进深较小的房间,可以获得较强烈的光线。

一般居住建筑的窗户面积为地板面积 $1/8 \sim 1/10$,公共建筑如学校为 $1/5$,医疗手术室为 $1/2 \sim 1/3$。此外,设计窗户时尚须就建筑物的位置、朝向、日光、气候等因素作全面考虑。

通风主要靠窗户,凡利用窗户来调节和控制室内的换气,称自然通风。

3. 围护作用方面的要求

构造设计时应设置防风缝,注意隔声。

4. 建筑设计方面的要求

门窗是建筑立面造型中的主要部分,须注意内容与形式的统一,权衡与建筑整体比例的协调。在建筑的立面上窗户的数量、大小既要满足功能使用上的要求,又要注意美观,达到艺术与实用相和谐的效果。

6.2 门

6.2.1 门的分类

门的类型很多,按用途分:有外门、内门之别;按材料区分可分为:木门、钢门、铝合金门;按门的开关方式划分有:平开门、弹簧门、推拉门等(图6-1)。

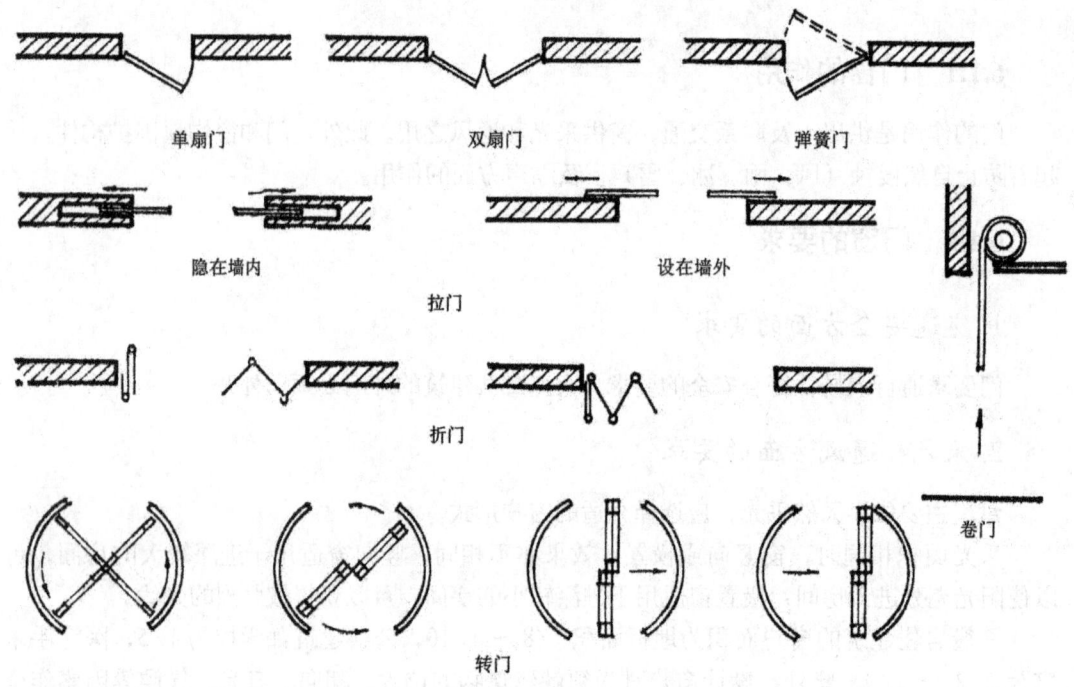

图6-1 门按开关方式分类

1. 平开门

平开门依前后方向开关,有单扇门和双扇门,此种门使用普遍,凡是居住和公共建筑等内外门均可采用。

2. 弹簧门

弹簧门开关方式同平开门,因装有弹簧铰链,门可以自动关闭,常用于公共建筑,如百货商店、医院、影剧院的内外门等。

3. 推拉门

推拉门的开启方式是向左右推拉,门可以隐藏于夹墙内或悬于门外。

6.2.2 门的一般尺寸

门的尺寸决定于使用安全、方便和建筑物的立面造型，在设计时应根据建筑物的性质、人流、使用情况等来决定。既满足建筑的功能要求，又考虑到其美观性。一般性的居住建筑和公共建筑由于使用的性质不同，其尺寸也应有所区别。

1. 居住建筑中门的尺寸

居住建筑中门的宽度是：单扇约 900～1000mm，双扇为 1200～1400mm，高度 2.0～2.2m，有亮子高度应增加 400～500mm，浴室门尺寸为 650mm×2000mm。

2. 公共建筑中门的尺寸

公共建筑中门的宽度是：单扇为 950～1000mm，双扇为 1400～1800mm，门的高度为 2.1～2.3m，带亮子的门的尺寸应增加 500～700mm。

6.3 窗

6.3.1 窗的分类

窗可按不同标准分类。

因材料不同可分为木窗、钢筋窗等；按开关方式不同可分为固定窗、翻窗、撑窗、摇窗、平开窗、推窗、拉窗等（图 6-2）。

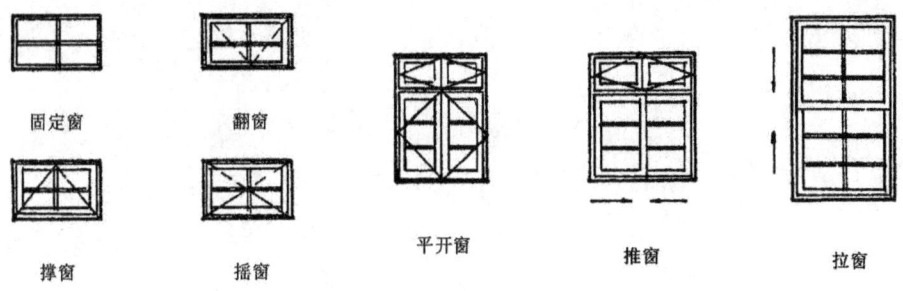

图 6-2 窗的开关方式

1. 固定窗

固定窗不需窗扇，将玻璃直接镶嵌在窗框上，不能开启，只供采光而不通风，通常用于外门的亮子、楼梯间等处。

2. 平开窗

窗扇用铰链与窗框联系，可以向内或者向外开启，窗户大小按采光需要有单扇、双扇、三扇等。

3. 转窗

以旋转方式开关，有水平旋转和垂直旋转两种，通常用于楼梯间、走道高窗或作为门上亮子以及工业建筑中。

4. 推拉窗

开关方向是向左右或上下推拉，左右方向的称为推窗，上下方向的为拉窗。

6.3.2 窗的一般尺寸

窗户大小按采光需要而设置，窗扇要承受风压和自重，它的宽度与高度应以不增大窗框截面用料和过多地占据室内地面为准，否则，过大、过宽会使窗扇变形。

通常平开窗每扇窗宽度不大于600mm，高度不宜超过1.5m，否则需设亮子，窗台离地高度自900～1000mm。转窗宽度、高度不宜大于1m，窗台高度可酌情提高到约1.2m左右。推窗宽度可达1800～2000mm，高度也不超过1.5m。拉窗宽度为600～1200mm，高度可按需要设计。

在大批量居住建筑中，钢窗、木窗大都设计成标准门窗，窗分有亮子和无亮子两类。

1) 无亮子的

单扇窗尺寸为600～1100mm，双扇窗宽为1.1m，三扇窗宽为1.5m，四扇窗宽为2m，高度相同。

2) 有亮子的

单扇窗连亮子为600～1500mm，双扇、三扇、四扇宽度的窗户与无亮子的相同，亮子高度为500mm。

第二部分
园林建筑设计基本方法

7 设计方法论

7.1 立意

7.1.1 现状：我国个性化园林设计新时代的来临

随着我国经济的腾飞，园林设计界即将面临个性化景观设计新时代的到来。园林建筑与普通建筑的最大区别就是其可变性。我们可以在经费允许的条件下，充分发挥创造力，设计出创新、不落俗套的新型园林建筑。生活中的家用品，卡通片中的奇异道具等等，无一不可成为你设计的灵感来源（图7-1～图7-4）。

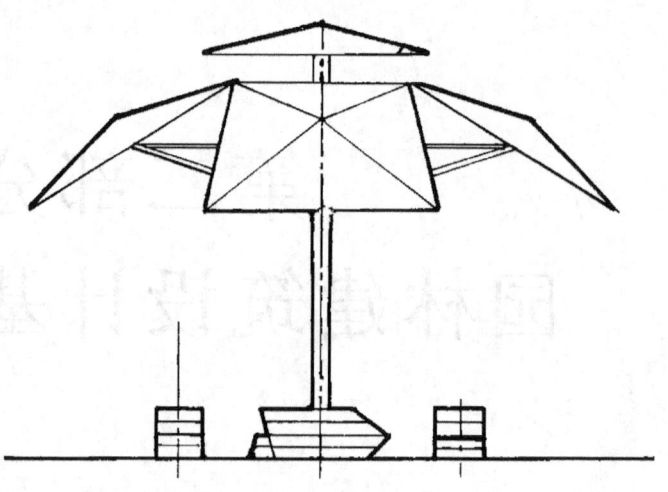

图7-1 现代亭（1）

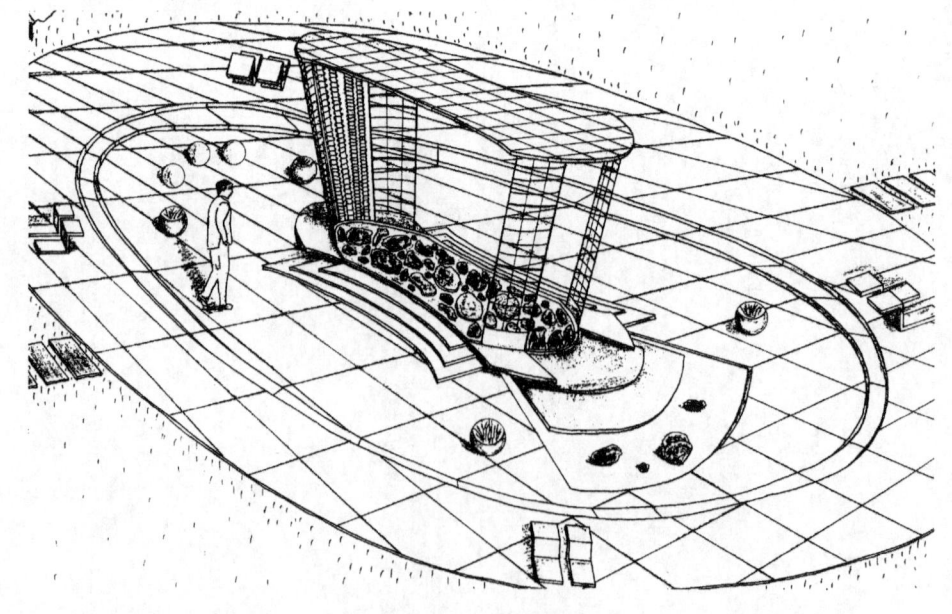

图7-2 现代亭（2）

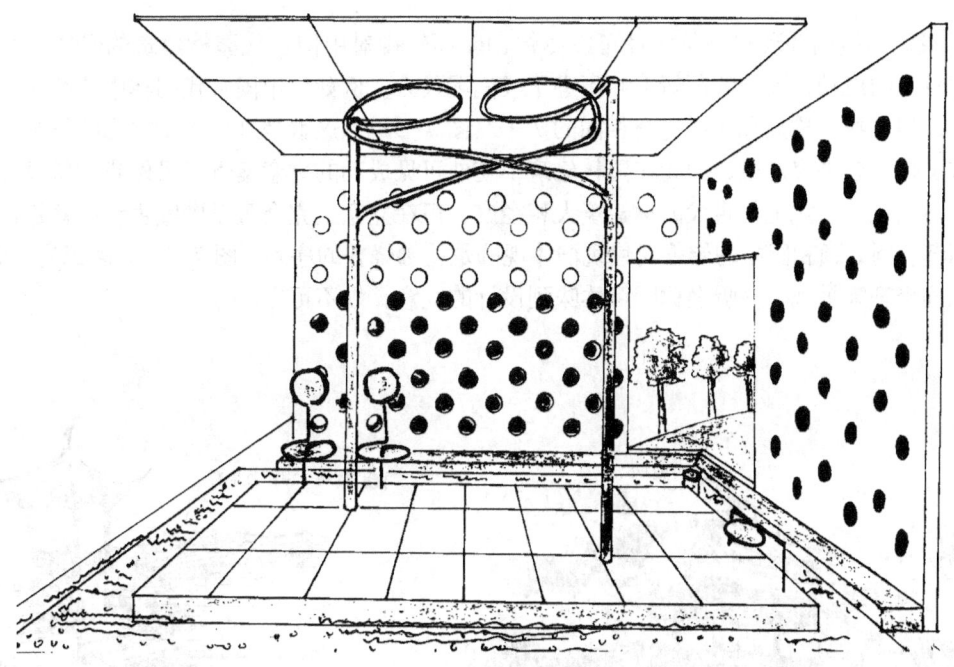

图 7-3 现代亭（3）

图 7-4 现代亭（4）

43

7.1.2　沿革：中国历史园林设计的立意

我们不能因为现代园林设计可以尽情创新而轻视对中国古代园林建筑的研究。古人由于立意上的成功，设计的创新上并不逊于我们现代人。例如，中国古代园林中的亭子不可计数，却很难找出格局和式样完全相同的例子（图7-5），这就是进行成功立意的结果。我国传统文化十分讲究意境，因此在园林建筑中随处可见成功的立意案例，虽然我们所设计的现代园林建筑在形式上与古代园林建筑大相径庭，但在立意上完全可以借鉴古代园林建筑立意的精髓。例如颐和园中的佛香阁建筑群体现的是礼佛烧香的序列（图7-6），卧云室、笠亭、与谁同坐轩等景观，一听名称即可体味到设计的立意，妙不可言。

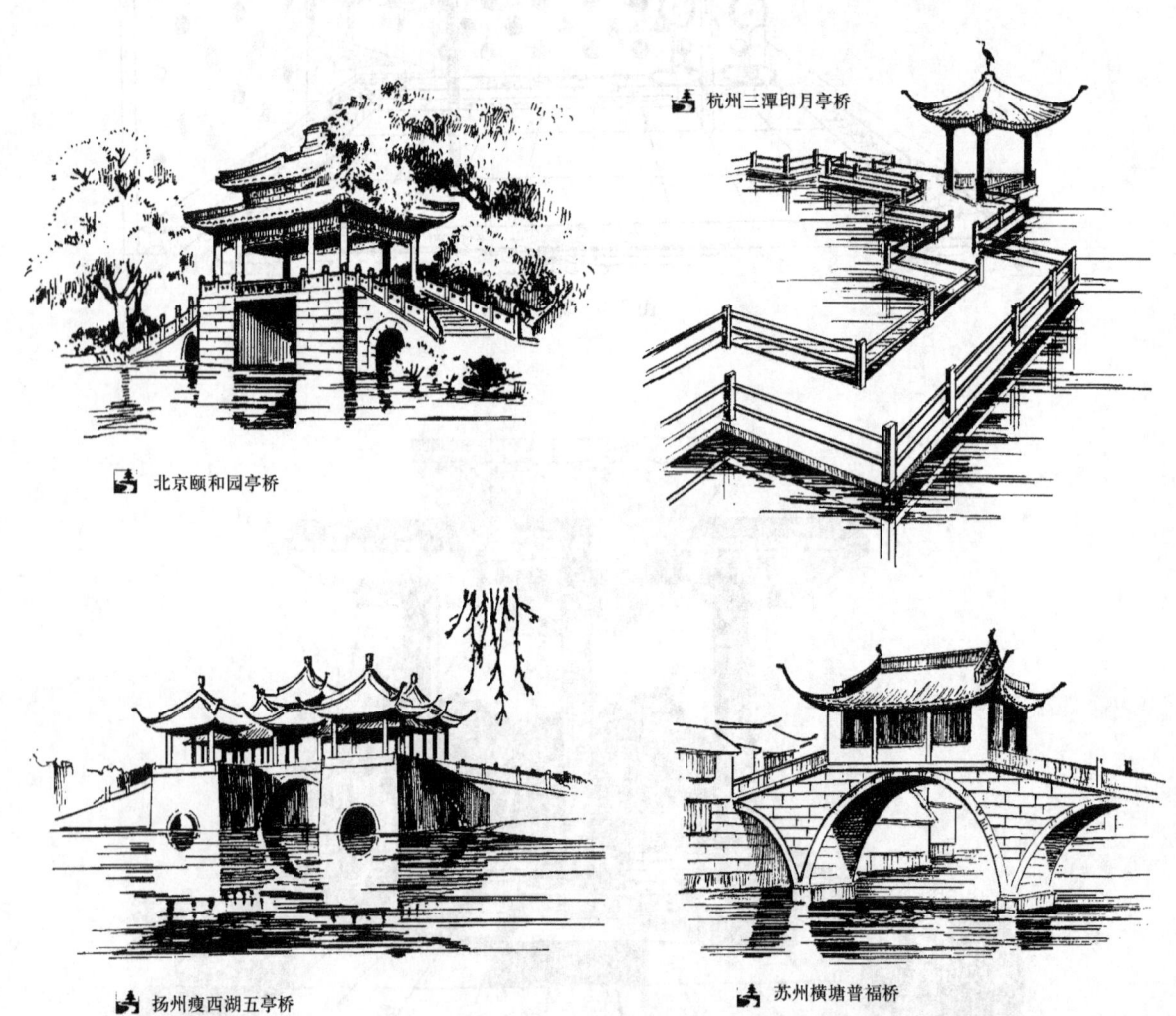

图7-5　古典亭子实例

7.1.3 立意的重要性：意在笔先

"意在笔先"，任何设计行为的发生均由一系列设计理念与思路所引导，无论我们想把建筑设计得多么新奇，没有立意的组景则无法达到"以心传心"的效果。例如一组园林建筑留给游客什么样的感觉：像皇家园林建筑一样富丽堂皇；像文人园林建筑一样优雅，蕴含深意；像神话小说中的建筑那样飘逸脱俗；像武侠小说中的建筑神秘怪诞；亦或是像现代园林建筑给游客以个性的冲击；作为设计者都应该预先构想。

这就是说，在入手设计园林建筑时，首先须确定这组作品所应具有的意境，此即为立意。

立意，以通俗的方式分析，可分为主观和客观两层含义，主观立意指设计者试图通过设计表达何种思想，例如颐和园中的佛香阁建筑群体现的是礼佛烧香的内容；客观立意指设计者如何将环境条件进行最充分的利用，例如佛香阁是利用挖湖所出的土，堆山营造出壮观气势，增加了建筑本身的感染力。分析一个我们常常遇到的案例：假设我们需在一花卉公园设计一个小亭，如何获得成功的主观立意与客观立意呢？

我们应先听取委托方关于公园中主要花卉品种的介绍，了解公园中主要有哪几种花卉。花卉虽多，同一种类的花卉造型大同小异，确定几种公园中已有，又便于设计小亭的花卉并不困难，假设选择牡丹、玫瑰、荷花做候选花（图7-7），主观立意进一步伸展到与建筑主题相关的层面：牡丹代表富贵，玫瑰与浪漫有关，荷花超凡脱俗。花卉公园目前已有什么主题，缺乏什么主题？如果公园华丽的主景有富贵之感，再建一个华丽的牡丹亭，是有重复之嫌，还是有呼应之美呢；公园的主题是夸张奔放还是内敛优雅；是古今结合，还是现代、后现代甚至高技派呢？诸如此类多问几个为什么，对于小亭的主观立意就在解答这些问题的同时慢慢清晰起来了。

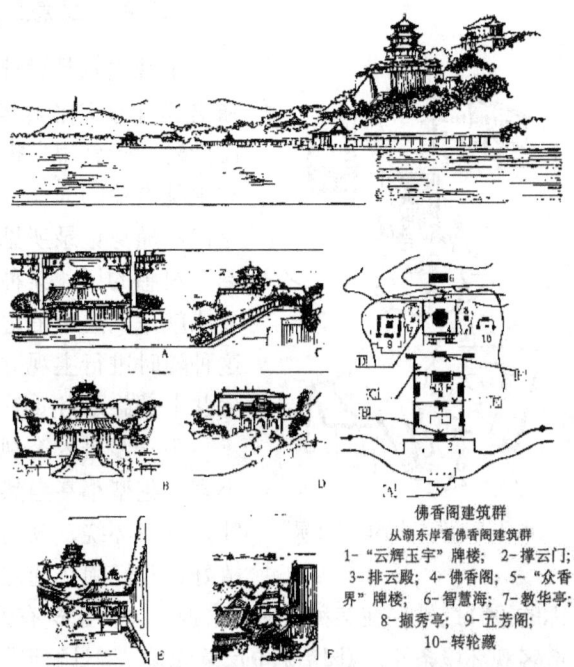

佛香阁建筑群
从湖东岸看佛香阁建筑群
1—"云辉玉宇"牌楼；2—撑云门；3—排云殿；4—佛香阁；5—"众香界"牌楼；6—智慧海；7—敷华亭；8—撷秀亭；9—五芳阁；10—转轮藏

佛香阁建筑群位于北京颐和园万寿山南坡中轴线上，面对水域广大的昆明湖，拾级而上登临佛香阁平台，向南眺望可借昆明湖湖心的龙王庙岛山、十七孔桥，廊如亭及远处之长堤烟景；向西眺望，玉泉山塔和秀丽的西山景色尽收眼底，并以转轮藏、五芳阁为俯借对象。佛香阁建筑群背山面水、兼有东、西两侧长廊和其他建筑群之拱托，气势极其壮丽，建筑群在构图上高低、大小、收放对比适宜，空间富于节奏感。

图7-6　颐和园佛香阁空间与视线

图7-7　各种花卉图案

7.1.4 立意的有机训练与日常积累

主观立意是设计师文化内涵的直接体现,设计者须平时加强培养自身文化素养,日积月累,在脑海中建立一个资料库,设计时一听到甲方提出的设计要求,立即在脑海中自动搜索出与主题有关的人文、历史、自然资料。成功的设计师都有一本笔记本随身记录所见的成功设计、造型有趣的生活用品,一句启发灵感的话,某种打动人的感觉等等,他们标新立异的设计灵感就是从这个笔记本中涌现的。同学们能在日常生活中养成这种随时进行主观立意创作的好习惯,将使我们在以后的设计生涯中受益无穷(图7-8)。

图7-8 设计构思的"源泉"

下一步进入客观立意的层面,以环境条件来衬托这个花型小亭。花型小亭当然应该处在同类花卉的环境中,如牡丹亭被牡丹花海环绕,玫瑰亭地处玫瑰园中。如果花卉已经分类分地植好,我们须在选定的花卉所在地了解环境,寻找最利于表现你的设计之地。在某种意义上来说,园林建筑有无创造性,往往取决于设计者如何利用和改造客观环境条件。《园冶》中反复强调"得景随形",环境的合理利用对建筑的造型影响极大。这涉及到园林建筑的选址问题。

7.2 选址

7.2.1 选址的重要性

选址对园林建筑十分重要,如果一个平庸的建筑放在一个美如仙境的树林中,一定会比放在一处光溜溜的平板地增色。当然,如果把我们新奇美的建筑放在这个仙境般的林中,又是何等美妙?反之,再好的建筑放在没有环境的平板地上,实属浪费,不仅可惜了建筑,如果要造景,又要花多大人力物力?

由此可见选址的重要性。选址首先须满足建筑功能的需求。要选择地形、朝向、交通都达到建筑要求的地段。

7.2.2 选址的美学原则

选址的两大原则是"美与奇"。在符合"功能实用"的原则后,就必须进一步考虑美学条件。

自然条件极美的环境当然是首选。例如武夷山的"云窝"之景,山中湿气所化薄雾飘浮于洞外,云雾缭绕,美不胜收(图7-9)。遇

武夷山风景点云窝
"云窝"处于武夷山隐屏峰半山腰游览路线的中途,利用天然洞穴组景,于石穴内设石桌、石凳供人纳凉小憩。

图7-9 武夷山云窝景点

到城市内自然条件一般的地区，需观察是否有可塑性，例如苏州留园、拙政园等名园是在无上佳自然山水之处硬挖湖堆山所建，园中建筑借人工湖、山之美，依旧风采卓然，不逊于自然风景中的建筑。从留园的剖面图可以看出人工堆山的痕迹（图7-10）。

图 7-10　留园园景剖面

园林建筑在符合功能需求的基础上以创新、奇异为佳，因此选址的要点也是奇，首选有地形高差的山地，或有土石与水面相临，体现硬与软对比的地形。如武夷山的仙弈亭，建在挺拔险峻的悬崖峭壁间，云雾飘缈，仿拟无人可攀登的仙山奇景。

处处留心皆学问，选址原则中的"美与奇"不仅体现在宏观环境中，亦表现于细节上，如：一奇树、一美石、一清泉、甚至一个古迹传闻，都将有效地形成建筑特点，成为适宜的场址。有时树、石等景更能衬托出主体建筑之美，如苏州狮子林中的以石喻云映衬亭的佳例，扬州个园中的四季石景等。

7.2.3　典型案例

以下从"山、水、城、林"四种不同的建设环境，进一步分析选址的基本原则。

1. 山

山顶远眺，山腰歇。在山中建园林建筑，常选址于山顶和山腰。因山顶可远眺风景，山腰可供游人上、下山疲惫时稍作休息、饮食。中国五大名楼均建于山至高之巅，气势磅礴。山上的建筑群往往选址于可顺应地势起伏变化之处，藉以营造高低错落极富变化之建筑。巧妙利用山地起伏所产生的动感，可以给建筑染上亮色（图7-11）。

图 7-11　起伏的地形可以使建筑产生错落感

2. 水

即使连水面都没有，人工堆山挖湖同样可获相同效果，如果在建筑设计中结合运用中国造园手法上的瑰宝——"理水"，我们的作品将真正做到"继承不泥于古，创新不离于源"，成为人们喜爱的设计。

前节中提到的在花卉公园中建筑以花卉造型的小亭这一案例，其选址过程中，设计者发现牡丹花丛和玫瑰花丛地形普通，面积有限，不适合挖湖堆山。虽然牡丹美丽，在此建亭符合"美"的要求，但牡丹花期短，无花和花枯叶败之时居多；玫瑰的花期较长，可以考虑。再比较荷花群，设计者灵感忽至，荷花生在水中，何不在水中建一小亭，荷花盛放之际自然美不胜收，即使残荷听雨，也别是一番趣味，水景与建筑相结合，是最优化的选址。当即决定，选址于离岸边约5m左右的湖面上。

3. 城

在城市中建造园林建筑，选址应优先考虑已具有人文、历史价值的地点，在保护文物古迹的基础上，体现该城市的文化底蕴。例如在杜甫草堂遗址建一个新的草堂，在古城墙附近建一个古城墙遗址广场。即使一个城市没有文化特色，但任何一个城市都有历史，在历史大事的发生处建园林建筑，又是一种上佳的选址法。

例如，伤感的案例：在唐山地震点建纪念碑，在南京大屠杀处建纪念馆；愉快的案例：在考古现场建相关建筑，在重要工业区建代表其工业特色的标志性园林建筑（图7-12）。

周恩来同志少年读书旧址纪念馆门前广场

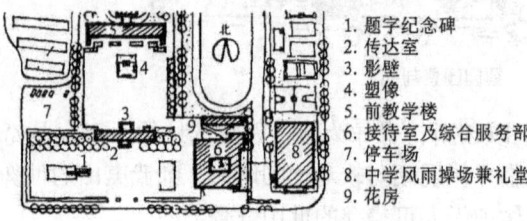

1. 题字纪念碑　2. 传达室　3. 影壁　4. 塑像　5. 前教学楼　6. 接待室及综合服务部　7. 停车场　8. 中学风雨操场兼礼堂　9. 花房

图7-12　在城市中建造园林建筑

4. 林

在林中建造园林建筑，选址的原则是尽可能不破坏其原有植被。将建筑建在林外必经道路上，便于游客休息、餐饮，便于管理，保障安全。即使一定要建筑"入得林中"，也要建在主要小道边，保障一定的客流量（图7-13）。

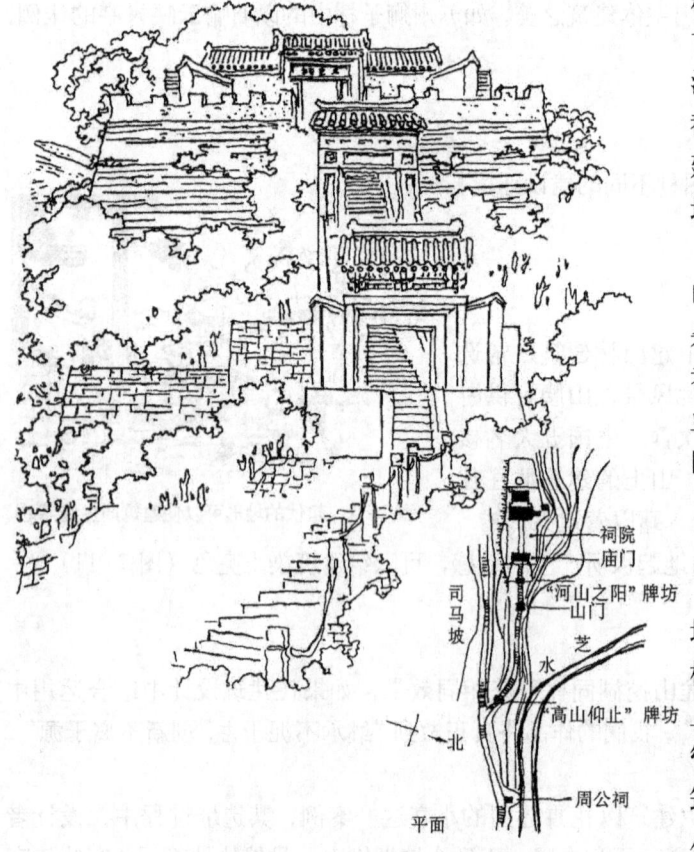

图7-13　陕西韩城司马迁祠的山门、牌坊

7.3 尺度与比例

7.3.1 尺度与比例的和谐是景观设计的关键

追求尺度与比例的和谐是景观设计的关键。尺度在园林建筑中指建筑空间各个组成部分与具有一定自然尺度的物体的比较。从园林建筑与环境的关系来分析尺度，通俗地说是"有多大园子种多大树"：面积大的环境中可放置大型园林建筑，面积小的环境只能放置小巧的建筑，否则在一个独立小山上放一座高大壮观的高阁，如同把成人的衣服给小朋友穿，不合适。著名园林建筑专家杜顺宝教授曾形容与环境和谐的园林建筑应该自然得如同从地里长出一般。如云南昆明西山三清阁（图7-14）。

7.3.2 失败案例与补救方法

建筑与环境的关系仅考虑两者的大与小是远远不够的。环境中千姿百态的树、石、水，都与建筑发

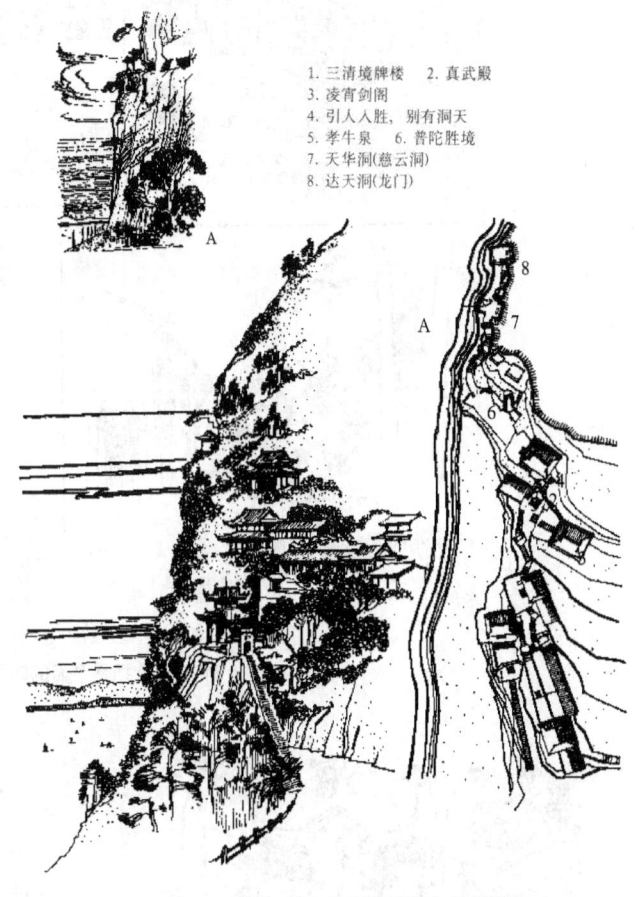

1. 三清境牌楼　2. 真武殿
3. 凌霄剑阁
4. 引人入胜，别有洞天
5. 孝牛泉　6. 普陀胜境
7. 天华洞(慈云洞)
8. 达天洞(龙门)

图7-14　云南昆明西山三清阁

生着直接关系，即使建筑尺度符合环境的空间大小，若与树、石、水等景物的尺度不符，就如一张画好的国画被调皮的孩子胡乱刷了几道。例如，房屋的高度竟与树木的高度一样，如同军营；或者，大房无大树仅有小灌木；或是小房大笨石；或小房前一堆笨大的树；甚至也有雅筑前的水面像工业水池。这些失败的案例提醒我们选址时要时刻关注尺度。

一旦由于经验有限，将建筑做大了，做笨了，并与周围的树、石、水不相称。"成也萧何，败也萧何"补救的办法仍是关注树、石、水的尺度，这时可用各种植物、石、水面进行修改，修改的手法不外乎遮挡、分割、弱化等手法。如果花架在环境中显得过大，让其顶爬满藤蔓；如果是过大的小楼，让其墙壁爬满攀援植物，并在主要立面多植大树，用大树树干对建筑在画面上进行有效的分割，以达亲切宜人的尺度；如果建筑实在设计失败，连遮挡、分割亦于事无补，还可以通过精心为树、石、水造景，突出树、石、水面之美，弱化建筑，转移游客对主建筑的注意力。有时树、石等景更能衬托出主体建筑之美，如狮子林中的以石喻云映衬亭的佳例，个园中的四季石景（图7-15）。

1.春石，位于园的南部，以粉墙漏窗为背景，一峰突兀于疏竹丛中，犹如雨后春笋，象征春回大地，有万物竞相争春之意趣。

2.夏石，位于园西北，峰岩耸立，盘礴浑厚，碧波穿流其间，苍翠蓊郁气氛极浓，具有生机勃勃的活力。

4.冬石，位于园东南小院内，柔而绵，呈灰白色，似有惨淡欲睡之意，加之院墙之上又开凿若干圆形漏孔，每当北风潇洌便瑟瑟有声。

3.秋石，位于园东北，屹立于亭之一侧，呈暗赭色，寓意万物萧索，叶枯翠残。

图7-15　扬州个园的四季石景

7.3.3 园林建筑风格与尺度设计

从园林建筑的风格来分析尺度，为不同使用功能和立意服务的建筑尺度是大不相同的。北京故宫的太和殿和承德避暑山庄澹泊敬诚殿，均为皇帝处理政务的殿堂，前者地处皇权中心，是天子坐朝之所在，为彰示至高无上的皇权，建筑尺度宏伟；后者位于皇帝避暑游玩之处，具行宫性质，尺度较小，亲切不失潇洒（图7-16）。现代园林建筑体现以人为本的设计原则，当一个建筑物的整体比例过长，尺度过大，令人感到不亲切时，设计师常采用化整为零的方法把它分成若干部分，以改变建筑物的比例关系，达到保留原有设计风格的目的，亦不违背人性化原则。

a 石林

b 网师园水庭中建筑、树、石比例

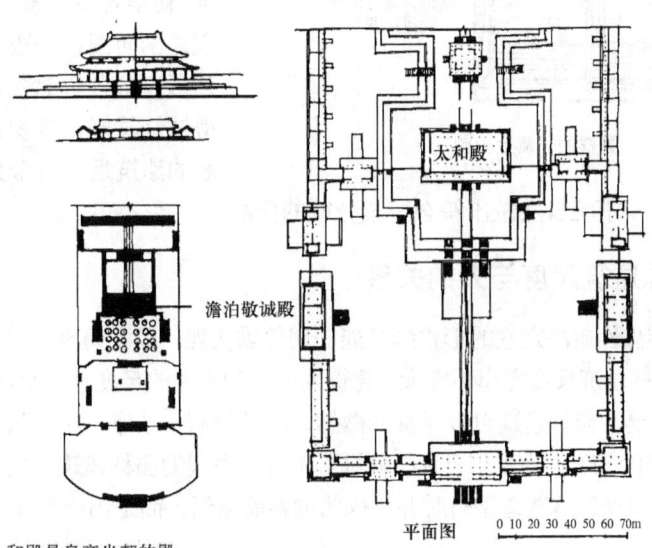

平面图 0 10 20 30 40 50 60 70m

太和殿是皇帝坐朝的殿堂，为显示庄严气魄，殿堂本身和殿前庭院规模宏大，庭院中不种花木、不置水石，殿堂高大的柱廊、台阶，金黄色琉璃瓦，庑殿重檐屋顶等与拥有宏大空间的庭院相互衬托，尺度巨大。

承德避暑山庄的澹泊敬诚殿虽亦有坐朝的功能要求，但为了强调山庄野趣，建筑庭院中种植苍松，殿堂采用小式构造、楠木本色、和较小的尺度，另具一种亲切、宁静的气氛。

c 北京故宫太和殿与避暑山庄澹泊敬诚殿尺度比较

图 7-16 建筑尺度与空间感受

7.3.4 园林建筑与黄金分割比

从园林建筑物内部各个空间之间的关系来分析尺度，重点则在于建筑比例关系。建筑之间的完美比例莫过于黄金分割法的成熟运用。即使不能准确说出黄金分割法的概念，环顾四周，黄金分割法在生活中无处不在，手中的书本就具有典型黄金分割的长宽比例，相机取景框、相片的长宽比例也是如此。用硬纸做一个5寸或6寸相片那么大的框，用它去观测一些园林建筑，你会发现，不论国内、国外、古代、现代，成功的建筑中到处隐藏着黄金分割的比例，建筑的长宽高符合此比例自不必说，主次景之间的距离位置亦符合此比例，连建筑内部的各个构件，门、窗、栏杆等均是如此比例（图7-17）。学习树立黄金分割设计理念并不困难，初学者多临摹一些建筑名作的平、立、剖面图，一边画，一边用取景框分析建筑各个部分之间的关系，分析得越细越好，日积月累，画过几个著名的建筑后，黄金分割的概念深入你心，自己做设计时一下笔自然做出符合黄金分割的作品。

从倒影楼望宜两亭

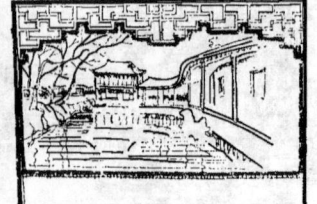
从宜两亭空廊眺望倒影楼

从卅六鸳鸯馆外眺望浮翠阁

图7-17 景框的"黄金分割"

7.3.5 园林建筑尺度与人的关系

园林建筑的游憩性质决定它的形式到功能一切都需实现"以人为本""天人合一"。除特殊情况，大多数园林建筑尺度宜小不宜大，建筑内部各种构件的尺度也应小巧轻盈。通俗说来：只要能满足功能需要，园林建筑可以尽量的微缩。国外就有一茶座，小到仅能坐进一对情侣，这个特点反让其声名大盛，顾客几个月前就排队预订。中国的园林建筑为何光一个小亭都有令人目不暇接的多种造型？这些造型有时并不仅为创新而创新，而是出于空间尺度的原因。

例如，一个小亭，容纳几名游客有宜人的尺度，若欲建的是容纳十几名游客的大亭，是否只需单纯将小亭的面积和高度按比例放大就可以了呢？当然不是，单纯按比例放大的结果只是产生一个粗笨的大亭，完全失去园林建筑应有的亲切感与游憩感。有着千年造园经验的中国古人在这方面有巧妙的处理方法：将亭做成重檐，立即，亭又恢复应有的轻盈，同时达到使用要求（图7-18）。仔细推敲，中国园林建筑中的各种做法，都有如

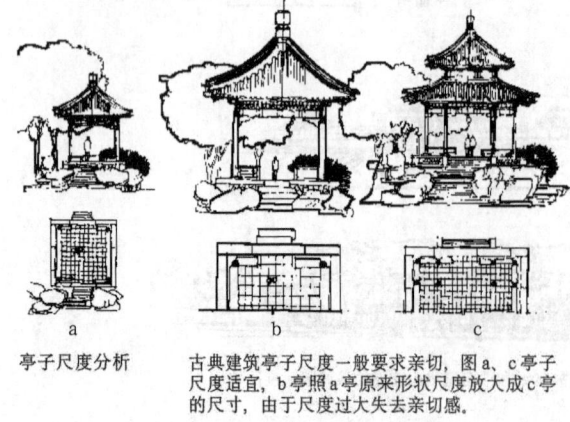

亭子尺度分析　古典建筑亭子尺度一般要求亲切，图a、c亭子尺度适宜，b亭按a亭原来形状尺度放大成c亭的尺寸，由于尺度过大失去亲切感。

图7-18 建筑的形式与尺度

此深意。同学们在学习古建时，应避免"知其然，不知其所以然"。

同样，南北园林建筑有较明显的差异，也是由于地域性因素。南方人与北方人由于体形、性格的区别，影响到园林建筑呈现"北大南小"的倾向。相比之下，由于北方人多身材高大，北方园林建筑尺度比南方园林建筑明显偏大，建筑风格也偏于雄壮豪迈，如避暑山庄的烟雨楼；南方人多身材小巧，南方园林建筑尺度因此极为轻盈小巧，建筑风格偏于灵秀，如留园明瑟楼（图7-19）。

图7-19 建筑风格的差异

7.3.6 景观设计的最佳尺度

总的说来，园林建筑的尺度以小取胜，成功的园林建筑均有亲切小巧的尺度。再回到花卉公园中建花卉造型小亭这一案例，选址于大面积波光粼粼的湖中，水中有姣姣香莲，考虑建筑与环境的关系，于此环境中的建筑当然要小巧轻盈，方能适宜环境的空灵；考虑建筑与风格的关系，这里建的是单纯的游憩建筑，尺度和比例应体现生动活泼的感觉；建筑各个空间的关系以黄金分割法处理；园林建筑与人的关系自然"以人为本"，花卉公园地处江南，建筑中一切尺度需尽可能的小巧。

7.4 布 局

7.4.1 布局与空间

空间是平面布局的反映。

建筑大师柯布西耶在轰动之作《走向新建筑》的纲要中提出他长期实践的经验总结："平面布局是根本"，"没有平面布局你就缺乏条理，缺乏意志"等论断。与功能直接发生联系的形式要素是空间。国内外建筑师都爱引用老子的名言："埏（音同山，意：用水和土和泥）埴（音同直，意：黏土）以为器，当其无，有器之用，凿户牖（音同友，意：窗户）以为室，当其无，有室之用，故有之为利，无之为用"，表明，建筑中人们要用的，不是别的，是空间。建筑的本质和其他容器一样，只不过它容纳的是人。建筑的空间形式首先须满足功能要求，空间是平面布局的反映。布局问题是园林建筑设计的核心问题，即使有精彩的立意，奇美的选址，宜人的尺度，建筑布局杂乱无章，不仅无法实现最初美好的创意，甚至失去使用的功能。进行任何建筑布局设计之前，设计师必须根据甲方所提供的线索和要求研究人的行为机能，而不必急于摆出几个盒子空间。园林建筑设计的开放性为设计师提供了充分发挥想像力的空间。

下面介绍最具实用性的几种布局设计理论。

7.4.2 园林建筑空间的组合形式

1. 独立建筑物

园林建筑中常见亭、榭或其他单体式平面布局的建筑物。这种建筑物的最大特色，在于其与外部风景的重要关系。由于它在园林中处于点要素的性质，俗语：万绿丛中一点红，独立建筑物即起到"一点红"的重要作用，专业术语叫"点景"，实质上在优美或平庸的自然风景中"画龙点睛"，将整个风景点活了。独立建筑物平面布局比其他形式的建筑物简单，但由于"少而精"，造型要求极高，切不可滥用平淡的独立建筑物，否则会成"画蛇添足"（图 7-20）。

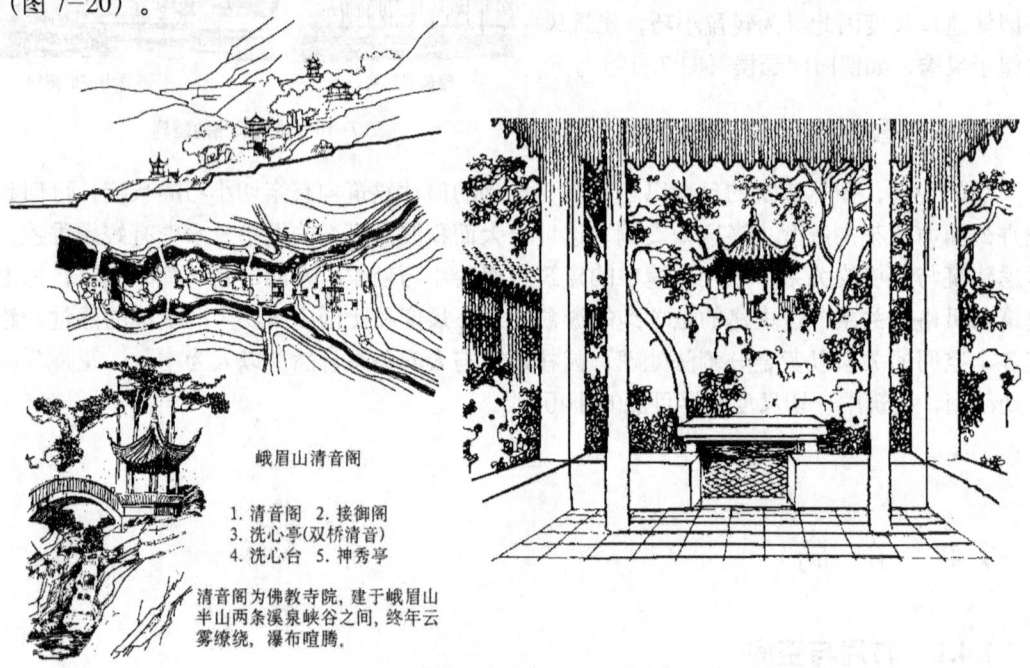

图 7-20 园林建筑的点睛作用

2. 建筑群

多个建筑组织在一起形成的建筑群，在布局与设计上就应考虑到建筑单体本身以及建筑与建筑之间的各种关系。

1) 多样统一

无论何种建筑群，遵循的共同原则是——多样统一。无论空间形式如何复杂多样，总体感必须完整统一。要将完整统一和复杂多样这两种看似对立的概念结合起来，必须依靠一个强有力的工具——秩序感。

2) 秩序感

我们常见国外广告中将许多人有秩序地组合成某公司的商标，虽然每个人衣着神态各异，但秩序感将其完美地统一在商标的形式中，并制造强烈的视觉冲击力。可见，秩序感的力量。我们做设计时不论拥有多么令人激动的立面和局部灵感，首先设计的仍是建筑平面，因为建筑的功能取决于平面布局，平面引发空间的各种组合形式，因此，秩序感和良好的条理性需从平面入手。

3）主从分明

传统的构图理论，十分重视主从关系的处理：主从分明，避免各自为政式的平均处理。

（1）对称　传统的对称式园林建筑通过增大增高建筑体量及采用特殊形状体量的办法突出中央部分，使其成为整个建筑的绝对主体和重心，两翼的部分则处于其控制之下，从属于主体（图7-21）。

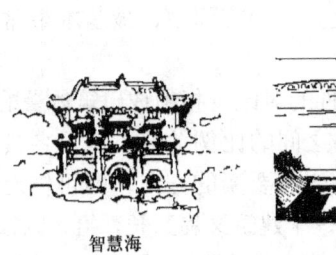  

智慧海　　　　　俯瞰园景　　　　　佛香阁

图7-21　园林建筑的对称性

（2）不对称的体量组合也须主从分明　它与对称组合的区别在于对称形式的体量组合中，主体、重点和中心都位于中轴线上；而不对称的体量组合中，组成整体的各要素按不对称均衡的原则展开，它的重心偏于一侧。根据尺度与比例一节所述，重心必处于黄金分割点上。不对称组合突出主体的方法和对称组合的形式实际上是一样的（图7-22）。

图7-22　留园中部景色

4）巧妙连接，有机结合

明确主从关系后，主从建筑间如何连接亦极为重要。就如用珍珠串项链，同样的珍珠根据不同的串法可串出许多种款式。对建筑而言，特别是一些复杂的体量组合中，须把所有要素巧妙地连结成一个有机整体，即通常所说的"有机结合"。有机结合须将组成这一整体的各要素之间结合成互为依存但又互相制约的关系，这种关系还要达到两个条件：

（1）必须体现明确的秩序感；

（2）必须排除偶然性和随意性。

5) 体量组合中的对比与变化体量

这是内部空间的反映，为适应复杂的功能要求，内部空间必然具备各式各样的差异性，当差异性反映在外部体量的组合上，巧妙利用这种差异性的对比作用，可破除单调以求得变化。我国建筑泰斗彭一刚教授在此方面作过精彩的理论研究。体量组合中的对比作用主要表现在三个方面：方向性的对比；形状的对比；直与曲的对比。三个方面中，最基本最常见的是方向性的对比。

图 7-23 承德烟雨楼

(1) 方向性的对比 指组成建筑体量的各要素，由于长、宽、高之间的比例关系不同，各具一定的方向性，交替地改变各要素的方向，即可借对比而求得变化。通俗地说一个建筑又扁又长，给人以横向的感觉，又高又瘦的建筑定给人竖向感觉。把具横向感觉的空间与具竖向感觉的空间交替穿插，令人在行进中体验方向不断变化的空间感，令空间丰富活泼，充满人本主义的趣味。具体达到这一点还需按照在尺度与比例一章中所述，多描摹分析名家成功之作，逐渐培养出设计体量组合的敏锐思维（图 7-23）。

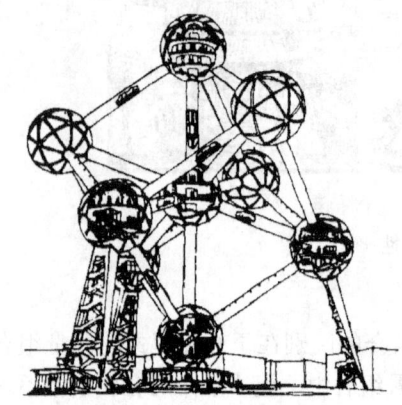

图 7-24 比利时的布鲁塞尔原子塔

(2) 形状的对比 不同形状的对比往往引人注目。习惯方方正正建筑体形的人们，一旦发现特殊形状的空间形体总不免有几分新奇感。只是，这种创新对设计者能力要求较高，众所周知，所有的变革均要冒风险的，不同形状的体量组合如果组织不好会因相互间不协调的关系而破坏整体的统一。如果说运用方向性的对比手法有成功和平庸的设计之分，运用形状的对比则仅有成功和失败之分，前者是基础，后者是高难度。不过，大多数初学者最爱用的手法反而是后者。建议初学者从方向性对比入手，打好基础，培养好良好的设计感觉后，会发现不论是形状或是方向，万变不离其宗，那时再运用后者的手法，会更加得心应手，成绩斐然（图 7-24）。

(3) 直与曲的对比：在体量组合中，通过直线与曲线间的对比求得变化。直线的特点是明确、肯定、给人刚劲挺拔的感觉，曲线的特点是柔软、活泼且富运动感。在体量组合中，巧妙运用直线与曲线的对比，可丰富建筑体形的变化（图 7-25、图 7-26、图 7-27）。

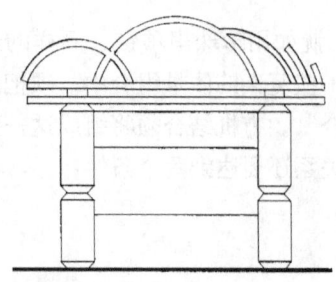

图 7-25 直线与曲线的对比 (1)

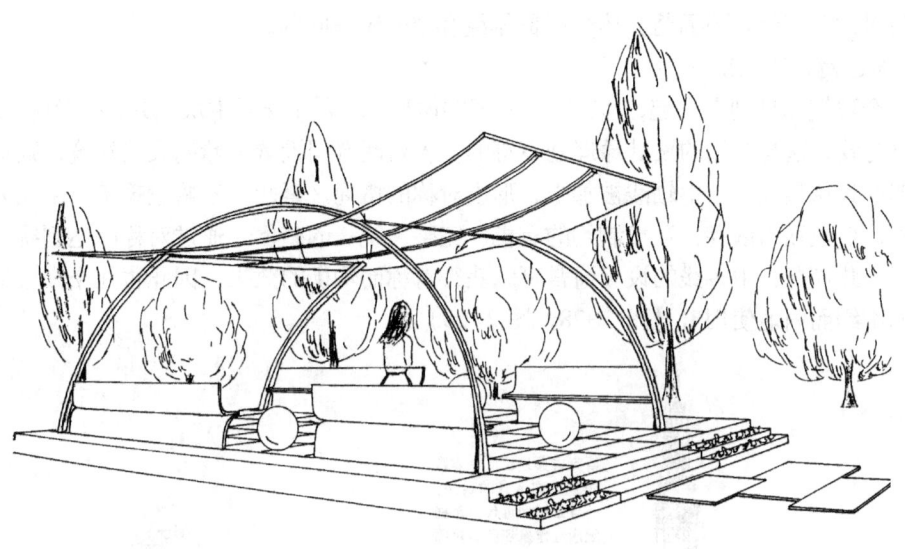

图 7-26 直线与曲线的对比（2）

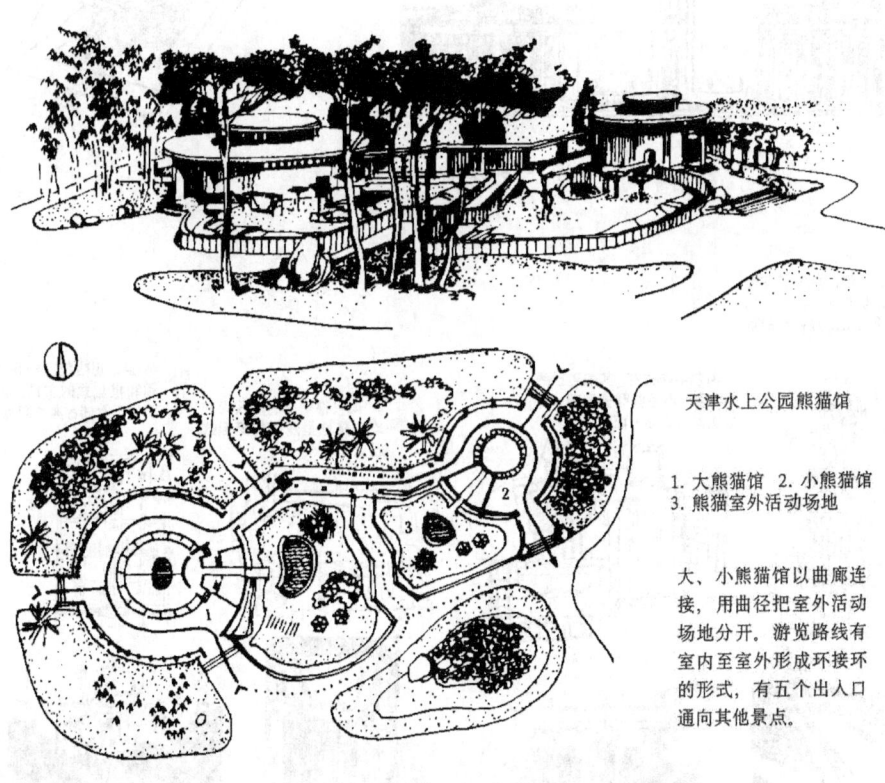

天津水上公园熊猫馆

1. 大熊猫馆 2. 小熊猫馆
3. 熊猫室外活动场地

大、小熊猫馆以曲廊连接，用曲径把室外活动场地分开。游览路线有室内至室外形成环接环的形式，有五个出入口通向其他景点。

图 7-27 直线与曲线的对比（3）

6）统一

讲完对比与变化，下面将具体分析群体组合中的统一问题。

(1) 通过对称达到统一

当两个建筑物排列在一起，具有完全相同的体形，两者间既无主从之分，亦无任何联系，两者各自为政，这与我们的设计原理是不符的。若将两者间设置一幢高大的建筑，则这两幢建筑立即退到从属地位，中轴线被加强，形成对称的格局。至此，三幢建筑不仅主从分明且互相吸引，形成互为依存、互相制约的有机、完整、统一的整体。通过对称以达到统一效果的道理就如此简单，中轴线的设置通常可以获得对称而均衡的效果，因此古往今来被世界各地的人们不约而同地使用着（图7-28，图7-29）。

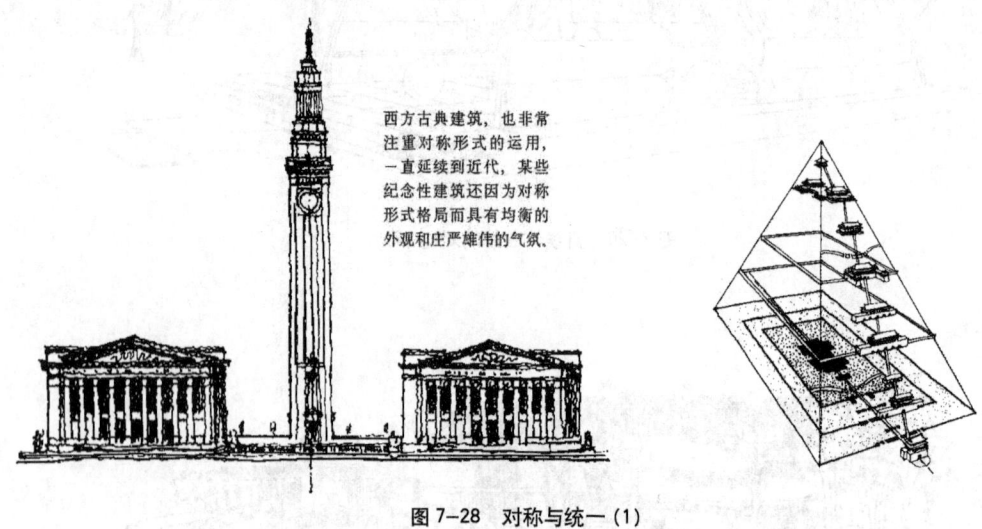

图7-28 对称与统一（1）

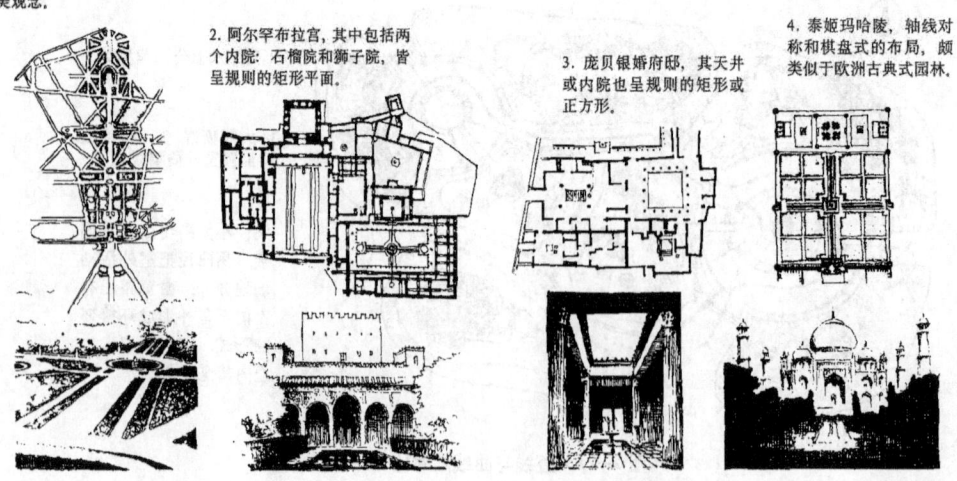

图7-29 对称与统一（2）

(2) 通过轴线的引导、转折达到统一

沿一条笔直的中轴线对称地排列建筑固然可以求得统一，但在很多情况下，由于功能或地形条件的限制，不适合完全采用对称布局，园林建筑群讲究自然、活泼，大规模的园林建筑群仅沿一条轴线排列是不可理喻的。这时可运用轴线引导或转折的方法，从主轴线中引出副轴线，使一部分较为主要的建筑沿主轴线排列，次要建筑沿副轴线排列。此方法的关键在于，轴线是否合理，轴线是否与地形良好呼应。

轴线如同人体中的骨骼，骨骼畸形的人怎能拥有匀称的体形？若干条轴线交织一起，须排除偶然性并形成一个完整的体系。

排除偶然性指各轴线的转折方向应明确，并与特定地形间保持严格的制约关系，例如与地形周边保持平行或垂直的关系。此外，各轴线还须互相连接并构成一个主副分明、转折适度和大体均衡的完整体系。

合理引出轴线后，接着在轴线上排列建筑。轴线本身是虚无的，需要通过建筑来形成实体的轴向空间。排列建筑时应特别注意轴线交叉或转折部位的处理，这些"关节点"不仅容易暴露矛盾，同时也是气氛或空间序列转换的标志。排列建筑的同时，道路、绿化及其他设施应一并作为一个完整的体系考虑进去，以增加各建筑物间的有机联系及互相制约（图7-30，图7-31）。

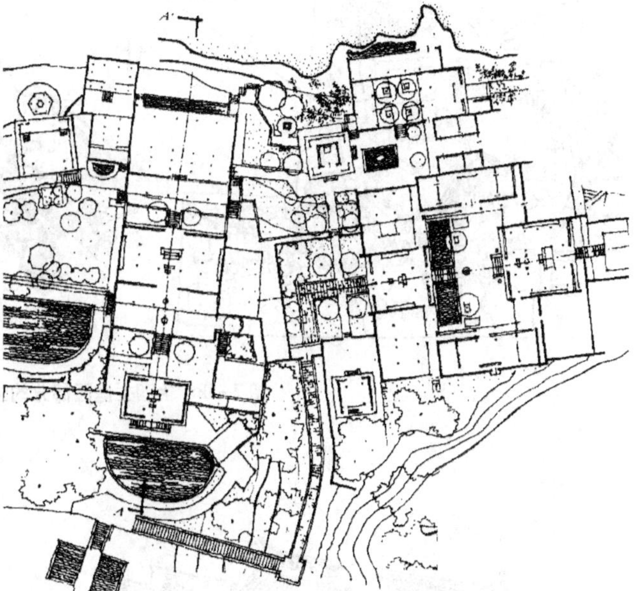

图7-30 轴线的转折

图7-31 轴线端点的建筑群

(3) 通过向心达到统一

建筑物环绕某个中心布置，借建筑物的体形形成一个空间，这几幢建筑会由此显现出秩序感和互相吸引的关系，呈现出有机统一的整体。我国古代园林建筑普遍使用由建筑物围合形成庭院空间这一设计手法。庭院可大可小，围合庭院的建筑物数量、面积、层数均可伸缩，布局上可以是单一庭院，也可以由几个大小不等的庭院相互衬托、穿插、渗透，形成统一的空间。这种空间组合，有众多房间可满足多种功能需求，并在视觉上体现内聚的倾向。这类传统建筑群多由厅、堂、轩、馆、亭、榭、楼阁等单体建筑组成，用廊、院墙相连接围合而成。庭院内，或为池沼，或为假山，或为草坪、或为花卉树丛，或数者兼而有之，配合成景（图7-32，图7-33）。

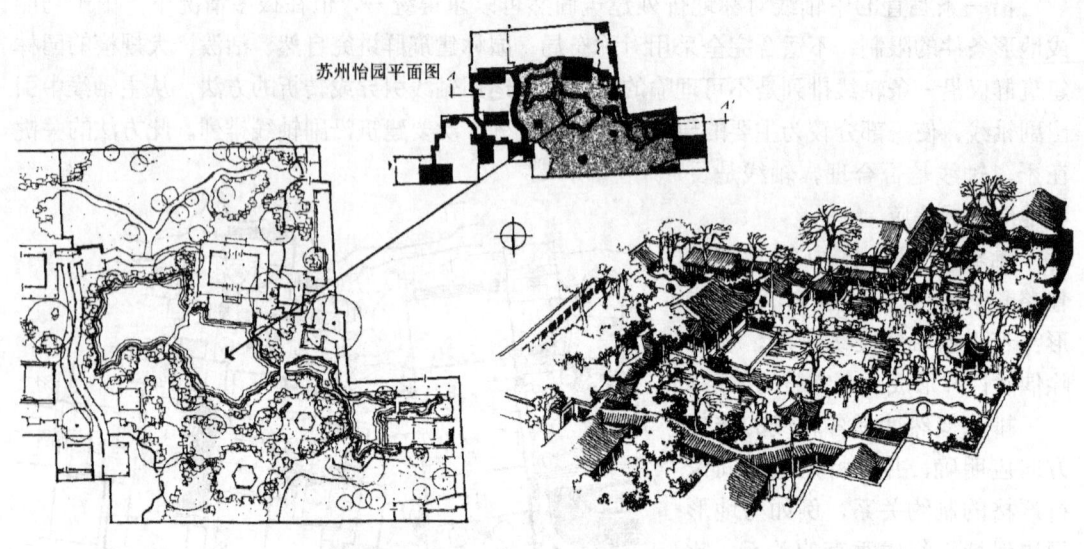

图 7-32 怡园主庭园部分的围合空间

主要景区不仅面积大，又处于秉礼堂之前，而且以水为中心，缀以山石、花木，既充实又富有变化，为园中最引人注目的部分。

图 7-33 建筑围合的庭园空间

现在回到花卉公园的实际案例。在湖中设计的小亭是一独立型单体建筑。由于建在湖中,必然有汀步与岸相接,主建筑布局为对称的花形平面,汀步对应花形平面的主轴线;为布局活泼,几个汀步的大小应该略有不同,形成主从关系,几个汀步可通过轴线上略微的转折引导达到有机的统一(图7-34)。

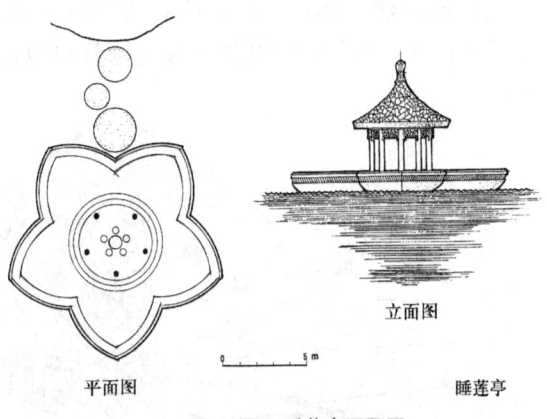

图7-34 睡莲亭平面图

7.5 形式和风格

在群体组合中,除了考虑平面布局和体形组合对整体的决定性影响,还须把握各单体建筑,保持统一的形式和风格。一个统一的建筑群中,虽然各单体建筑的具体形式可以千变万化,但它们之间必然具有一种统一、谐调的风格,即寓于个性之中的共性,这种共性犹如共同的血缘关系,于各单体建筑间发生内在联系,产生共鸣,达到群体组合的统一。

7.5.1 外轮廓线的处理

根据格式塔心理学,当人们回忆曾见过的一个复杂的建筑时,不由自主地会将其繁琐的细节全部简化,在记忆中仅保留它的大致轮廓。例如,当我们现在回忆北海的白塔,是否也仅能想象出它大概的轮廓呢。外轮廓线如此重要,我们应该力求为建筑设计出优美的外轮廓线。

我国传统园林建筑,屋顶形式极富变化,不同形式的屋顶,各具不同的外轮廓线,加之又呈曲线的形式,并在关键部位设置兽吻、仙人走兽,极大地丰富了建筑的外轮廓线。古希腊的神庙建筑,出于对优美外轮廓线的探求,也在山花的正中和端部分别设置坐兽和雕饰(图7-35)。

1. 我国传统的建筑其轮廓的变化极为丰富优美,他不仅反映在整体上有各种形式的屋顶和由曲折而产生的柔和的曲线,同时在细部处理上也极富变化。

2. 无独有偶的是古希腊建筑轮廓线的处理和我国建筑有许多相似的地方——在山花中央和两端饰以人物或小兽,这对于丰富建筑物外轮廓线的变化起着十分重要的作用。

图7-35 建筑的外轮廓处理(1)

现代园林建筑体形、轮廓比古代的园林建筑简化，容易步入"方盒子"的误区。简化不等于简单，简洁的现代园林建筑同样可以设计出富于曲线、折线变化的外轮廓线（图7-36）。

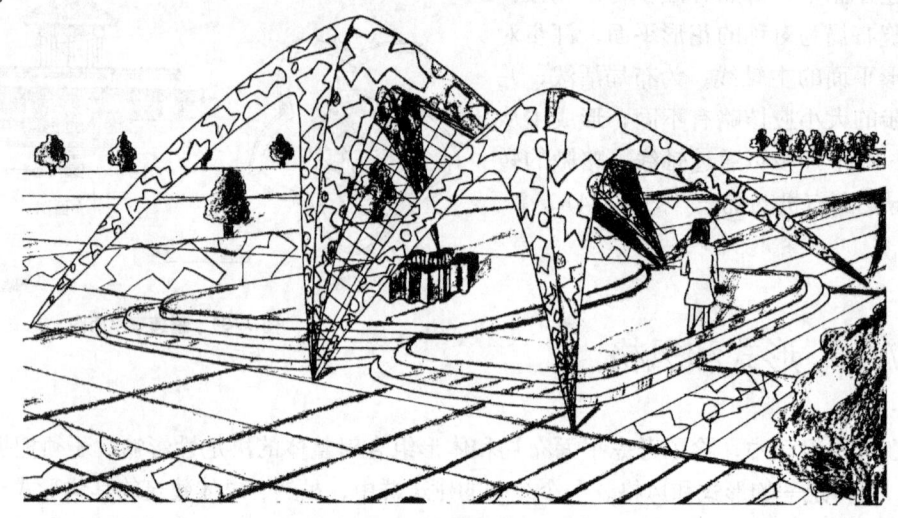

图 7-36　建筑的外轮廓处理（2）

7.5.2　虚实与凹凸的处理

园林建筑的形式美往往通过虚实与凹凸的处理，达到妙趣横生的效果。

虚与实，凹与凸在构成建筑体形中，既互相对立，又相辅相成。如果将墙体看成"实"，窗的部分就是"虚"，中国园林擅长通过各种花窗进行借景，将窗开在正对着园外或园中某一佳景之处，让窗外美景映入园中，又将此窗做成花格窗，让美景隐隐约约，更增神秘感。虚实的处理如此有趣。虚实两者间的关系也是不可分割的。

若整个建筑没有实的墙体，会显得轻飘，缺乏力量；反之，全是实墙没有空透的窗和廊架，这个建筑必然呆板、沉闷、笨重，这与园林建筑轻盈的人本主义设计风格截然相反。因此，园林建筑的虚实关系，特别是处理虚的部分，至关重要。

一个园林建筑是否轻巧、玲珑、通透，主要在于虚的部分将游客的视线牵引并穿透入建筑的其他美景，并产生空间的扩张感、空灵感。

巧妙地处理凹凸关系有助于加强建筑物的体积感。如果要体现建筑的厚重，将门、窗开口退到外墙基面以内，外露的实体显得很深，使人以为墙是如此之厚。凹凸的处理可以在墙面上产生光影，植物被风吹动着并随时间的变化而不断改变的光影，生动地丰富着建筑的立面。

在体形和立面处理上，为求得对比，万不可使虚实双方、凹凸双方处于势均力敌的状态。正确的处理手法是：某些部分以虚为主，虚中有实，另一部分则以实为主，实中有虚。这样，不仅就某个局部来讲虚实对比十分强烈，就整体而言亦可构成良好的虚实对比关系。

有时，虚实双方、凹凸双方可运用巧妙的穿插：实的部分环抱虚的部分，虚的部分局部插入若干实的部分，或在大面积虚的部分有意识配置若干实的部分，使两者互相交织成悦目的图案（图7-37～图7-39）。

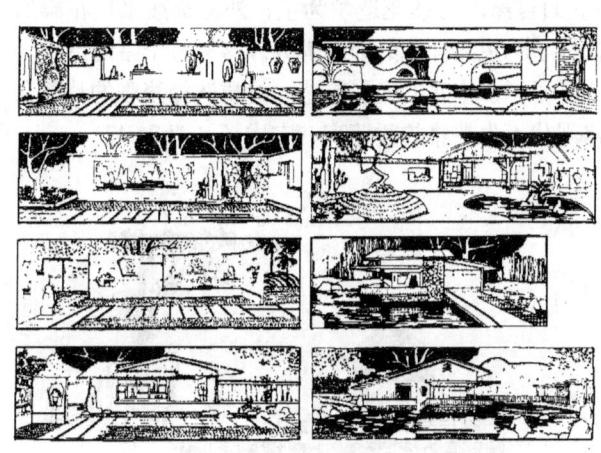

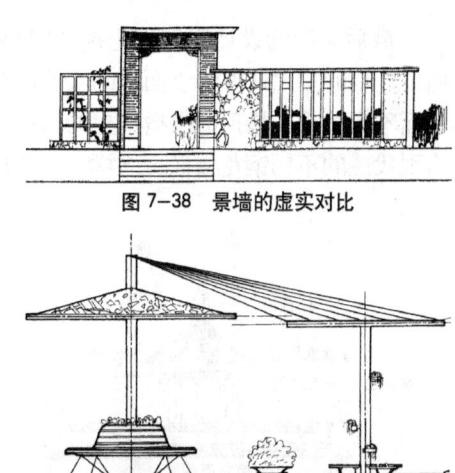

图 7-38 景墙的虚实对比

图 7-37 桂林盆景园建筑与景墙的虚实对比

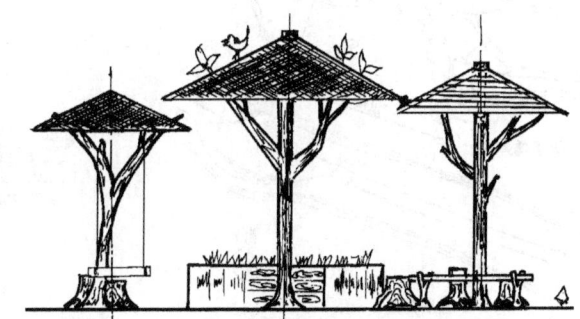

图 7-39 现代亭的凹凸对比

7.5.3 色彩与质感

色彩和质感都是材料表面的某种属性，我们把它们结合考虑，它们均为建筑的风格服务，风格决定了建筑的选材与色彩。

典雅的园林建筑自然选择古朴的色彩与材料，如苏州园林的粉墙黛瓦。南京汉中门广场的建筑运用厚重沉稳的仿制城砖，灰白色调，局部暗红色。活泼的现代园林建筑则采用体现科技的新材料和对比强烈的色彩，如南京月牙湖广场的建筑，运用不锈钢，张拉膜，玻璃，结合各种色彩鲜艳的现代雕塑等。有时，在山林野外建造园林建筑时，大可就地取材，做出与环境相协调的设计，使其充满原始的山林野趣，如动物园为体现动物生活在自然中，以原色的带树皮树干、原色的草顶建馆舍（图7-40，图7-41）。

图 7-40 带有自然材料质感的组亭

图 7-41 不同质感材料构成的亭

最后完结的设计案例，花卉公园小亭立面自然以仿莲花造型为主，外轮廓线采用花瓣的曲线，亭的屋顶处理为小面积的实的部分，柱子构成大面积的虚的部分。这样整个亭的造型轻盈而不失稳重。屋顶的出檐产生的凹凸感为亭子增加丰富的光影美感。材质选择淡雅的片石和富现代感的不锈钢花栅栏。这样，一个风格现代不失典雅的睡莲亭就完成了（图7-42）。

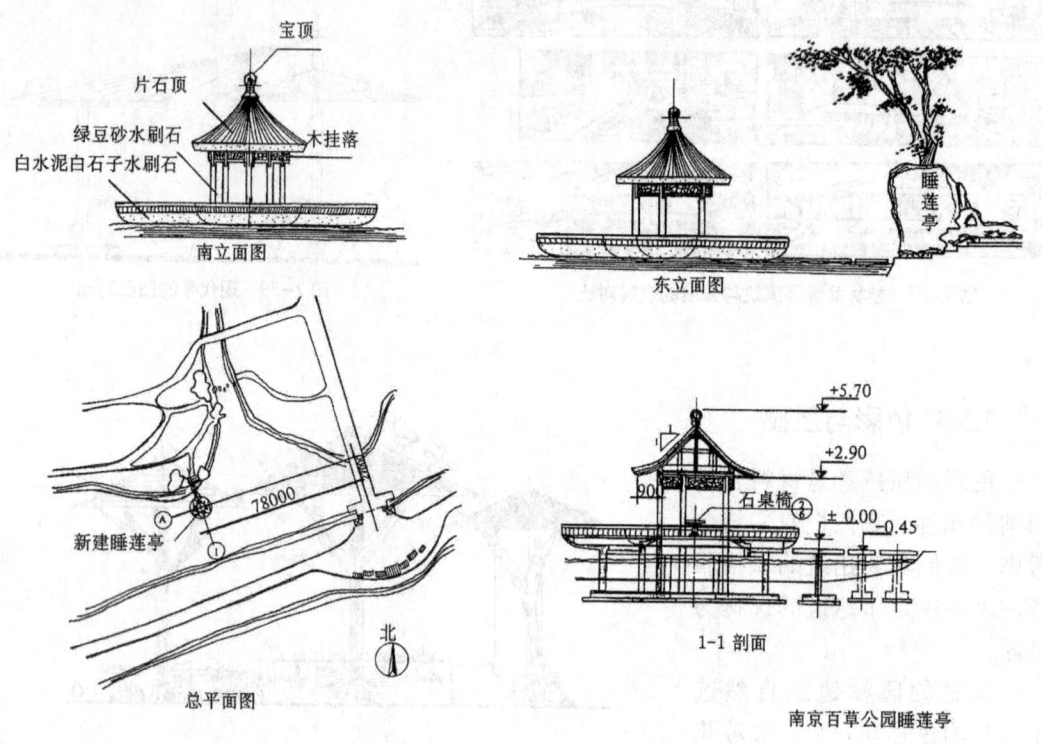

图7-42 睡莲亭设计

8 实例分析

8.1 亭、廊、榭

8.1.1 亭

园林中的亭子，主要供游人休息和观景之用。在造型上，亭子小而集中，有其相对独立而完整的建筑形象，因此，也常作为造园中"点景"的一个手段。

1. 功能

亭的功能主要是为了满足人们在游赏活动过程中驻足休息、纳凉避雨和极目远眺之需要，在使用功能上没有严格的要求。亭与其他建筑之间在功能上一般没有什么必然的内在联系。因此，设计起来，就可以主要从园林建筑空间构图的需要出发，自由安排，最大限度地发挥园林艺术的特色。

2. 造型与体量

亭子一般小而集中，体量不大，但造型上的变化却是非常的多样、灵活。亭的造型主要取决于其平面形状、组合和屋顶的形式等。

亭的立面一般可划分为屋顶、柱身、台基三个部分。柱身部分一般仅为几根承重的立柱，做得很空灵；屋顶一般为木构，造型与曲线变化丰富；台基随环境而异。它的立面上的造型、比例关系、色彩等比其他建筑能更自由地按设计者的意图来确定（图8-1）。

亭子的顶，以攒尖顶为多，也有用歇

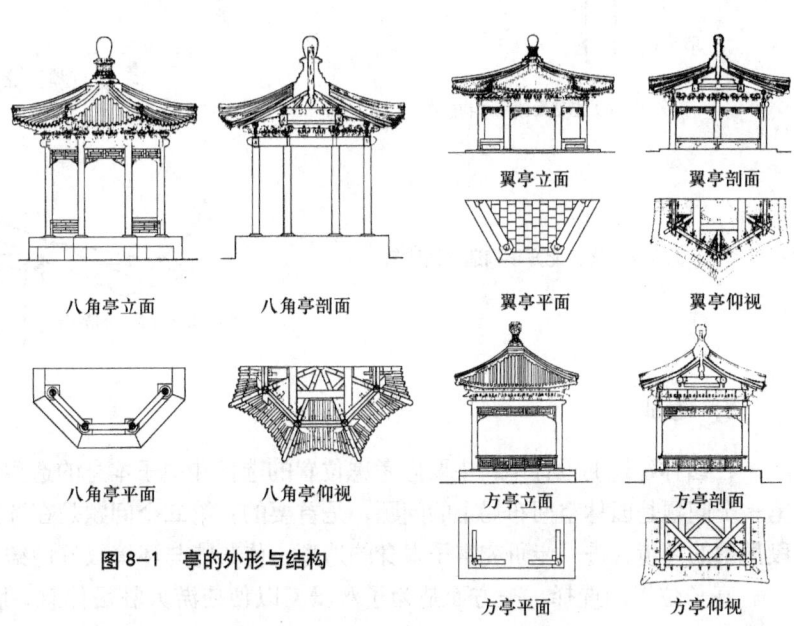

图8-1 亭的外形与结构

山顶、硬山顶、盔顶、卷棚顶的,解放后用钢筋混凝土做平顶式亭较多。攒尖顶在结构上比较特殊,它一般从中部向上渐收,造型上独立而完整。因此,从四面八方各个角度看过来,它都显得独立而完整,玲珑而轻巧,很适合园林的要求。应用于正多边形和圆形平面的亭子上。攒尖顶的各戗脊由各柱中向中心上方逐渐集中成一尖顶,用"顶饰"来结束,外形呈伞状。

屋顶的檐角一般反翘。北方起翘比较轻微,显得平缓持重;南方戗角兜转耸起,如半月形翘得很高,显得轻巧飘逸。

翼角的做法,北方的官式建筑,从宋到清都是不高翘的。一般是子角梁伏贴在老角梁背上,前段稍稍昂起,翼角的出橡也是斜向角梁出,并逐渐向角梁抬高,以构成平面上及立面上的曲势,它和屋面的曲线一起形成了中国建筑所特有的造型美。江南的屋角反翘样式,通常分成嫩戗发戗和水戗发戗。前者的构造比较复杂,老戗的下端伸出于檐柱之外,在它的尽头上向外斜向镶合嫩戗,用菱角木、箴木、扁檐木等把嫩戗和老戗固定,这样就使屋檐两端升起较大,形成展翅欲飞的态势。后者没有嫩戗,木构件本身不起翘,仅戗脊端部利用铁件和泥灰形成翘角,屋檐也基本上是平直的,因此构造上比较简单。

扬州园林及岭南园林的建筑,出檐的翼角没有北方的沉重,也不如江南的纤巧,是介于两者之间的做法,比较稳定、朴实(图8-2)。

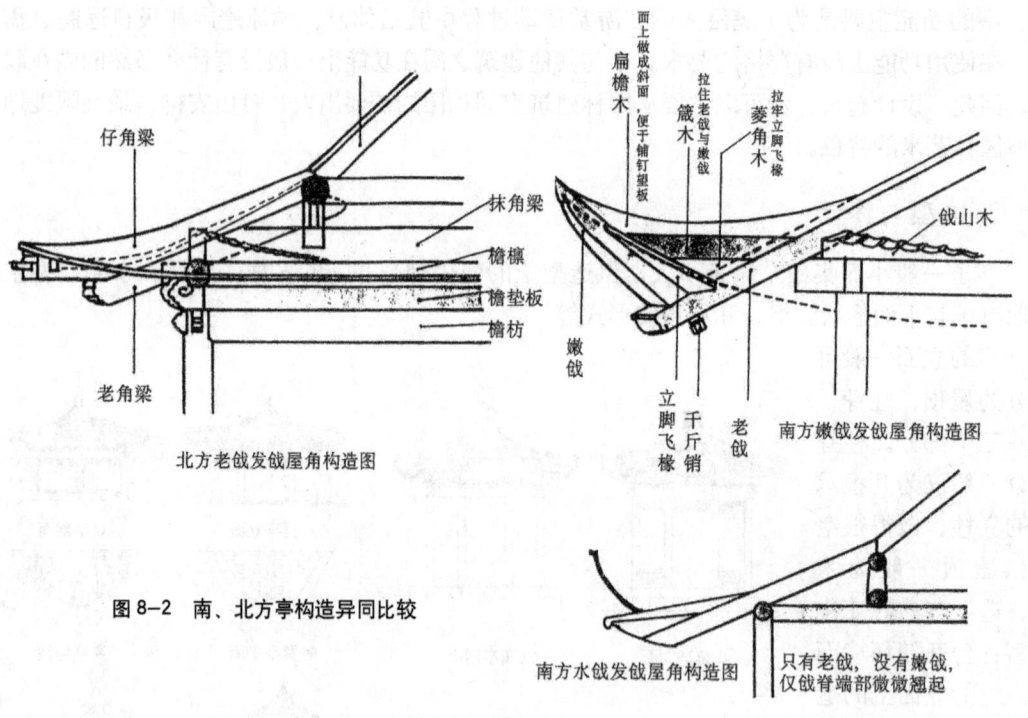

图8-2 南、北方亭构造异同比较

3. 选址

在园林建筑的设计中,主要应考虑位置的选择和亭子本身的造型两方面的问题。其中,第一个问题是园林空间布局上的问题,是首要的;第二个问题是在选定基址后,根据所在地段周围的环境,进一步研究亭子本身的造型,使其能与环境很好地结合起来。

亭子位置的选择,一方面是为了观景,以便使游人驻足休息,眺望景色;另一方面,是为了点景，即点缀景色。

北京颐和园中的"知春亭"，是颐和园中主要的观景点，在这个位置上，大致可以纵观颐和园前山的主要景色，从北面的万寿山、西堤、玉泉山、西山，直至南面的龙王庙小岛、十七孔桥、廊如亭，视线横扫过去，形成了极为完整的风景立体画面，恰似一副长卷中国画。在距离上，知春亭距排云殿、佛香阁建筑群及龙王庙小岛各为500～600m，在这个视距内，大致是人们正常视力能把建筑群体的轮廓看得比较清楚的一个极限，成了画面中的中景；作为远景的西堤、玉泉山、西山，剪影般的退在远方，一层远似一层。而从东堤上看，它又成了近景。从乐寿堂南面的水木自清码头南望，知春亭遮住了平淡的东堤，增加了湖面的层次，形成了一个环抱状的宁静的水湾。知春亭位置的选择在"观景"和"点景"上都是极为成功的（图8-3）。

知春亭位于颐和园昆明湖东岸边伸入水面的小岛之上，位置醒目，周围环境优美，是构图中点睛之处，起到良好的点景效果。且视野开阔，有丰富的风景视线，可以纵观颐和园前山的主要景色，又可观前山主要建筑群，西堤、玉泉山、西山以及南面的龙王庙小岛、十七孔桥、廊如亭、文昌阁等远近景色构成丰富的空间层次。从观景、点景、提供休息的环境诸方面看，都是极好的建亭基址。

图8-3 '知春亭'的选址及其环境分析

明代计成在《园冶》一书中讨论亭的位置时，说了下面一段话："亭，胡拘水际，通泉竹里，按景山巅，或翠筠茂密之阿，苍松蟠郁之麓，或借濠濮之上，入想观鱼；倘支沧浪之中，非歌濯足。亭安有式，基立无凭。"这里所指的"水际""山巅"的地方都是不同情趣的自然环境，有的可以纵目远眺，有的幽闭清净，均可置亭，并没有固定不变的程式可循。

1) 山上建亭

这是易于远眺的地方，特别是山巅、山脊上，眺览的范围大，方向多，同时也为登山的游客提供了一个坐憩观赏的环境。山上建亭，丰富了山的轮廓，使山色更有生气，也为人们观赏山景提供了一个合宜的场所。

用此种环境处理的方式来控制景区的范围，最成功的例子要数承德避暑山庄。该地段有山区、水面、平原，在接近平原和水面的西北部山峰布置有"北枕双峰""南山集雪""锤峰落照"等三个亭子；随山区建筑群的发展，又在西北部的山峰制高点上建"四面云山"亭。这样，就在空间的范围内把全园的景物控制在一个立体交叉的视线网络中，把平原风景区和山区风景区在空间上联系了起来。乾隆年间，在北部山峰最高处建"古俱亭"，目的在于俯视"外八庙"，进一步使山庄与这几组建筑群在空间上取得联系与呼应。这五座亭子，数量不多，作用很大，在山庄和外八庙的很大范围内都看得到，其规划手法非常出色、成功（图8-4）。

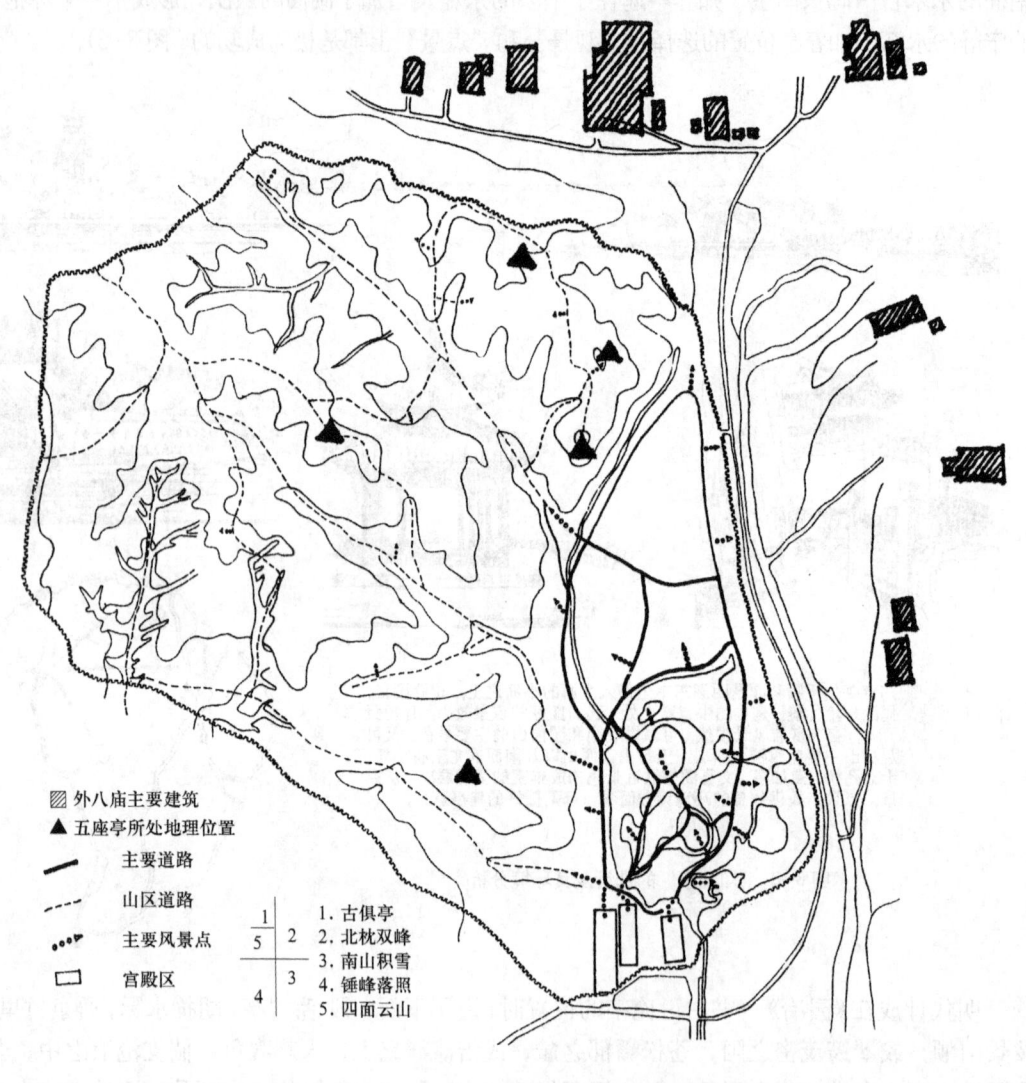

图8-4　承德避暑山庄建筑关系

2）临水建亭

在我国园林中，水是重要的构成因素，因此经常在水边设亭、榭之类的建筑。水面设亭，一般尽量贴近水面，宜低不宜高，宜突出水中，三面或四面被水面环绕。如扬州瘦西湖的"吹台"，《宋书》载："徐瞻之筑吹台，盖取三面濒水，湖光山色映入眉宇，春秋佳日，临水作乐，真湖山佳境也。"亭子三面临水，一面由长堤引入水中，益见瘦西湖之瘦。步至亭子入口处，但见亭子圆洞门中五亭桥和白塔正好嵌入其中，宛如两副天然的图画。

水面设亭在体量上主要取决于它所对水面的大小。如苏州园林临池的亭的体量一般较小，有些是由廊变化而成的半亭；有时为增强气势和满足园林规划的需要，还把几个亭子组织起来，形成亭子组群，层次丰富，体形变化多样，给人很深的印象，如北海的"五龙亭"（图8-5），承德避暑山庄的"水心榭"，扬州瘦西湖的"五亭桥"，在园林整体构图中都处于很重要的地位。

3) 平地建亭

通常位于道路的交叉口上，路侧的林阴之间，有时为一片花木山石所环绕，形成一个小的私密空间。还有的在自然风景区内进入主要景区之前，在路边或路中筑亭，作为一种标志。亭子的造型、材料、色彩要与所在环境统一起来考虑（图8-6）。

图8-5 五龙亭

图8-6 绍兴兰亭

8.1.2 廊

廊子本来是作为建筑物之间的联系而出现的。中国木构架体系的建筑物，一般个体建筑的平面形状都比较简单，通过廊、墙等把一栋栋的单体建筑组织起来，形成了空间层次上丰富多变的建筑群体。无论在宫廷、庙宇、民居中，都可以看到这种手法的应用，这也是中国传统建筑的特色之一。

廊子被运用到园林中来以后，它的形式和设计手法就更为丰富多彩了。当我们观察一些中国园林的平面图时就会看到：如果我们把整个园林作为一个"面"来看待，那么，亭、榭、轩、馆等建筑物在园林中可视作"点"，而廊、墙这类建筑不是"点"而是"线"。通过这些线的联络，把各分散的"点"联系成为有机的整体，它们与山石、植物、水面相配合，在园林"面"的总体范围内形成一个个相对独立的"景区"。

1. 功能

廊子通常布置于两个建筑物或两个观赏点之间，成为划分空间的一种重要手段。它不仅具有避风避雨、交通联系上的实用功能，而且对园林中风景的展开和景观序列的形成起着重要的组织作用。

我国一些较大的园林，为满足不同的功能要求和创造出丰富多彩的景观气氛，通常把全园的空间划分成大小、明暗、闭合或开敞、横长或纵深、高而深或低而浅等不同景观层次，彼此相互衬托，形成各具特色的景区。同时，廊、墙等这类长条形状的园林建筑，常常还有一个特点，它是一种"虚的建筑物，两排细细的列柱顶着一个不太厚重的廊顶"。在廊子的一边可透过柱子之间的空间观赏到廊子另一边的景色，像一层"帘子"一样，似隔非隔，若隐若现，把廊子两边的空间有机地联系起来，起到一般建筑物达不到的效果（图8-7）。

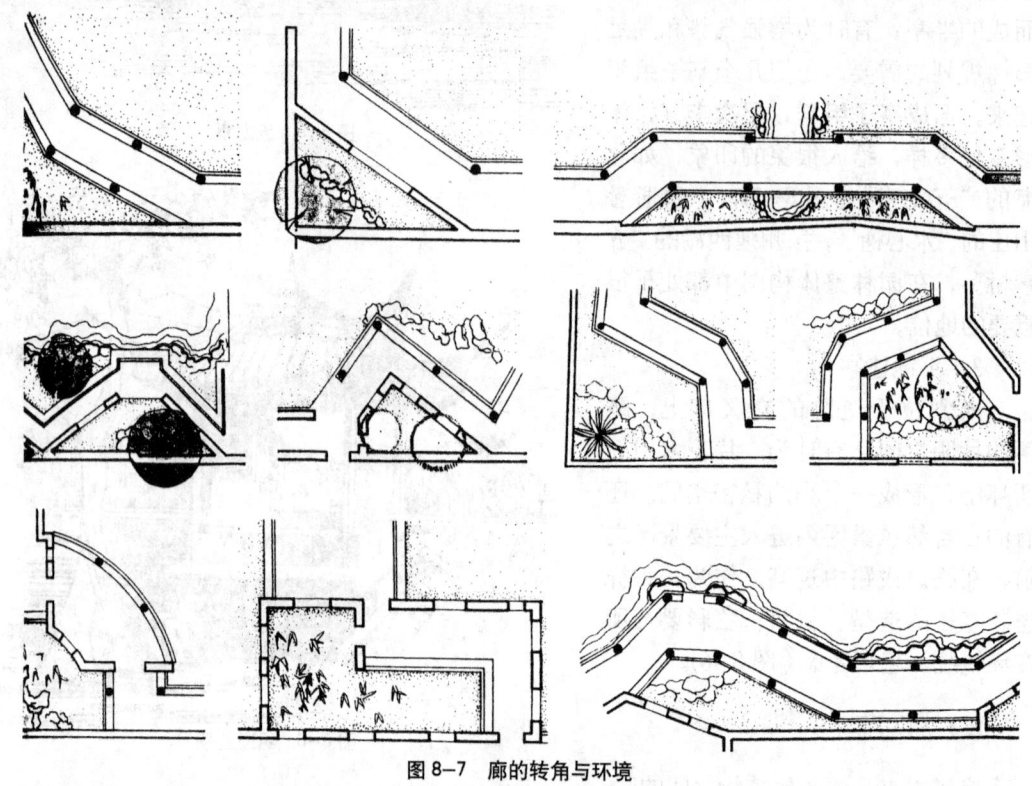

图8-7 廊的转角与环境

2. 造型与体量

廊子的基本类型，如果从廊的横剖面上来分析，大致可分成下面四种形式：双面空廊，单面空廊，复廊，双层廊。其中最基本、运用最多的是双面空廊。在双面空廊的一侧列柱间砌有实墙或半空半实墙的，就成为单面空廊。完全贴在墙或建筑边沿上的廊子也属这种类型，只是屋顶有时作为单坡形状，以利排水。在双面空廊的中间夹一道墙，就形成了复廊，或称"内外廊"，因为在廊内分成两条走道，所以廊子的跨度一般要宽一些。把廊子作为两层，上下都是廊道，即变成了双层廊，或称"楼廊"。除上述者外，有时用钢筋混凝土结构把廊子作成只有中间的一排列柱的形式，屋顶两端略向上反翘，落水管设在柱子中间，这种新的形式，可称之为"单支柱式廊"（图8-8）。

如果把廊子的总体造型及其与地形、环境结合的角度来考虑，又可把廊分成：直廊、曲廊、回廊、爬山廊、叠落廊、水廊、桥廊。

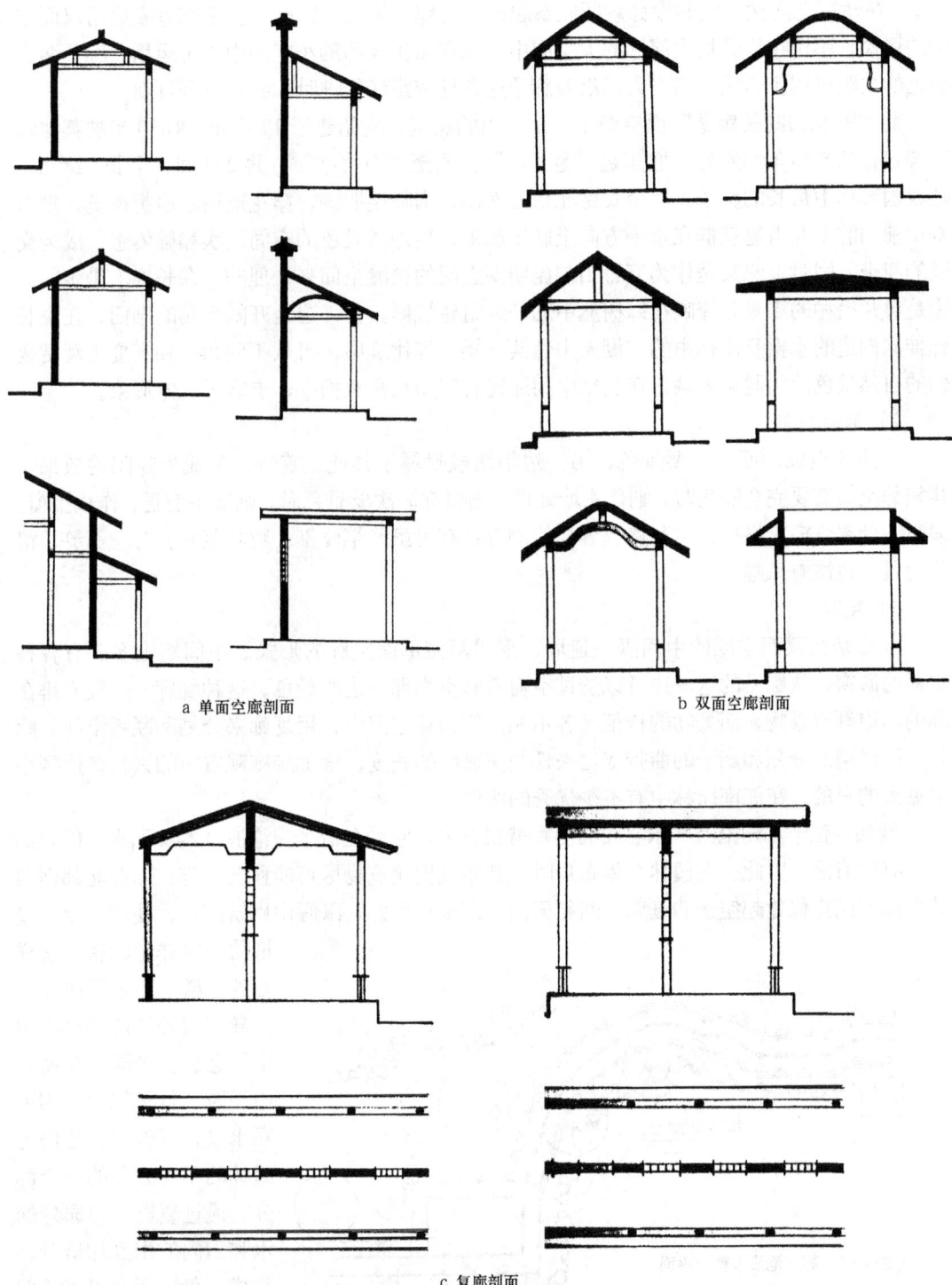

a 单面空廊剖面 b 双面空廊剖面

c 复廊剖面

图 8-8 园林廊的剖面类型

1) 双面空廊

在建筑之间按一定的设计意图联系起来的直廊、折廊、回廊、抄手廊等多采用双面空廊的形式。不论在风景层次深远的大空间中，或在曲折灵巧的小空间中均可运用。廊子两边景色的主题可相应不同，但当人们沿着廊子这条导游路线行进时，必须有景可观。

北京颐和园的长廊是双面空廊中一个突出的实例。它始建于1750年，1860年被英法联军烧毁，清光绪年间重建。它东起"邀月门"，西至"石丈亭"，共273间，全长728 m，是我国园林中最长的廊子。整个长廊北依万寿山，南临昆明湖，穿花透树，曲折蜿蜒，把万寿山前山的十几组建筑群在水平方向上联系起来，增加了景色的空间层次和整体感，成为交通的纽带。同时，它又是作为万寿山与昆明湖之间的过渡空间来处理的，在长廊上漫步，一边是整片松柏的山景和掩映在绿树丛中的一组组建筑群，另一边是开阔坦荡的湖面，在由长廊伸向湖边的水榭及山林中的"湖光山色共一楼"等建筑中，可从不同角度和高度上观赏变幻的自然景色。为避免单调，在长廊中间还建有四座八角重檐亭，丰富了总体形象。

2) 单面空廊

一边为空廊，面向主要景色，另一边沿墙或附属于其他建筑物，形成半封闭的效果。其相邻空间需要完全隔离时，则作实墙处理；需要宜添次要景色时，则隔中有透，作成空窗、漏窗、什锦灯窗、格扇、空花格及各式门洞等；有时虽几竿修篁、数叶芭蕉、二三石笋，得为衬景，也饶有风趣。

3) 复廊

复廊是在双面空廊的中间隔一道墙，形成两侧单面空廊的形式。中间墙上多开有各种式样的漏窗，从廊子的这一边可以透过空窗看到空廊那一边的景色。这种复廊，一般安排在廊的两边都有景物，而景物的特征又各不相同的园林空间中，用复廊来分划和联系空间。此外，通过墙的分划和廊子的曲折变化来延长交通线的长度，增加游廊观赏中的兴味，达到小中见大的目的。在江南园林中有不少优秀的实例。

例如，位于苏州沧浪亭东北面的复廊就很有名。它妙在借景，沧浪亭本身无水，但北部园外有河有池，因此，在园林总体布局时一开始就把建筑物尽可能移向南部，而在北部则顺着弯曲的河岸修建起空透的复廊，西起园门、东至观鱼处，以假山砌筑河岸，使山、水、建筑结合得非常紧密。这样处理，游人还未进园即有"身在园外，仿佛已在园中"之感。进园后在曲廊中漫游，行于临水一侧可观水景，好像河、池仍为园林的不可分割的一个部分。通过复廊，使园外的水和园内的山互相借景，联成一气，手法甚妙（图8-9）。

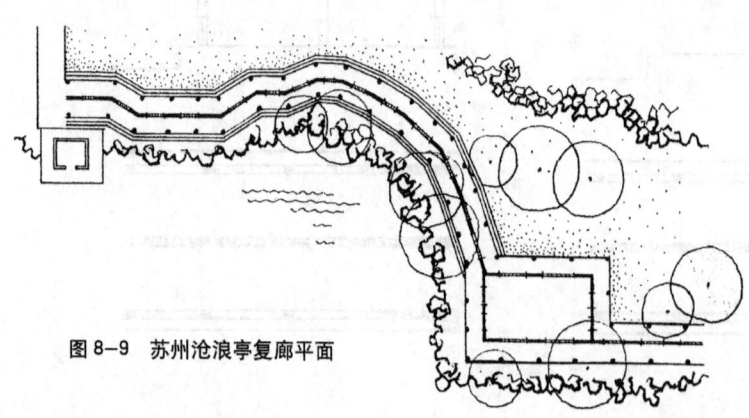

图8-9 苏州沧浪亭复廊平面

4) 双层廊（又称楼廊）

双层廊提供了在上、下两层不同高度的廊中观赏景色的条件。有时，也便于联系不同标高的建筑物或风景点，以组织人流；同时，由于它富于层次上的变化，也有助于丰富园林建筑的体型轮廓，依山、傍水、平地上均可建造。

北海琼岛北端的"延楼"是呈半圆形弧状布置的双层廊，长60个开间。它面对着北海的主要水面，怀抱琼岛，东、西对称布置，东起"倚晴楼"，西至"分凉阁"。从湖的北岸看过来，这条两层长廊仿佛把琼岛北麓各组建筑群都兜抱起来联成了一个整体，很像是白塔及山上建筑的一个巨大的基座，将整个琼岛簇拥起来，游廊、塔、山倒影水中，景色奇丽。廊外沿着湖岸有长约300 m的汉白玉栏杆，蜿蜒如玉带。从廊上望五龙亭一带，水天空阔，金碧照影，又是另一番景色。

3. 选址

在平地、水边、山坡等不同的地段上建廊，由于地形与环境的不同，其作用与要求也各不相同。

1）平地建廊

在园林中的小空间或小型园林中建廊，常沿界墙及附属建筑物以"占边"的形式布置。型制上有在庭园的一面、二面、三面和四面建廊的，在廊、墙、房等围绕起来的庭园中部组景，形成兴趣中心，易于形成四面环绕的向心式布置格局，以争取中心庭园的较大空间。例如苏州王洗马巷万宅的客厅与书斋后院的一个花园，庭园很小，处境僻静，书房东面正对庭院，园内东部沿外墙叠砌假山，假山上东北角置六角小亭，南部建万亭，高度不同，彼此呼应。院子西北角绕以回廊，以廊穿过客厅与书房，紧贴南墙成斜道，与方亭相接，廊成环抱状与东部的假山一起围合了庭园空间。西侧设小院，内点缀湖石，植以丹桂，使书房四向均有景可观，格外幽静。

2）水边或水上建廊

在水边或水上所建的廊，一般称之为水廊，供欣赏水景及联系水上建筑之用，形成以水景为主的空间。水廊有位于岸边的和完全凌驾于水上的两种形式。

位于岸边的水廊，廊基一般紧接水面，廊的平面也大体贴紧岸边，尽量与水接近。如南京瞻园沿西界墙的一段水廊。廊的北段为直线形，廊基即是池岸，廊子一面倚墙，一面临水。在廊的端部入口处突出一个水榭作为起点处理，在南面转折处则跨越水头成跨水游廊。廊的布置不但克服了界墙的平板单调，丰富了水岸的构图效果，也使水池与界墙之间的通道得以充分利用。由于廊的穿插联络使假山、绿地、建筑、水体结合为一个有机的整体。

3）桥廊

桥廊在我国很早就开始运用，它与桥亭一样，除供休息、观赏外，对丰富园林景观也起着很突出的作用。桥的造型在园林中比较特殊，它横跨水面，在水中形成倒影而别具风韵，引人注目。桥上设亭、廊更可锦上添花。例如，苏州拙政园松风亭北面一带的游廊，曲折多变，其中"小飞虹"一段是跨越水面上的桥廊，形态纤巧优美，其北部是香州，北面临水，南对"小沧浪"，前后都与折廊相连通，可达"远香堂"和"玉兰堂"等主体建筑，廊在划分空间层次、组织观赏路线上起着重要的作用。

桂林的花桥，是一座已具有七百多年历史的古桥，为桂林的著名风景点之一。桥身的主体是四跨半圆形的大石拱券，券洞之间"实"的支承点特别细小，使整个桥身显得轻快、跳跃，远远望去花桥倒映于小东江里，四个半圆形桥洞虚实相映成四个满月形圆环，一个紧挨一个,生动有趣。桥廊呈"一"字形延伸,扁扁地覆盖着桥身。廊顶为木构两坡绿琉璃瓦顶,造型简洁、明快。

4)山地建廊

山地建廊可供游人登山观景和联系山坡上下不同高程的建筑物之用,也可借以丰富山地建筑的空间构图。爬山廊有的位于山之斜坡,有的依山势蜿蜒转折而上。廊子的屋顶和基座有斜坡式和层层跌落的阶梯式两种(图8-10)。

图8-10 北京北海濠濮涧爬山廊

北京颐和园"排云殿"两侧的爬山廊及"画中游"的爬山廊,山势坡度都很大,是为强调建筑群的宏伟感,而建廊以联系不同标高上的建筑物。其运用了较大的土方,砌起巨大的石壁,造成斜廊的坡度和梯级,顺排云殿两侧的爬山廊登高至"德辉殿",人工的雄伟气势令人赞叹!再往上,围绕在38m高佛香阁外圈的四方形回廊,建于高大石台的边缘上,无论从它在佛香阁一组建筑群中所起的艺术作用,还是从它本身的艺术价值上看,它的设计都是十分成功的。

8.1.3 榭

《园冶》上说:"榭者,籍也。籍景而成者也。或水边,或花畔,制宜随态。"意思是说,榭这种建筑是凭借着周围的景色而构成的。它的结构依照周围的自然环境可以有不同的形式。不过,那时人们把隐在花间的一些建筑也叫榭,而在今天一般以水榭居多。

1. 功能

在园林建筑中,榭与亭、轩、舫等属于性质上比较接近的一种建筑类型。除满足人们休息、游赏的一般功能外,主要起观景和点景的作用,是园中的点缀品。它们虽然不是园林中的主体建筑,但对丰富园林景观,丰富游览内容起着突出的作用。在建筑性格上也多以轻快、自然为基调,注意与周围环境的配合。

2. 体量与形式

在南方的私家园林中,由于一般水面较小,因此榭的尺度也不大,形体上为取得与水面的调和,在立面造型上常以水平线条为主。建筑物的一半或全部深入水中,下部以石梁柱结构支撑,或用湖石砌筑,让水伸入榭的底部。临水一侧开敞,或设栏杆,或设鹅颈靠椅。屋顶多为歇山顶,四角起翘。建筑装饰比较精致。拙政园的"芙蓉榭",藕园的"山水间",网师园的"濯缨水阁",承德避暑山庄的"水心榭"等都是比较经典的实例(图8-11)。

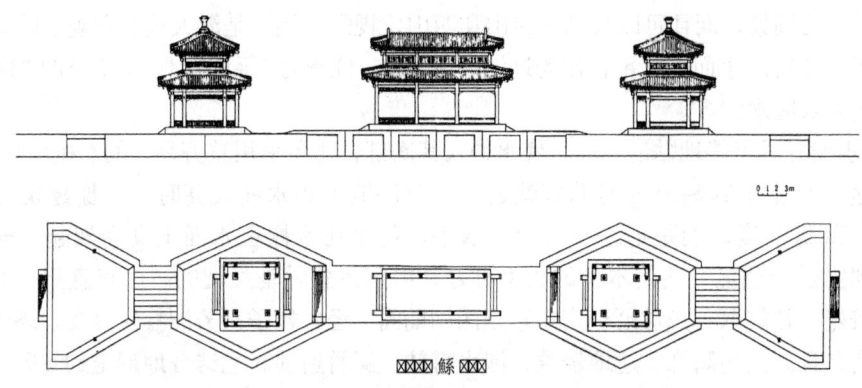

图8-11　承德避暑山庄"水心榭"

岭南园林中，由于天气炎热，水面较多，因此创造了一种以水景为主的"水庭"形式。其中，于水畔或完全跨入水中建"水厅""船厅"之类的建筑，平面布局和立面造型都力求轻快、通透，与水面贴近，如可园的观鱼水榭等。

榭这种形式被借鉴、应用到北方皇家园林中后，除仍保持其基本形式外，又增加了官式建筑的色彩，风格浑厚持重，尺度相应的增大。有些已不是一个单体建筑物，而是一组建筑群体，如颐和园中的"洗秋"和"饮绿"水榭，"对鸥舫"和"鱼藻轩"等。

"洗秋"和"饮绿"是谐趣园内的两座临水建筑物。前者的平面为面阔三间的长方形，卷棚歇山顶，它的中轴线正对入口宫门。后者的平面为正方形，位于水池拐角的突出位置，它的歇山顶变换了一个角度，对着"涵远堂"。这两座建筑之间以短廊相连，体形富于变化。红柱、灰顶，略施彩画，反映了皇家园林的建筑格调。

3. 选址

作为一种临水建筑，榭的选址在设计中就一定要处理好水面和池岸的关系，使其配合得有机、自然、贴切（图8-12）。

1) 水榭尽可能地突出于池岸，造成三面或四面临水的形势。如果建筑不宜突出水面，也要以伸入水上的平台作为建筑和水面的过渡，为人们提供一个身临水面的宽广视野。

颐和园中的"鱼藻轩"，建筑突出于昆明湖，三面临水，后部以短廊与长廊相接。在其中，不仅可以

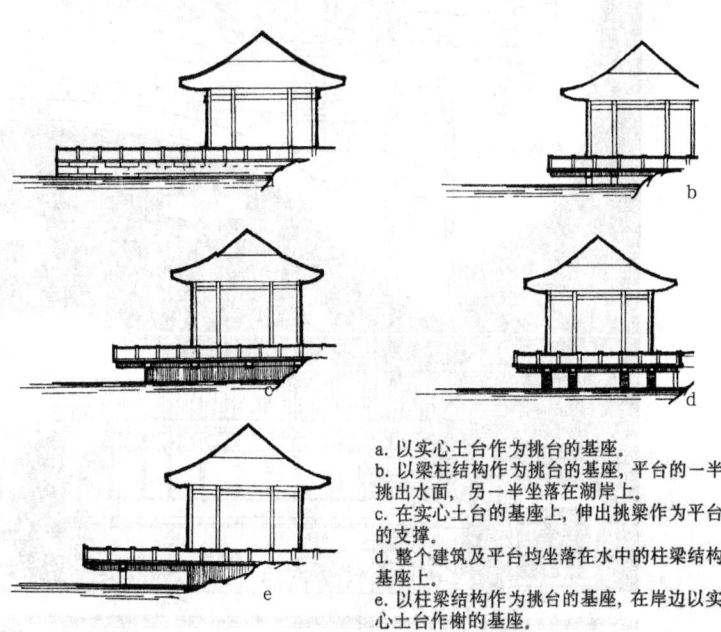

a. 以实心土台作为挑台的基座。
b. 以梁柱结构作为挑台的基座，平台的一半挑出水面，另一半坐落在湖岸上。
c. 在实心土台的基座上，伸出挑梁作为平台的支撑。
d. 整个建筑及平台均坐落在水中的柱梁结构基座上。
e. 以柱梁结构作为挑台的基座，在岸边以实心土台作榭的基座。

图8-12　榭与水面关系处理

观赏到正面的湖景,而且可以看到玉泉山和西山,视野开阔,是游人休息和观赏的好去处。

水榭不能突出水面而以平台作为过渡的例子有:杭州的"平湖秋月",怡园的"藕香榭",北京陶然亭公园水榭等。

2)水榭宜尽可能地贴近水面,使水伸入其底部,避免采用整齐划一的石砌驳岸。

在这一点上很容易出现的毛病就是,在池岸地平离水面较高时,水榭建筑的地平没有相应的降低高度,而是把地平与池岸取平,结果使水榭在水面上高高架起,支撑部分的结构裸露过分明显,建筑本身的比例再好,但整体感觉是失调的。广东惠州"逍遥堂"处理得较好。建筑取苏东坡贬至广东惠州西湖期间,经常携子来芳洲打发日夜,塔影玉澜,自在其是之意。素构简饰,适地轻盈,涉水露舫,深竹逍遥。它结合地形上的高差,将建筑分成两个空间,即"逍遥堂"和"舫亭",中间用步廊连接;主厅与地平取齐,作为敞厅,通过楼梯下到底层空间,舫亭作为临水平台。在剖面上很好地解决了建筑、水面和池岸三者之间的关系(图8-13)。

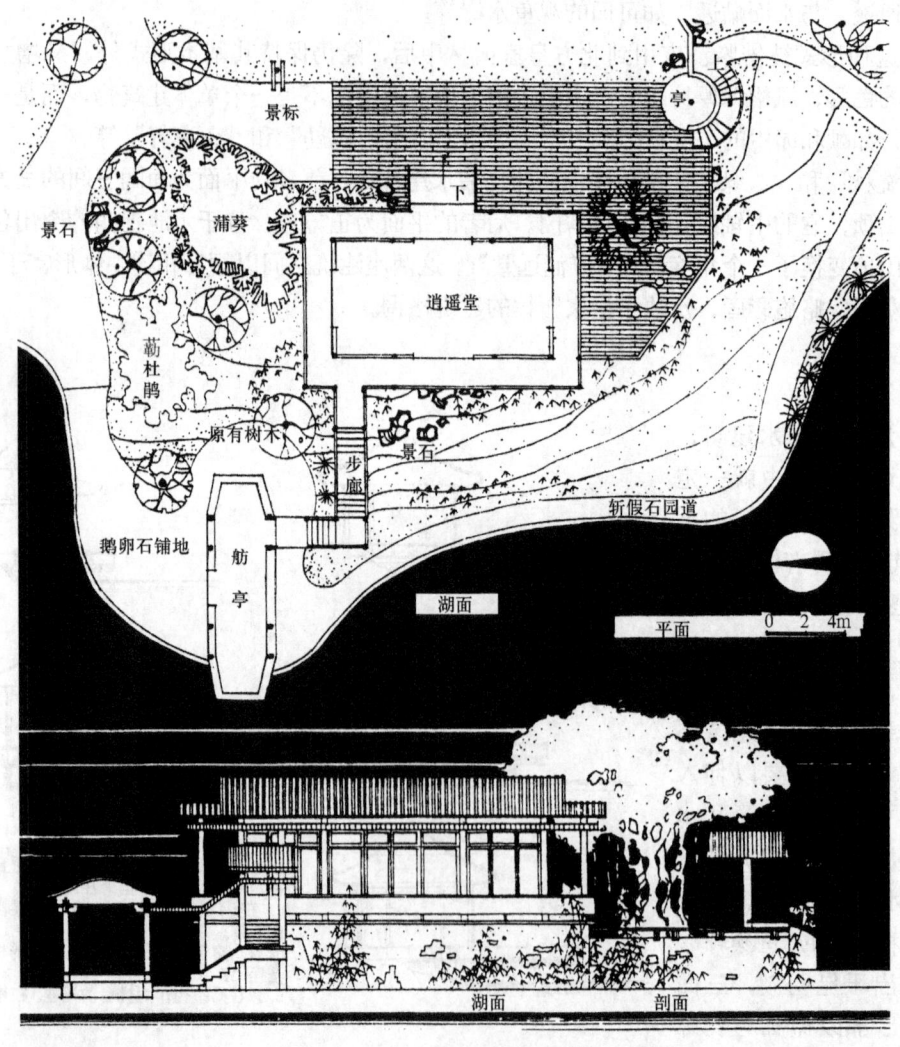

图8-13 逍遥堂平面、剖面图

水榭与水面的高差关系在水位无显著变化的情况下是容易处理的，有时水位的涨落变化较大，这时，设计前就要仔细了解水位涨落的原因和规律，特别是最高水位的标高，以稍高于最高水位的标高作为建筑的设计标高，以免水淹。

在建筑物与水面之间的高差较大，而建筑物又不宜下降时，应对建筑物的下部做适当的处理，创造出新的意境来。如广州的泮溪酒家的临水餐厅位于二层，距水面很高，在其侧畔以英石叠砌假山，塑造一种悬崖高耸的气氛，也很有特色。

为使水榭有凌空于水面上的轻快感，除了要把水榭尽量贴近水面建造外，还应避免把其下部做成整齐的石砌驳岸，而宜将支撑的柱墩尽量的后退，以造成浅色平台下面一条深色的阴影，在光影的对比中增加平台外挑的轻快感觉。

3) 在造型上，榭与水面、池岸的结合，以强调水平线条为宜。

建筑物平平扁扁地贴近水面，有时配合着水廊、粉墙、漏窗，平缓而开朗，再加上几株修竹，在线条的横、竖对比中一般能取得较好的效果。在建筑轮廓线的方向上榭和亭、阁那种集中向上的造型是不同的。

8.2 大门与入口

8.2.1 总论

1. 大门与入口

园林中的大门与风景区入口，不仅起到隔断、围合、标识与划分组织空间、控制人流、车流出入与集散的作用，其本身还具有装饰性、观赏性，可制造空间氛围，美化周围环境，是环境的一个重要组成部分。设计新颖的园林大门、一处精美的入口，无论是依附于园林景物之中，或是相对独立，其造型及取意均须经过一番艺术加工、精雕细琢。只要剪裁得当、配置得宜，必将构成一幅幅优美动人的园林景致，充分发挥为园景增添景致的作用，更可以成为风景区和环境的一处标志和象征。

2. 大门与入口的功能

大门与入口建筑在园林设计中，以其本身的功能和优美的形式构成园林中具有观赏内容的独立单元，同时园林意境的空间构思与创造往往又具体通过它们作为空间的分割、立意来增加变化，它们在园林建筑中虽然体量不大，但在造园艺术意境上确是举足轻重的。

1) 标志出园林的出入口、等级和特点

大门作为园林的标志和出入口，是人们对于园林产生第一印象的重要因素，它是一个标志物，应该以最直接的形态反映出园林的特点，展示其与众不同的个性。同时，大门及入口形成景框，结合景物的布置，如土山、石山、水池、树丛、花草等，或虚或实、有疏有密，使游人在入口处即有一种进入画境的美感，增添游人的兴致。

2) 控制、引导游人和车辆的出入与集散

游人、车辆通过公园大门进入景区，在视觉上、心理上都受到景门的控制。景门开敞，

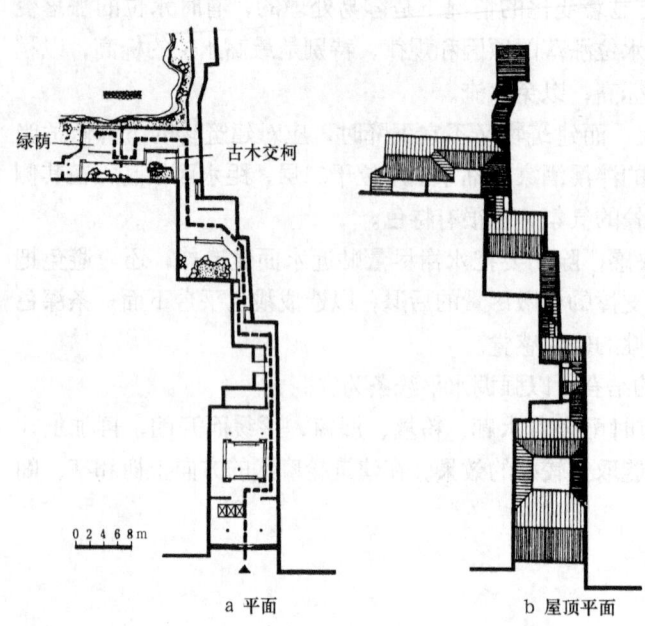

图 8-14 苏州留园从大门到"绿荫"的平面

则景区宽广，景色空阔，气势浩大，使人产生尊崇之感。景门小巧，则让游人产生另一种情绪。如苏州留园的入口，景门小而精致，进入园门后，在较宽敞的前庭右侧是一长约 8m、宽约 1.5m 的过道，在折转经过两个差不多大小的过道后，还要依次通过敞厅和"古木交柯"，才能进入开朗的园内主要景区，其大小对比的强烈，空间的"放""收"，再"放"、再"收"的不断变化，给人留下深刻的印象（图 8-14）。

3) 成为景区环境的代表和象征

大门建筑的风格一般代表了环境的风格，游人对于环境的理解往往来自于对大门、入口的认可。例如北方的皇家园林，占地大，空间开阔，入口往往也采用大体量，色彩艳丽以配合整个园林的气氛；而在江南私家园林中，由于园子占地小，空间狭窄，入口通常采用"欲扬先抑"的手法，色彩也较为素雅、空灵，表现出江南园林的风味。如果把园林比作一篇佳作，那么大门则应是文章的标题，取文之要点，集精华与简炼于一身，引导思路，为文章添色无限。

4) 以本身的优美造型构成景物中的一景

园林风景是由许多景组成的。所谓"景"就是一个具有欣赏内容的单元，在园林中的某一地段，其内容与外部的特征具有相对独立的性质与效果即可以成为一景。一个景的组成要具备两个条件，一个是它的本身具有可观赏的内容，一个是它所在的位置要便于被人观赏。园林的门，位置显要，形式多样。例如，苏州沧浪亭中的汉瓶门，曲线流畅，颜色与形状同园中芭蕉取得恰当的对比效果，显得自然新颖；桂林榕湖饭店四号楼庭院采用几何形状的门，与相邻的几何形窗及空花墙一气呵成，也与庭院中的水石花木在构图上相协调。大门与入口的造型对园林建筑的艺术风格起着一定的支配作用，有的气质轩昂庄重，有的格调小巧玲珑，往往会成为园林中突出的景致。

5) 园林内的小景区入口可以划分风景区域或不同景区

为了在有限的面积内构成富于变化的景观，同时也为了满足多种实用需要，中国园林采取分隔景区和空间的手法，把全园分隔为若干景区。各个景区都有风景主题和特色，这是我国园林为丰富园景和扩大空间感所采用的一种手法。

景门中的墙洞（又称门洞），形式多样，可以用于分隔空间，在风景区或园林中划分出不同的景区，各区形成不同的特色，呈现出不同的景致，增加了景色的曲折变化，同时亦便于分区组织游览路线。利用墙洞分隔景区，似断非断，空间被划分后，各景区之间仍有着一定的联系。比如扬州个园，就利用墙洞等隔断手法，将园子分成春、夏、秋、冬四个景区，取春生、夏荣、秋收、冬枯的意境，拓展了园景的欣赏范围，使小小一个园子景致变幻，增添无穷韵味。

3. 大门与入口性质类别

1) 纪念性公园大门

纪念性公园大门一般采取对称的构图手法,广州起义烈士陵园的"陵门"为对称阙式、北京天坛公园大门(图8-15)和广州中山纪念堂大门(图8-16)为对称门式。广州农讲所、南京中山陵(图8-17)和广州黄花岗公园园门为对称牌坊式。此类大门具有庄严、肃穆的性格。

图8-15 北京天坛公园大门

图8-16 广州中山纪念堂大门

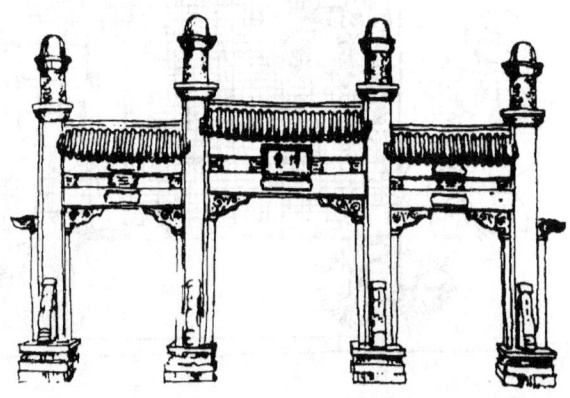

图8-17 南京中山陵牌坊门

2) 游览性公园大门

游览性公园大门多采用非对称手法，以求达到轻松活泼的艺术效果。北京紫竹院南门属不对称的牌坊式园门，此门借鉴了西洋古典石构列柱的间架，重点使用了富有民族特色的琉璃面砖。大门色彩对比鲜明，造型富有时代感，但又不失传统的韵味（图8-18）。扬州瘦西湖公园，园内有宽阔的湖面，大门位于瘦西湖畔，平面新颖别致。大门以歇山亭为主轴，一侧是筑于陆地的游廊，另一侧是飘浮于湖心的攒尖方亭，中间连以小桥。大门与瘦西湖融成一体，立面构图高低错落，有韵律感和地方风格（图8-19）。

3) 专业性公园大门

从广义而言，专业性公园包括动物园、植物园、儿童公园、盆景园和花圃等。专业性公园大门如能结合公园专业特性考虑则更具个性和特色，其手法一般以寓意而非写实为佳。

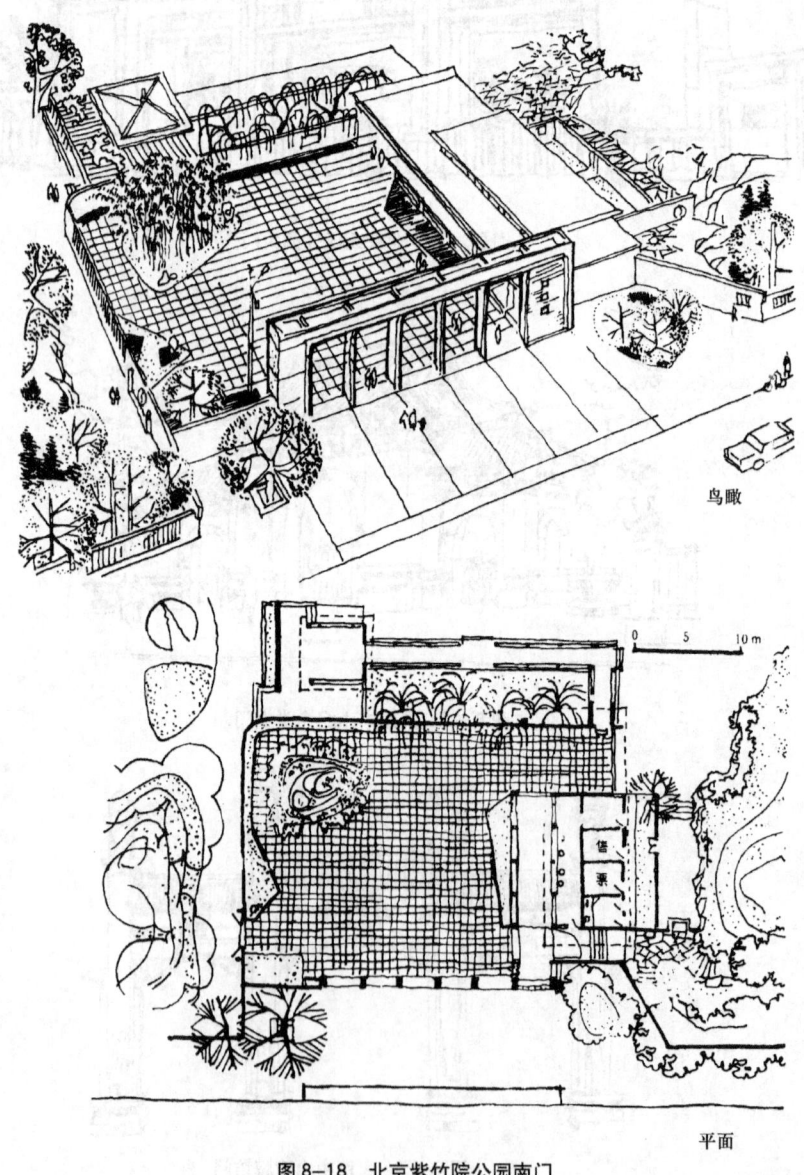

图8-18 北京紫竹院公园南门

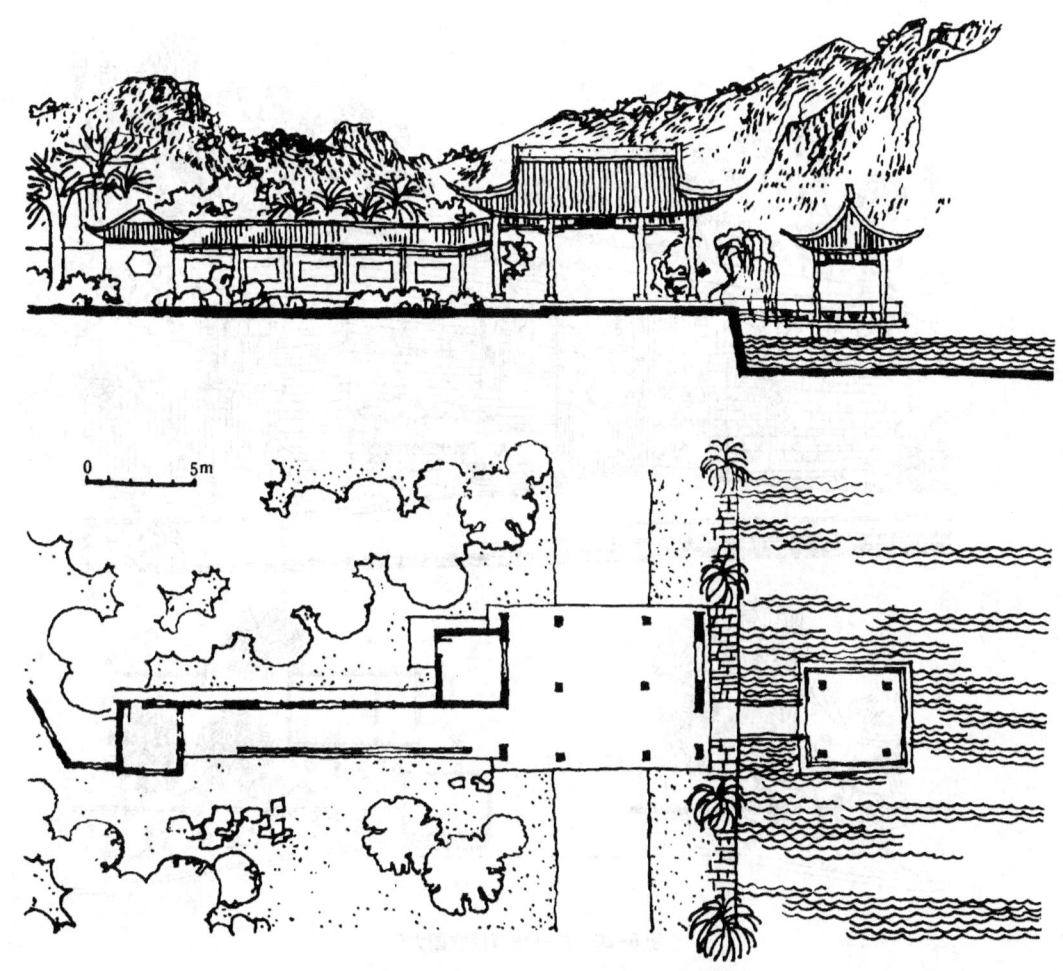

图 8-19 扬州瘦西湖公园大门平面及立面

广州华南植物园大门采用不对称的形式,简洁明快。大门不规则的石墙,米黄色的面砖和较低矮的通花墙,三者在尺度、质感和色彩上都运用较恰当。正门对景为临湖双层亭,内外配植亚热带作物,通过背景的渲染和衬托,使园门更富个性,具有华南园林特征(图 8-20)。

4)风景区入口

名胜风景区通常是以其真山真水、浩瀚的自然空间和瑰丽的园林景色取胜,景点入口常以其特有的形象,表现该景点的性质、内容与特征。成功的景区入口处理,既可丰富景区的景观,又应创造一个可供休憩和观景的空间,成为游客乐于驻足的赏景点,甚至还可能成为整个风景区之主要表征。

武夷山天心亭为牛栏窝景区入口表征,它位于往返九龙窝"大红袍"和天心岩下"永乐禅寺"等景点的峡谷及崇建公路旁。因此,天心亭在使用功能上既是路亭又可作候车点。同时,天心亭附近峭壁冲天,顽石遍地,游览路线环丘盘曲,在如此旷野的景点峡谷口,设置一间小巧的"凡间"木构架瓦顶小亭甚为合宜,在视觉艺术上,亦起着表征景区入口的作用(图 8-21)。

图 8-20 广州华南植物园大门

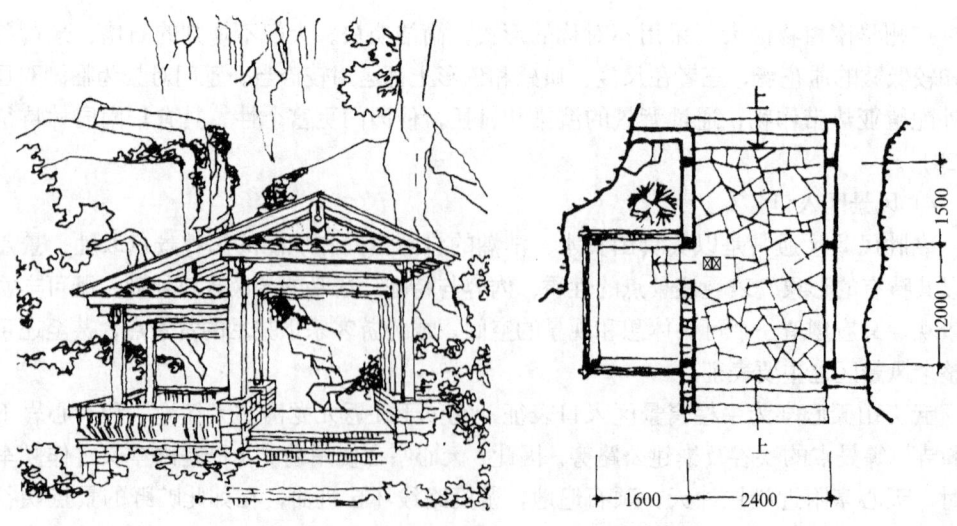

图 8-21 武夷山牛栏窝景点入口——天心亭

8.2.2 总体布置

1. 大门与入口位置

大门位置的选择，在城市公园首先要便于游人进园。公园大门是城市与园林交通的咽喉，与城市总体布置有密切的关系。一般城市公园主要入口多位于城市主干道一侧，较大的公园还在其他不同位置的道路设置若干个次要入口，以方便城市各区群众进园。具体位置要根据公园的规模、环境、道路及客流向、客流量等因素而定。

如何组织游览路线也是考虑大门位置的主要因素。规模较大的公园或风景区，由于范围广阔，其入口处理多半在风景区的主要交通枢纽处，结合自然环境，在前区先设立景区入口标志，继之设立票房和管理间。进入景区内，再按不同景区、景点分设各入口，以便分区组织游览路线，以满足游人和车辆的通行。

2. 出入口的车流、人流组织

设计大门建筑首先要考虑车流、人流组织，要根据景区的位置，与道路取得良好的关系，使人、车分流，避免造成混乱；同时要靠近人的主要活动区，使车流、人流方便地出入，集散安全迅速，使大门和整个景区保持有机联系，成为空间的组成部分。一般根据人流、车流的流量大小及使用程度，可将大门设计成以下几种形式（见图 8-22）。

1）对于一些车流、人流量不大的景区，设计时车流、人流不分，都在门卫的一侧；

2）车流、人流分开，均在门卫一侧，适用于以人流为主、车流较少的游览性公园；

3）人流、车流分开在门卫的两侧，便于对车流、人流的管理，适用于车流较多的公园或风景区；

4）车流进出分开，适用于规模较大、车流多，进出口不在一起的风景区。

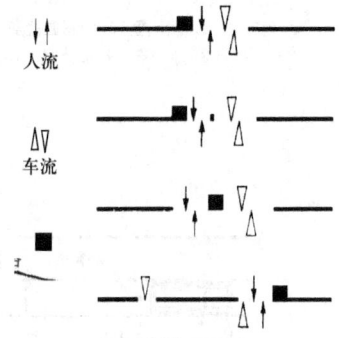

图 8-22 大门人流、车流线示意

3. 空间处理

敞性空间比门前广场更为开阔，如广州烈士陵园宽广的陵道平砌着光面的白麻石，两旁密植深绿色的针松，予人以肃穆、宁静的感觉（图 8-23）。

4. 车辆停放

车辆停放包括汽车和自行车两部分。有些停车场组合到入口广场中，成为广场的一部分，也有些单独设置，但与广场紧密联系。

停车场的设计要根据车辆的类型和停放数量，经济、合理地安排停车位，布置出入口和通道，使车辆的停放安全方便（图 8-24）。一般情况下，停车场车辆出入口的设置要和大门入口广场的车流走向相配合，要避免大量人流穿越。车辆出入口宜分开布置。

自行车的停放通常要设置顶盖，但公园主要是晴天活动的场所，雨天来客很少，可以

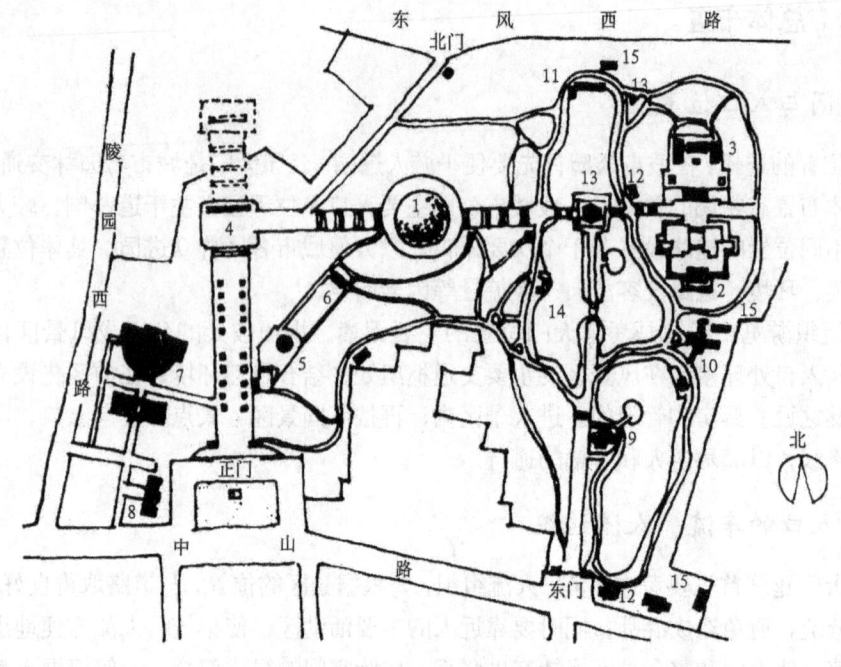

图 8-23 广州烈士陵园总平面

1. 烈士墓 2. 中朝血谊亭 3. 中苏血谊亭 4. 烈士碑 5. 四烈士墓 6. 松山避雨亭 7. 博物馆
8. 办公室 9. 接待室 10. 茶圃 11. 划艇部 12. 摄影部 13. 亭 14. 花架 15. 厕所

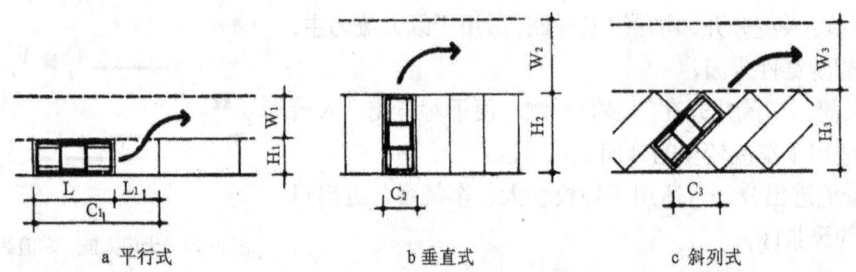

图 8-24 不同停车位布置形式的停车段简图

利用绿荫防止日晒，其面积可根据车辆停放场地的大小、管理人员的数量来决定。一般有三种形式：

1) 露天停放、乔木遮荫

遮阳的乔木必须高大叶茂，种植位置要综合考虑车辆的数目、遮阳范围、自行车的排列、出入和构图等要求（图 8-25）。

2) 将自行车隐蔽在绿化中

此方式要求广场上有大面积绿化或整片绿化带（图 8-26）。

3) 结合大门建筑设置

有些广场面积不大，用地较紧张，车辆停放数量不多，可将车棚与建筑结合起来设计，使车棚成为大门建筑的组成部分（图 8-27）。

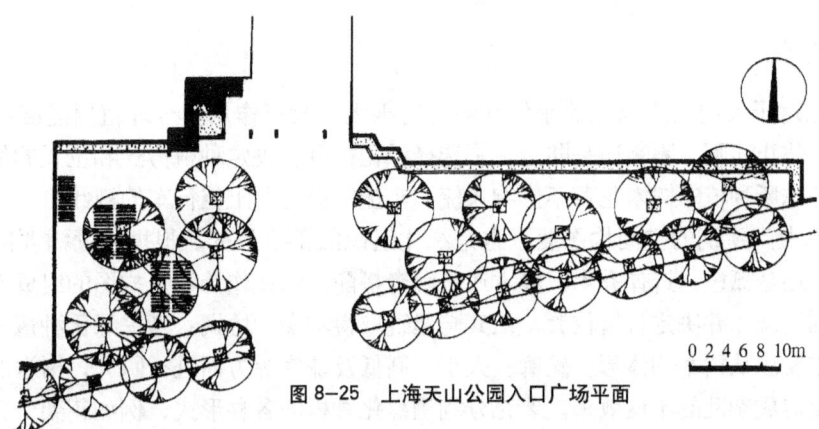

图 8-25 上海天山公园入口广场平面

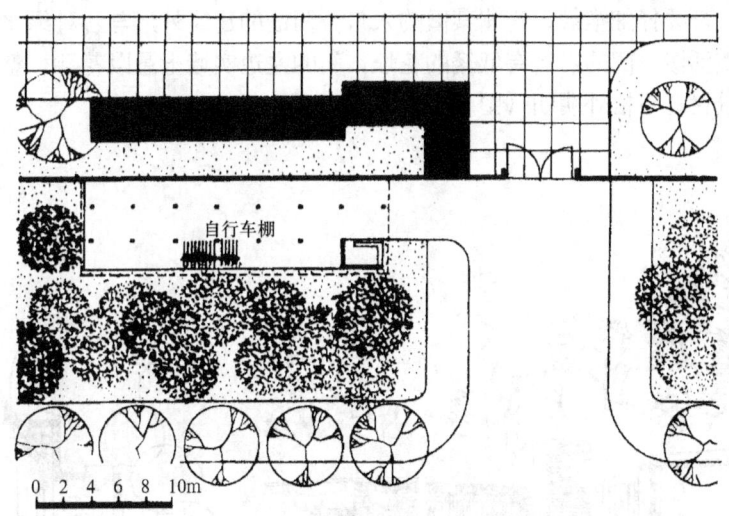

图 8-26 上海新华医院大门前的自行车棚布置

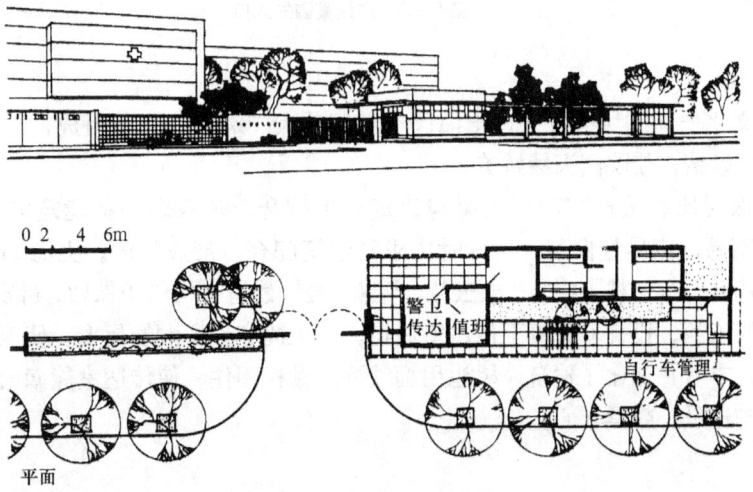

平面

图 8-27 上海莘庄医院大门

5. 绿化

绿化对于大门及广场上的小气候环境有很大的改善作用。合理植树能减小广场地面的辐射热，防止西晒。隔噪还是防尘，是选择绿化树种、决定种植方式和位置的依据。此外，还必须考虑所种植的树木花草不影响人流、车流的交通和阻挡行车的视线。

考虑大门建筑的空间构图要求也是绿化组织的重要依据。根据构图需要决定树木的片植、行植还是孤植；选择乔木、灌木还是两者搭配。绿化作为建筑构图的组成部分，要认真选择树的姿态，并决定种植位置，使其与建筑取得均衡、协调；考虑绿化种植与大门建筑的关系，主要应从树木的体形、轮廓、大小、高低及疏密等方面进行研究，树木的种类不宜太多，防止造成杂乱的不良效果。要充分利用绿化种植的各种形式，例如花架、花台、花坛、花池、树池等，这些也是绿化种植向建筑过渡，以取得协调统一的部件，对其大小、形式及位置的安排，都要仔细推敲。广州某园的入口，简洁的建筑外形与各种绿化种植形式组合巧妙，构图完整活泼。门的右边有低矮的花坛，门的左边实墙上悬以花斗，整个建筑在浓密的绿化种植背景衬托下格外明朗（图8-28）。

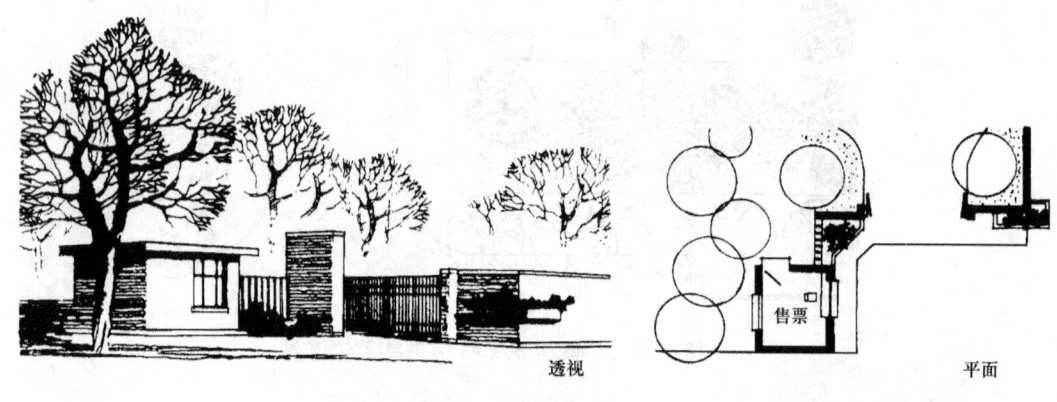

图8-28 广州某园的入口

广州文化公园书场的院门，上海闵行红园的大门等均由花架组成，造型轻巧别致，花开时节香花攀结，使院门天然娇美。

尽量保留原有大树，利用大树与建筑有机结合，是我国园林建筑的传统手法。多年大树得之不易，应尽量保留，设计时力求和建筑配合，形成整体。上海邮电医院大门（图8-29）在基地上有三棵大树，一棵玉兰，两颗雪松，建造时均给予保留，特别是为了保留"红线"边缘的玉兰，设计者将警卫传达室后退，让大树穿出留洞的屋檐，使玉兰与建筑构成统一的整体，丰富并美化了建筑。树池用扁铁漏空栅栏围住，使传达室能南向开窗，保证了室内的日照与通风，颇具匠心。

透视

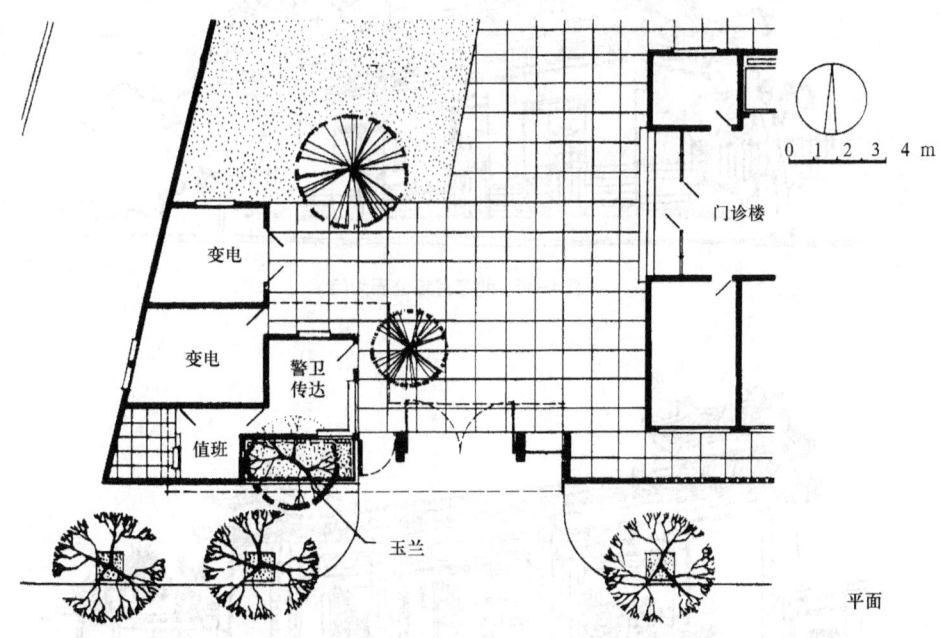

平面

图 8-29 上海邮电医院大门

8.2.3 公园大门与入口的类型

1. 常见公园大门的形式

随着新材料、新结构、新工艺在近代建筑中的不断涌现，公园大门设计的造型，空间组织体现出一种富有时代感的清新、明快、简洁、大方的格调，大门建筑类型也不断丰富，充分展现了时代精神和地方特色。

1）山门式

这是我国传统的入口建筑形式之一。据我国古代的"门堂"建制，不仅在建筑群外围设门，且在一些主要建筑前也有设门，如天坛皇穹宇入口。

我国古代的宗教建筑，特别是地处山林郊野的，一般在道观门或寺庙门外设有"山门"等建筑标志，这是宗教建筑的"福地""洞天"所属的领域，"山门"就是这一建筑群的序幕性空间，对游人来说起着表征和导向的作用。

有些规模较大的风景点，为了使门和环境的比例协调，入口门为多开间建筑，体量较大，气魄较宏伟。如北京月坛公园大门（图8-30）。北京天坛公园新建的东门，沿用传统建筑形式，但其造型和结构有新意，线条简洁、朴素大方、比例良好，其浓郁的民族特色和公园内古建筑形式亦和谐一致（图8-31）。

图8-30 北京月坛公园大门

图8-31 北京天坛公园大门

2) 牌坊式

牌坊式建筑在我国有悠久历史。按其开间、结构和造型来区分，一般有门楼式牌坊和冲天柱式牌坊两大类。过去的牌坊和"山门"在功能上相仿，作为序列空间的序幕表征，广泛运用于宗教建筑、纪念性建筑等，如南京中山陵牌坊门（图8-17）。

近代公园的牌坊门为了便于管理，多采用较通透的铁枝门，售票房设于门内，以免影响牌坊的传统造型。

传统的牌坊门多采用对称手法，但北京紫竹院南门牌坊却处理成不对称的形式，在传统与革新方面作了新的尝试。

3) 阙式

阙式大门是由古代石阙演化而来，当时的双阙一般东西列，南向，子阙位于阙身外侧结成整体。石阙比例为墩状，坚固、浑厚、庄严、肃穆，古代的门阙就是由此演变而成（图8-32）。现代的阙式园门一般在阙门座两侧连以园墙，门座中间设铁栏门。售票房可筑在门外或门内，也有利用阙座内部空间做管理用房，如四川宜宾翠屏公园大门（图8-33）。

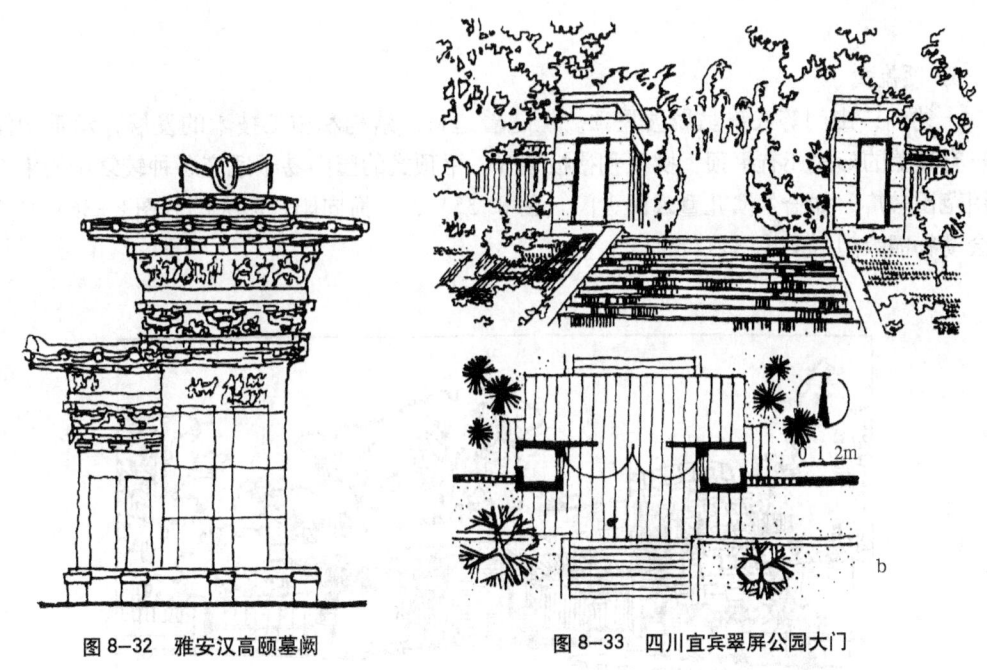

图8-32 雅安汉高颐墓阙　　　　图8-33 四川宜宾翠屏公园大门

4) 柱式

柱式大门主要由独立柱和铁门组成，柱式门和阙式门的共同特点是：门座一般独立，其上方没有横向构件，区别在于柱式门之比例较细长。有些柱由于其体量较大，也有利用柱内空间作门卫或检票口用。

一般柱式大门多为对称构图、双柱并列。南宁人民公园大门则采取非对称布局（图8-34），独立单柱与较扁平的门房在方向上形成对比，围墙的曲直和虚实又产生强烈的对比，整体效果良好。

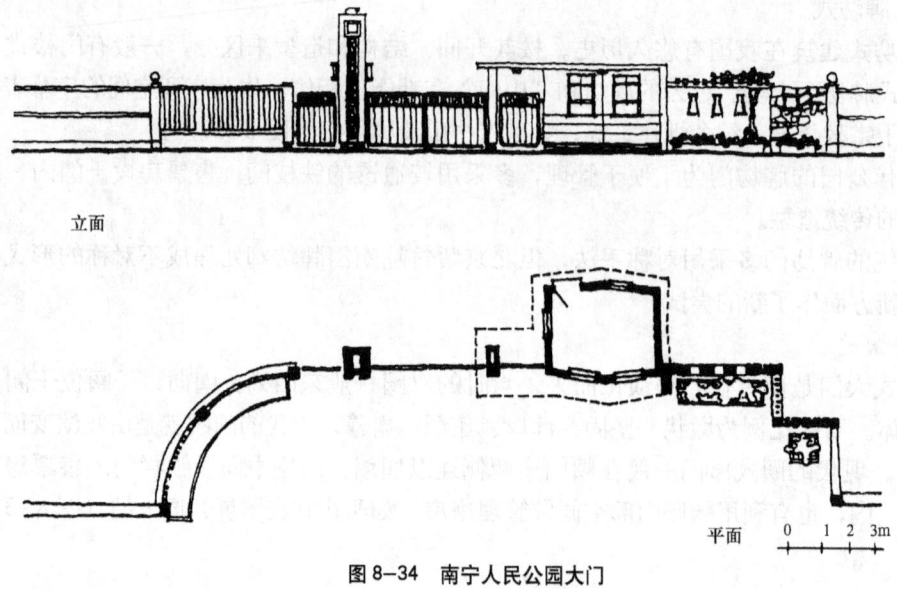

图 8-34 南宁人民公园大门

5) 顶盖式

上述门、山门等入口虽属坡屋顶。但随着建材、结构和施工技术的发展，承重构件上方筑有顶盖的形式还有平顶、拱顶和摺板顶等。平顶式的园门易于适应各种较复杂的平面，应用范围较广。如哈尔滨儿童公园大门（图 8-35）、上海向阳公园大门（图 8-36）和广东新会动物园大门（图 8-37）等。

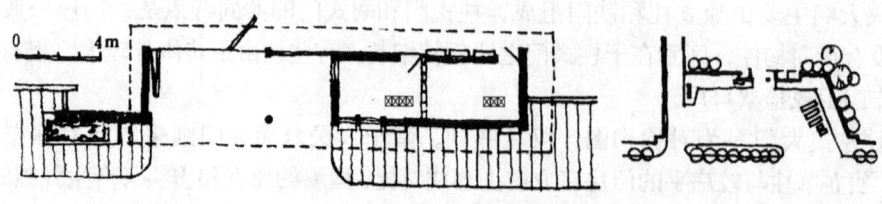

图 8-35 哈尔滨儿童公园大门

2. 景点入口构成

景点入口构成形式多样，有利用原来山石、名木古泉；有用砖石砌筑门、墙；也有以较完整的各种建筑形象构成。景点入口构成无论是以自然为主或系以人工构筑为主，均须详细了解景区景点的有关历史或民间传说，从总体出发，结合自然环境，因地制宜地进行设计，只有这样才能构成性格鲜明的景点入口。

1) 用小品建筑构成入口

利用小品建筑处理入口，主要是为了使入口处与景区内的建筑群相呼应，这样既增加了建筑群的空间层次，又为游客树立了较明显的入口标记（图8-38）。

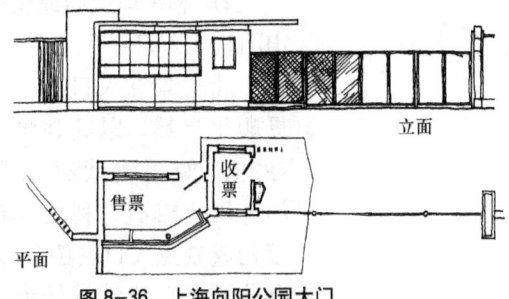

图8-36 上海向阳公园大门

图8-37 广东新会动物园大门

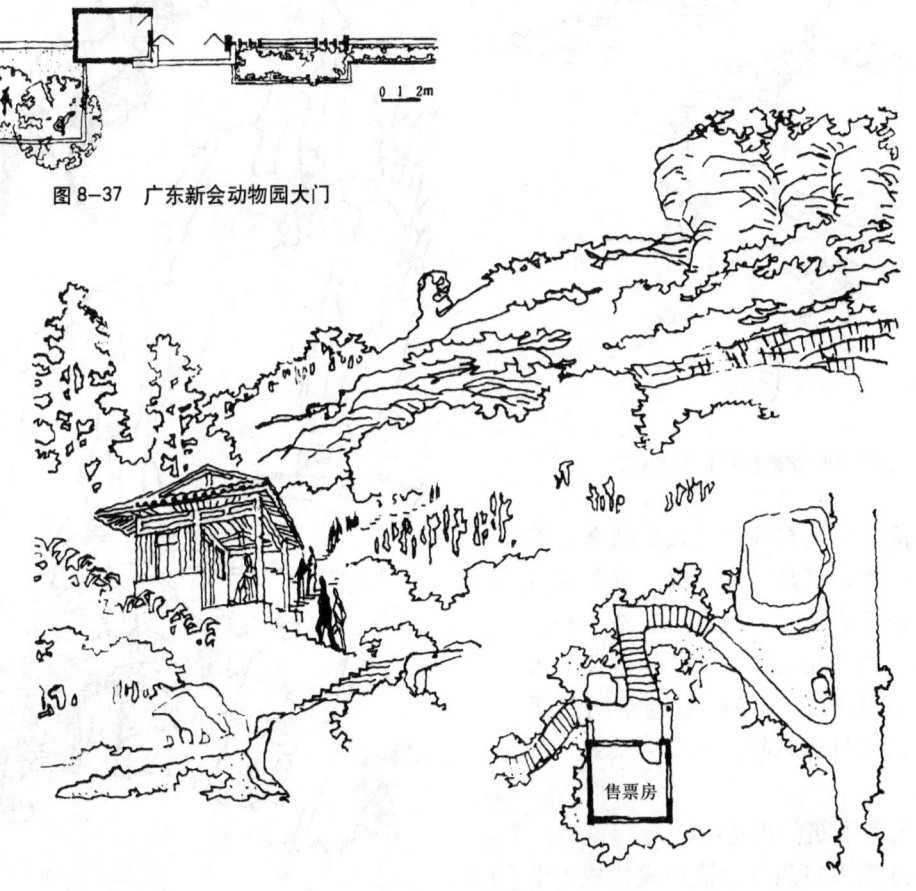

图8-38 武夷山大王峰登山入口售票房

2）利用原山石或模拟自然山门构成入口

此类景点入口巧借地形，更顺乎自然，以简胜繁，耐人寻味。如福建武夷山"天游门"剔土露石，利用巨石与石壁构成景点入口（图8-39）。有些城市公园地域较大，公园内划分为若干个景区和景点，如北京颐和园、北海等，这些公园的景区、景点入口多由建筑构成，但也有些景点入口结合自然山石处理，更是别具一格。有些景点入口模拟自然，采用人工塑造山石，如福建武夷山茶洞景区"仙浴潭"入口就是采用在山谷间塑造石门的手法，以取景点雅朴、幽深之景效（图8-40）。

3）用石筑门构成入口

这类入口虽以建筑形式构成，但由于材质朴素，造型浑厚、古朴，因

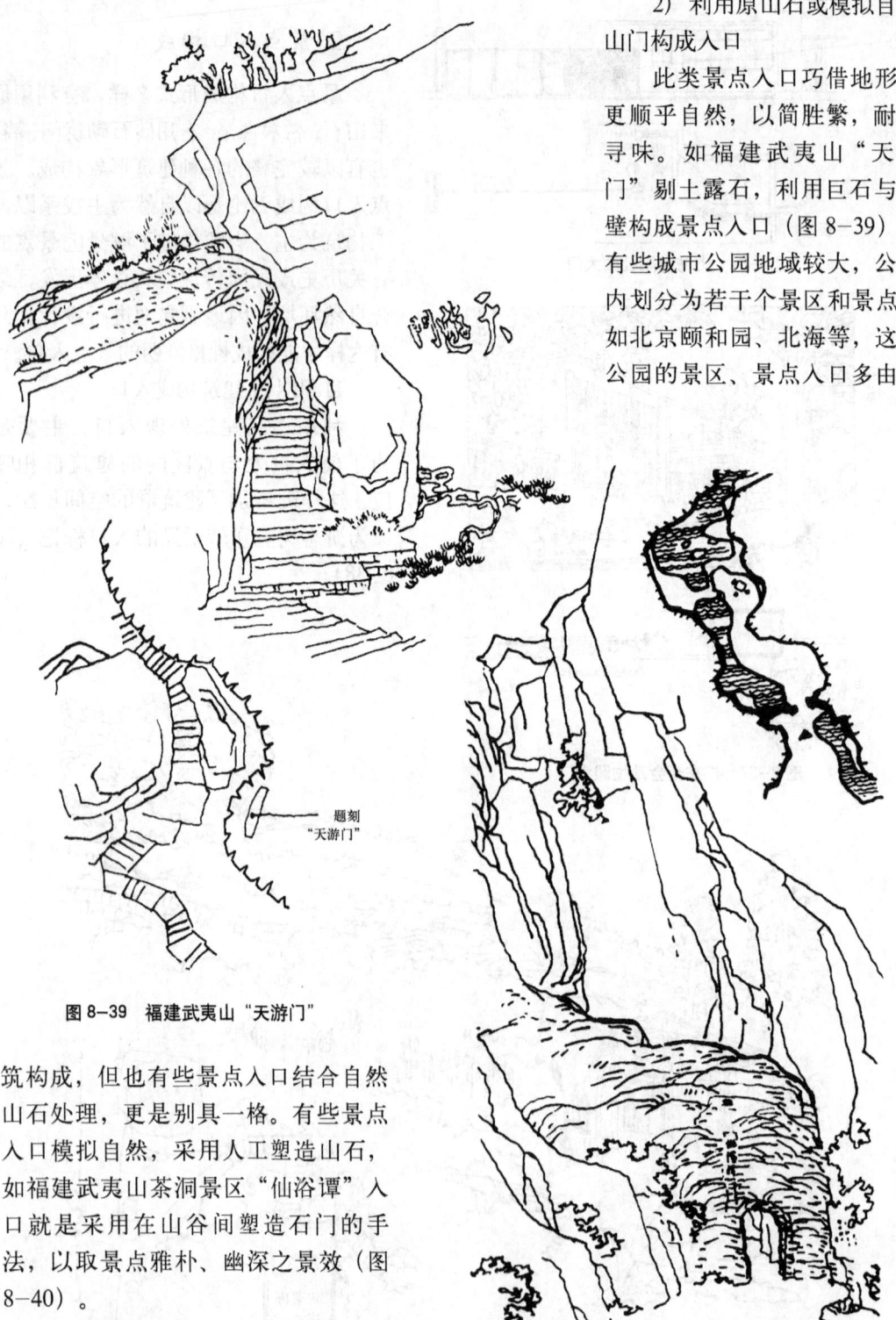

图8-39 福建武夷山"天游门"

图8-40 福建武夷山茶洞景区"仙浴潭"入口

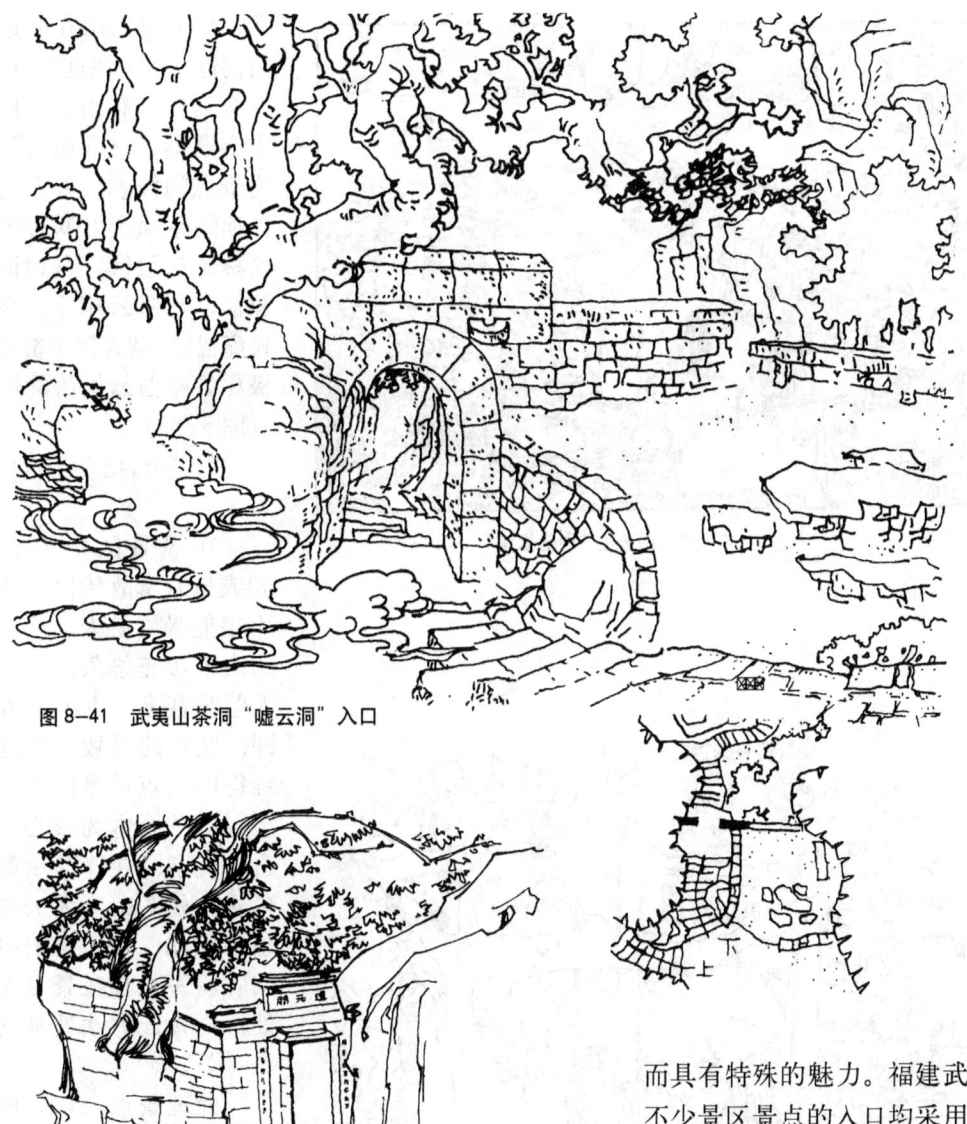

图 8-41 武夷山茶洞"嘘云洞"入口

图 8-42 武夷山小桃源"透天关"

而具有特殊的魅力。福建武夷山不少景区景点的入口均采用这种处理手法。山内各景点入口不仅造型各异,空间构思亦颇巧妙,亦有结合环境、历史与传统,题刻入口称号或对联,更富传统特色与史实寓意(图 8-41、图 8-42)。

4) 以自然山石,结合山亭、廊、台构成入口

将人工和自然这两种不同性质的处理方式揉合在一起,使其布局紧凑、主次有序、较易收到良好的景效。

图 8-43　广州白云山"白云松涛"

广州白云山在西边登山拐道上有一块迎面巨石,石旁悬崖筑有山亭。巨石上有题刻"白云松涛"作为景点的标志。景点四周松林似海,每当山风呼啸,松林此起彼伏,有如惊涛骇浪,与白云相逐。亭石相配得宜,游人倚亭赏景,极尽领略白云松涛的情趣(图8-43)。

5) 亭台结合古木构成入口

在风景区中姿态奇异或带有掌故传说性的古木很能吸引游人。这些景点由于历史悠久,历代文人题咏甚多,更添游人品评、鉴赏的兴致。在这些难得的景点或景区入口,多以这些古木为核心,修台、筑亭、立碑以示尊崇珍重,如泰山五大夫松、岱庙汉柏、河南嵩山中岳书院将军柏都在景点入口处,均按此方法处理(图8-44)。

处理景点入口时要有总体观念,既要照顾和局部环境的配合,也要注意在同一景区内特别是同一游览线上各个景点入口处理的统一性。入口处理不单纯是入口的造型、风格问题,也牵涉入口前后的空间序列与组织的相关性。

图 8-44　广东西樵山"第一洞天"牌坊

8.2.4 大门建筑形象

1. 建筑与环境的对比和协调

公园大门周围的环境是多种多样的，可能是一片茂密的树林，可能是一望无际的湖水，也可能是平静似镜的水池；可能是怪石林立的峭壁，也可能是平坦开敞的广场。面对这些丰富多彩的环境，设计时应该顺其自然，因势利导（图8-45）。当大门远离建筑群，处在各种环境中，大门引导人流的作用就明显地突出了，而对比是将大门建筑从环境中强调、显示出来的一种有效措施，特别是色彩对比，在错综复杂的环境中对人们的视觉刺激更为强烈。我国很多建在密林或高山上的寺庙，在一片翠绿的环境中，或在蔚蓝天空的背景下，黄色墙面的山门极其引人注目，使人们在很远的地方就能发现。杭州虎跑风景区的大门，白墙黑瓦，形式简单，在虎跑山葱茏密林的衬托下，游人很远就能得知它的所在，其奥妙也就在于对比。

对比与协调是矛盾的两个方面，既对立又统一。大门建筑应该从体形、轮廓、形式、色彩等各方面入手，以达到艺术表现上变化与统一的完美结合，使建筑与环境的关系和谐、协调，互相交融、互相渗透，取得高度的统一。

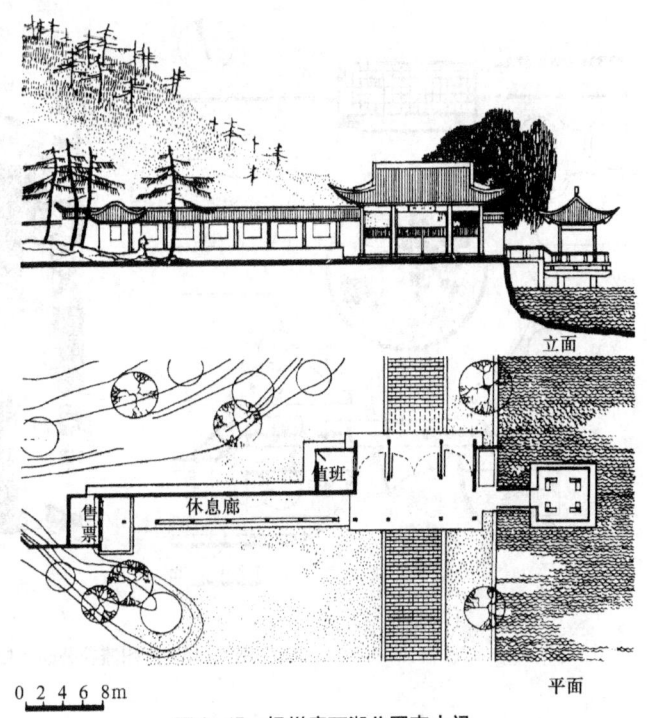

图8-45 扬州瘦西湖公园南大门

2. 大门与入口建筑的尺度

园门的比例与尺度运用得是否恰当，会影响到艺术的效果。它不仅要考虑其自身的需要，也要考虑与所在环境的协调，反之亦然。适宜的比例与尺度，有助于刻划公园的特性和体现公园的规模。

江南的私家园林占地一般不大，因而大门建筑在风格上俊秀、轻巧、活泼，体量较小，极具南方之秀，造型轻盈、色彩素雅、古朴；而北方多皇家园林，大门建筑风格雄浑、粗壮、端庄，体量较大，具北方之雄，造型持重，色彩艳丽、浓烈。这种比例与尺度的关系，体现了建筑美与自然美的高度联系和统一。

3. 空间景象组织

建筑是空间的艺术，只有人们进入空间，处在空间当中，才能感受到空间的形象，体会到它的艺术效果。

大门是环境空间序列的开端，如果说空间序列是一首交响乐，大门就好比是序曲，大门与空间序列之间是序曲与整个乐章的关系，它们是不可分割的。设计时首先应把大门作为空间序列的一个组成部分统一考虑，根据整个序列的要求设计大门，组织空间，充分运用相应的建筑小品，如雕塑、喷泉、景石、景树等，利用对景、障景、框景等手法，增强空间感受，刺激游人的视觉。广州流花公园入口以组景作为对景（图 8-46），在 18 m 直径的圆形地面内设置三棵椰子树和几块黄腊石，再附以一丛花草。构图得体，在蔚蓝天空的衬托下，姿态秀丽的椰子树更显得生动。

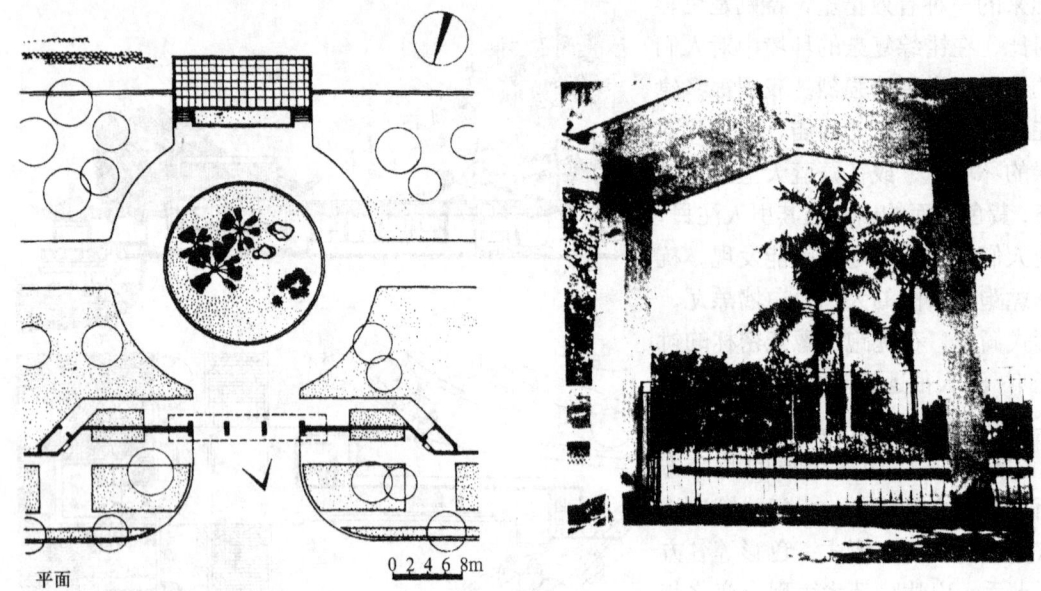

图 8-46　广州流花公园入口对景

中国古典园林的入口，往往屏以建筑、墙垣、或设置假山、树木，为的是藏景于里，避免一览无余，同时这些园林部件也对空间顺序的组织起着很大的作用。

4. 细部处理

大门的细部处理包括：标志、门灯、雕塑、花台、门墩等，这些细部有的是功能所必须，有的是艺术形象的要求，设计时应统一考虑，一次建成，以保证建筑的完整性。标志应该显而易见，字体与背景深淡要有对比，注意局部与整体的关系。雕塑运用得当能丰富大门的建筑形象，我国古代寺庙大门前往往安放石狮子，能增加建筑的森严气氛。花台、花斗不仅以多变的形式丰富大门的建筑形象，而且通过四季变化的花草树木为大门添彩增色。

门灯形式如图 8-47。

5. 性格

公园大门以自己特殊的功能特点区别于其他建筑，因此在某种意义上说可以看作一种建筑类型，但另一方面，也是更重要的方面，它是建筑小品，有明显的从属性，作为某种类

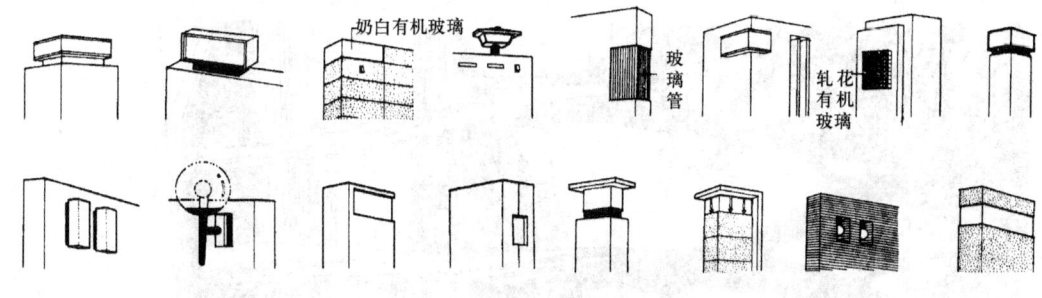

图 8-47　门灯形式

型公园、景点的局部而存在,所以大门必须具有与整体环境相一致的性格。

公园大门的性格不仅反映在形式与功能的统一性上,而且还应与所属环境类型要求产生的情绪具有一致性。建筑能通过自身的形式(包括空间、形体、尺度、色彩、线形等)使人们产生某种情绪,例如严肃、崇敬、稳重、紧张、热烈、兴奋、亲切、轻快、幽静、活泼、开朗……这些被激起的情绪就是确定大门建筑性格的重要依据。

纪念性公园大门应该体形端正,轮廓简单,尺度较大,材料坚实,色彩深重,使人得到庄重、肃穆、稳重、永恒的感受。苏州古典园林的大门较多采用磨砖墙,砖刻的园名,简洁的形式,小巧的门洞,使人感到宁静而优雅,与园林内部的特征多么协调。然而现代的城市公园,为了适应大量群众的游憩娱乐活动,就应具有开朗、活泼等性格,不能与古典园林同等对待。

另外,在大门建筑形象设计时,恰当地运用联想的手法,往往能表现建筑的特征和性格,例如北京紫竹院公园南大门利用竹丛作为主题绿化,进行空间组景,引起人们对"紫竹院"的联想,显示了公园的特征。

6. 实例

1) 上海植物园大门设计(1)　　　见图 8-48
2) 上海植物园大门设计(2)　　　见图 8-49
3) 上海交通公园大门设计(1)　　见图 8-50
4) 上海交通公园大门设计(2)　　见图 8-51
5) 南京中山植物园大门设计(1)　见图 8-52
6) 南京中山植物园大门设计(2)　见图 8-53
7) 桂林七星公园后门设计(1)　　见图 8-54
8) 桂林七星公园后门设计(2)　　见图 8-55
9) 天津水上乐园东大门设计　　　见图 8-56

图 8-48 上海植物园大门设计 (1)

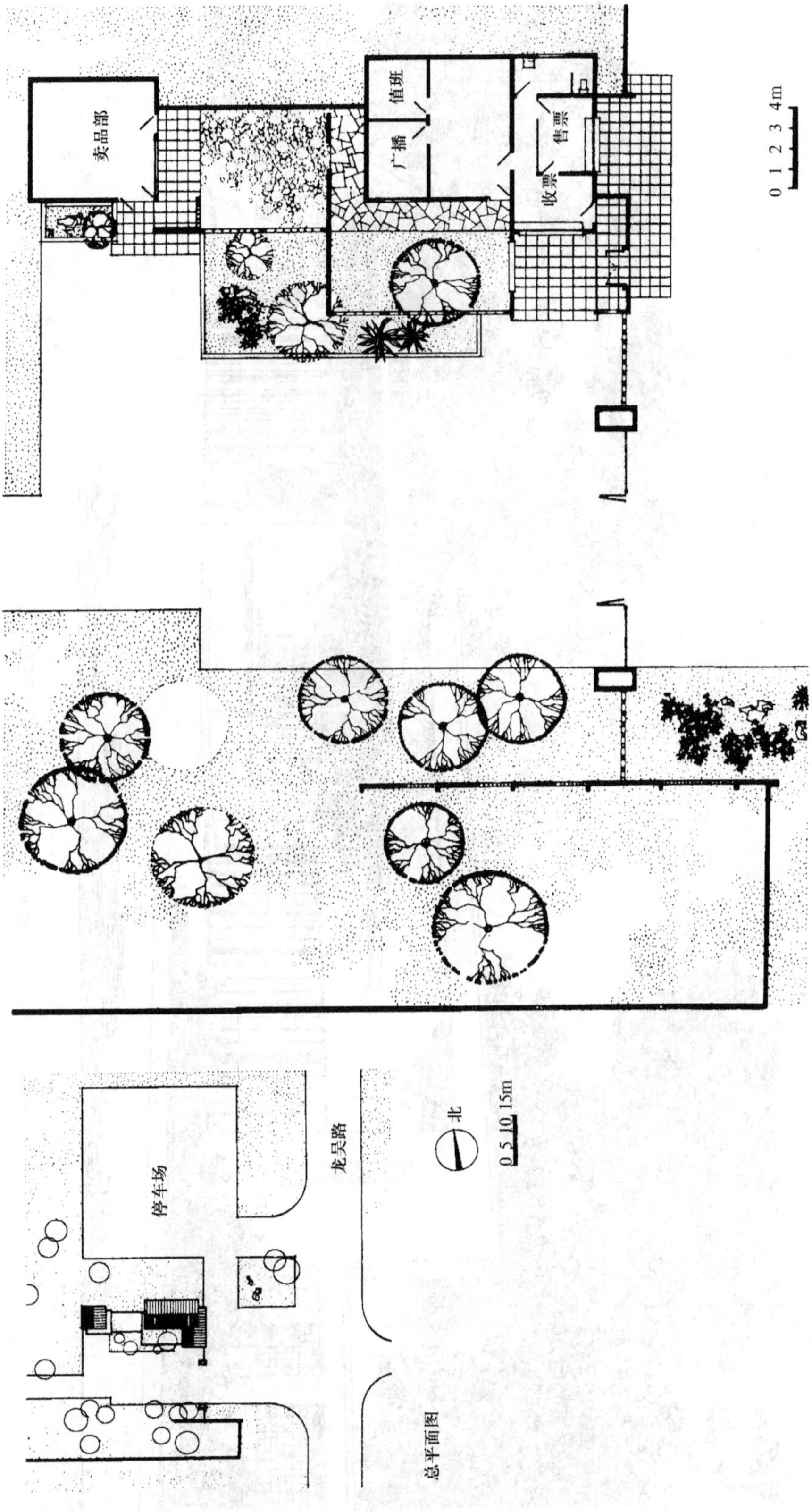

平面图

0 1 2 3 4m

售票
收票
值班
广播
卖品部

总平面图

停车场
龙吴路
北
0 5 10 15m

图 8-49　上海植物园大门设计 (2)

99

图 8-50　上海交通公园大门设计 (1)

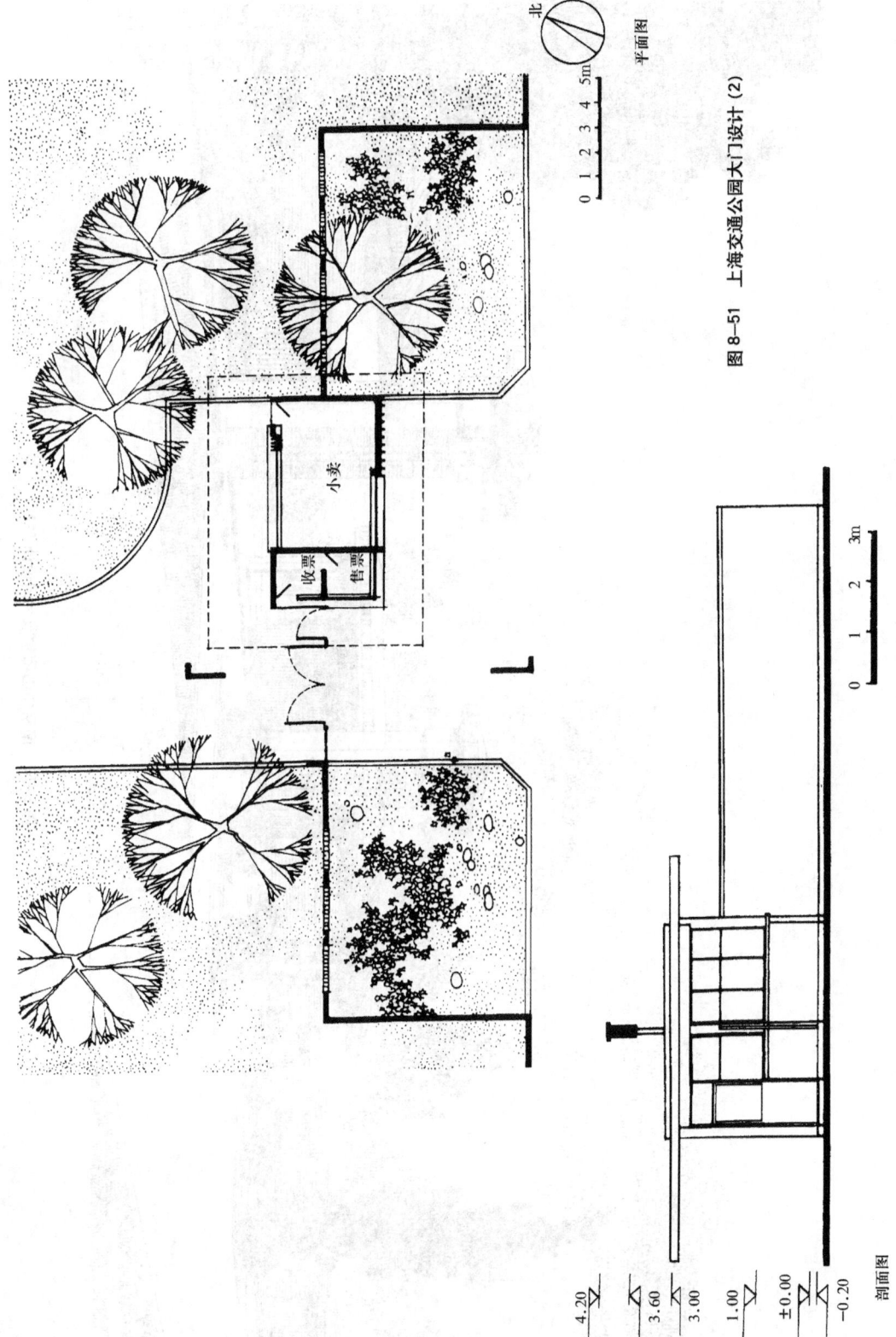

图8-51 上海交通公园大门设计(2)

101

图 8-52 南京中山植物园大门设计 (1)

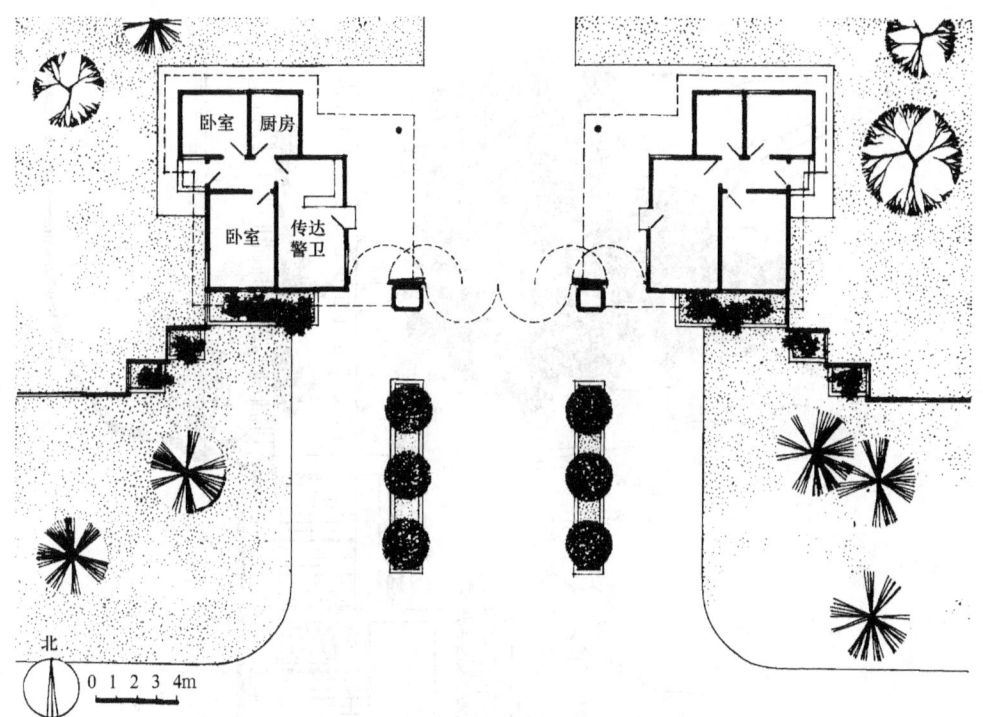

图 8-53　南京中山植物园大门设计（2）

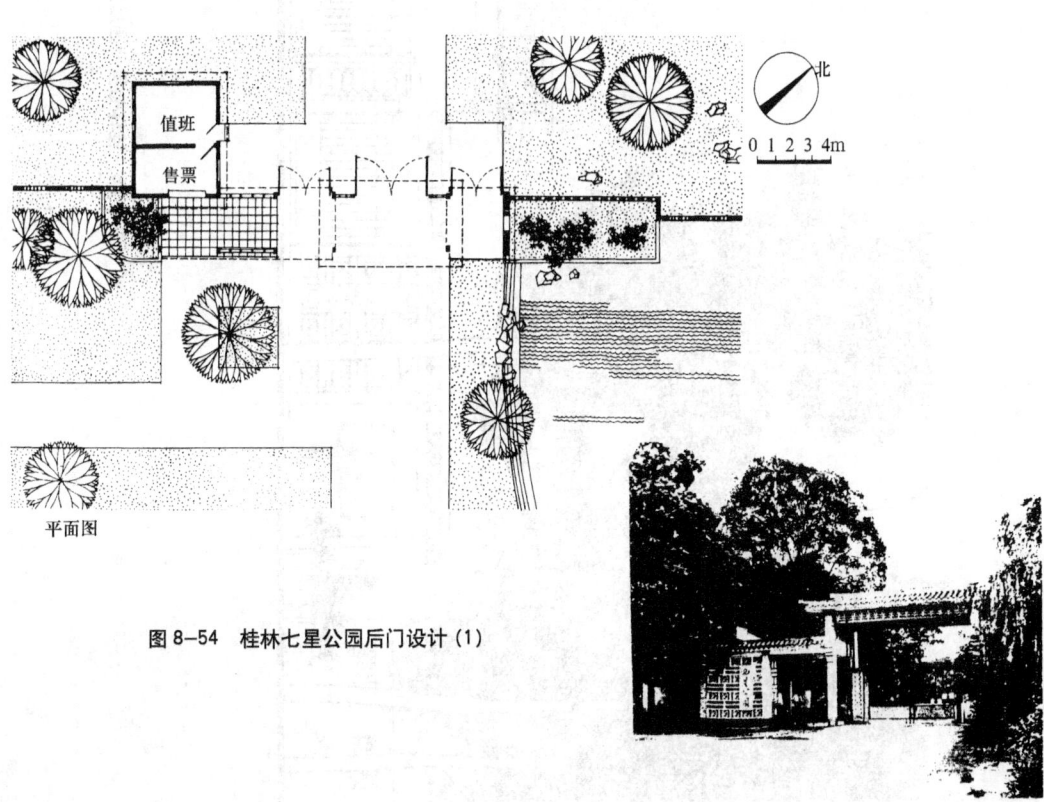

图 8-54　桂林七星公园后门设计（1）

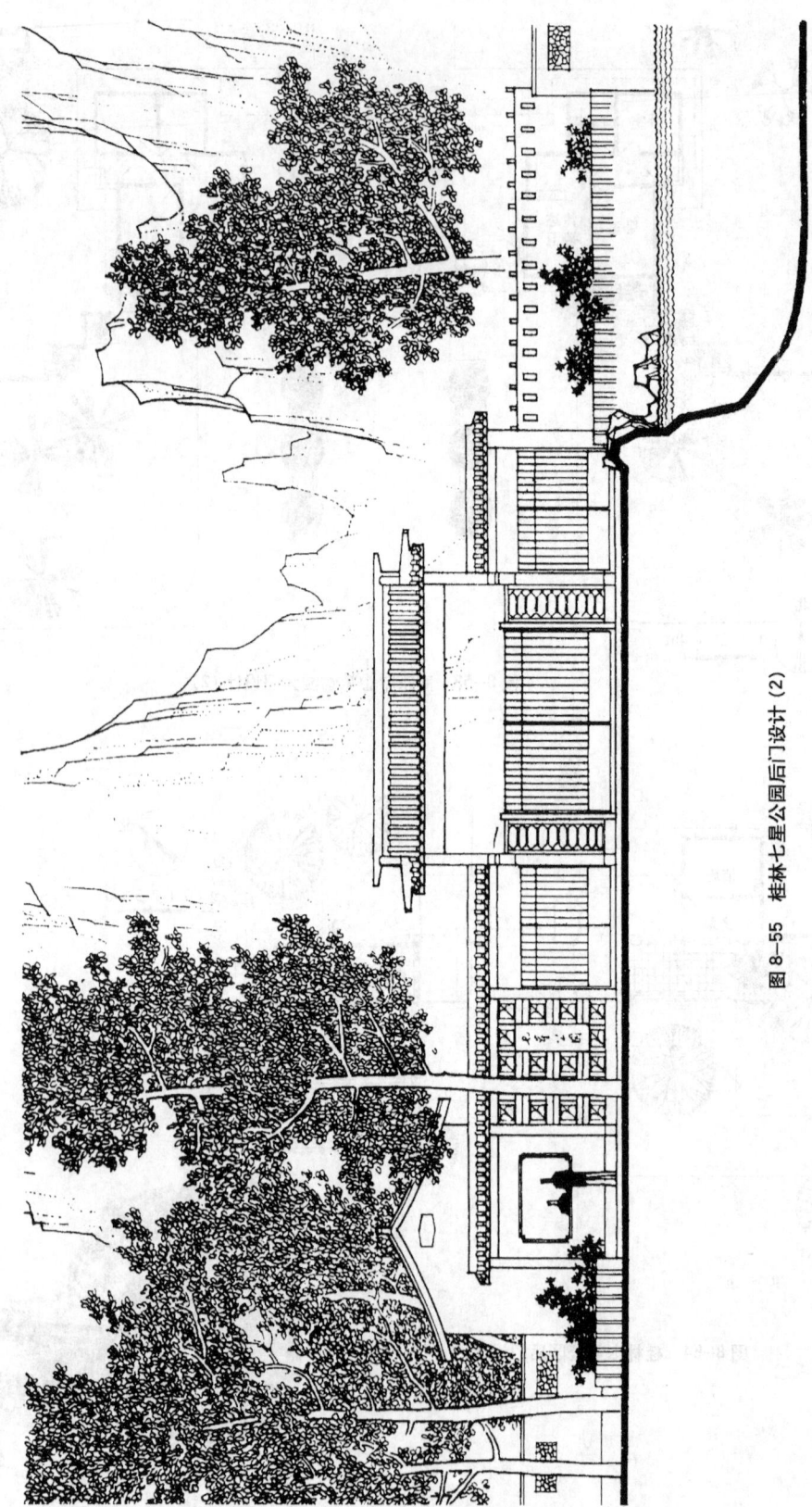

图 8-55 桂林七星公园后门设计 (2)

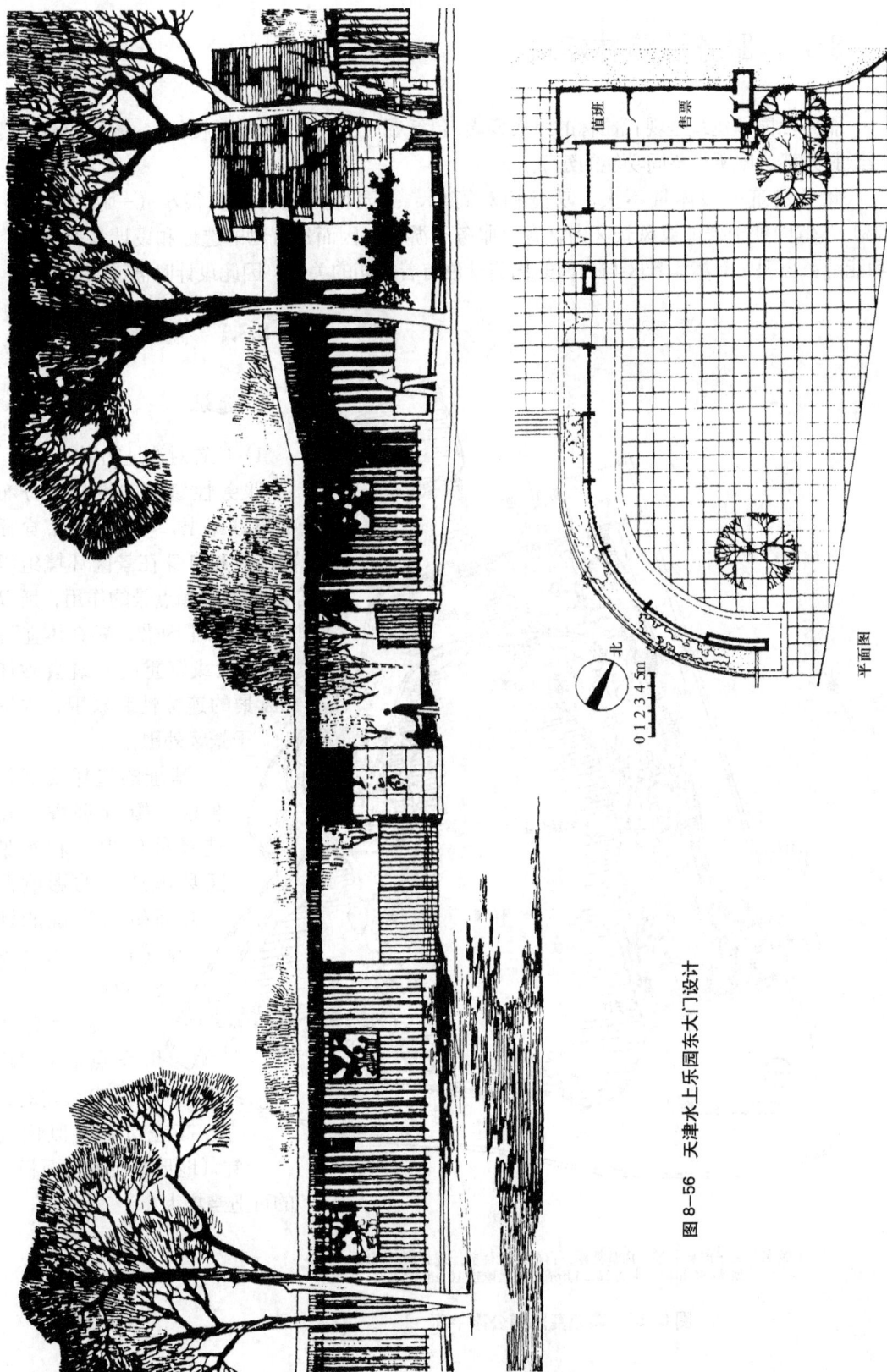

图 8-56 天津水上乐园东大门设计

8.3 服务性园林建筑

服务性园林建筑是现代园林的组成要素,包括餐厅、茶室、小吃部、接待室、旅馆、小卖部、摄影服务部、厕所等不同功能的建筑。

此类建筑一般体量不大,功能相对简单,占园林用地的比例很小(一般约2%~8%),但因处于公园或风景区内,直接服务于游人,因而建筑物的选址和设计是否得当、功能是否合理,对增添景区与公园的优美景色有着密切的关系,因此设计时需谨慎对待。

8.3.1 概述

1. 选址

1) 位置对选址的影响

服务性建筑需均匀地分布于游览线路上,与各风景点穿插布置。因其自身在景区环境组织中亦起了控制和点景的作用,所以原则上要"巧于因借,精在体宜"。过于庞大或沉重的建筑会破坏风景的连续性和氛围,宜置于景区外围。

基址的选择要反复推敲,衡量利弊,在选择最佳视点和对景区环境造成的影响两方面做出准确的评估(图8-57,图8-58)。

通常各服务点水平间距为100m左右,高差以10m以内为宜(地形杂或景区面积大的可适当增大)。

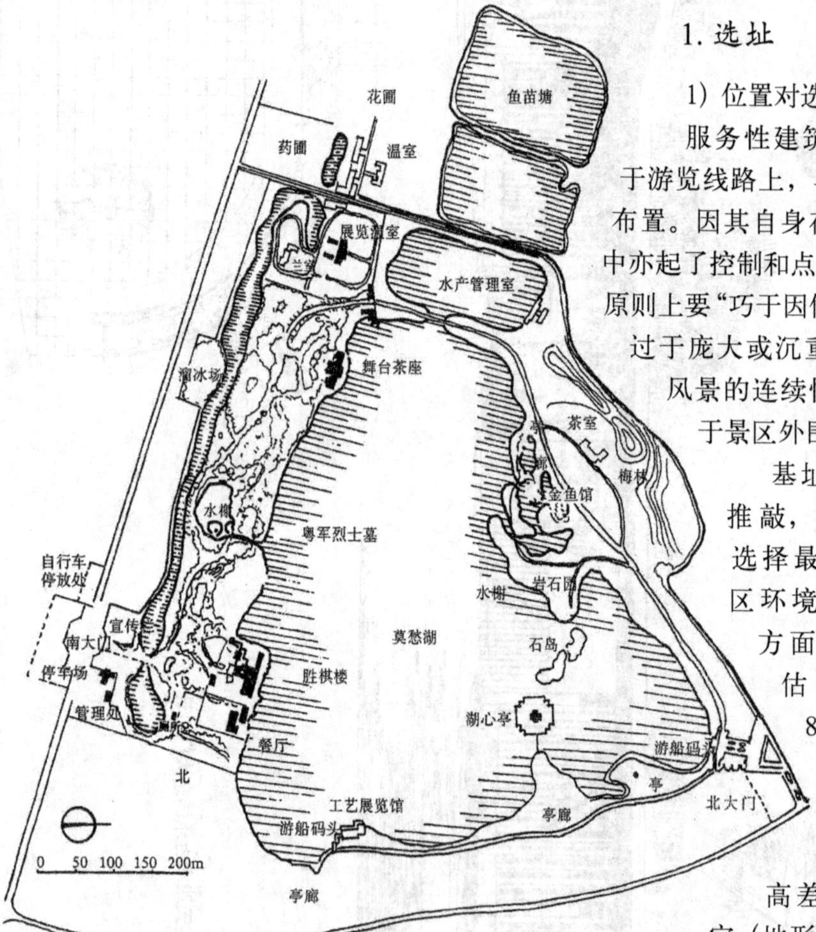

金陵名胜之一的莫愁湖,风景秀丽,自然环境优美。现公园总面积84 hm²。其中:陆地47.46 hm²,水面36.54 hm²,绿化地带10 hm²。

图8-57 南京莫愁湖公园平面

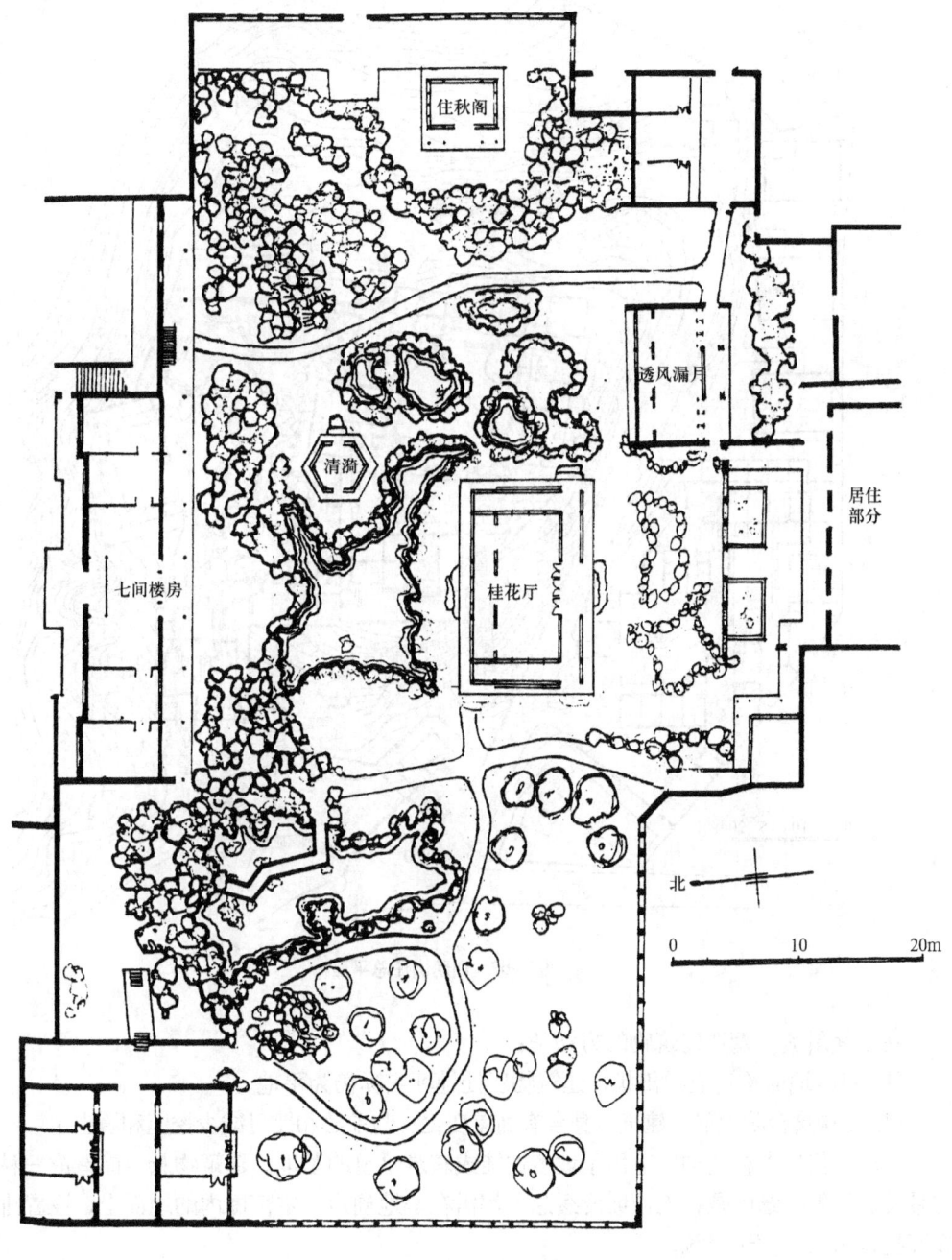

图 8-58 扬州个园平面

2) 地形对选址的影响

地形会影响建筑物和环境之间的观赏、功能及排水。一般说来，将建筑物修建在一个相对平坦的地基上，比将其修建在倾斜或不规则的地形上更容易，更经济。其造价和用于延长使用效用所需的资金都较少。且建筑的布局更加灵活，地基便于挖掘和堆积（图 8-59）。

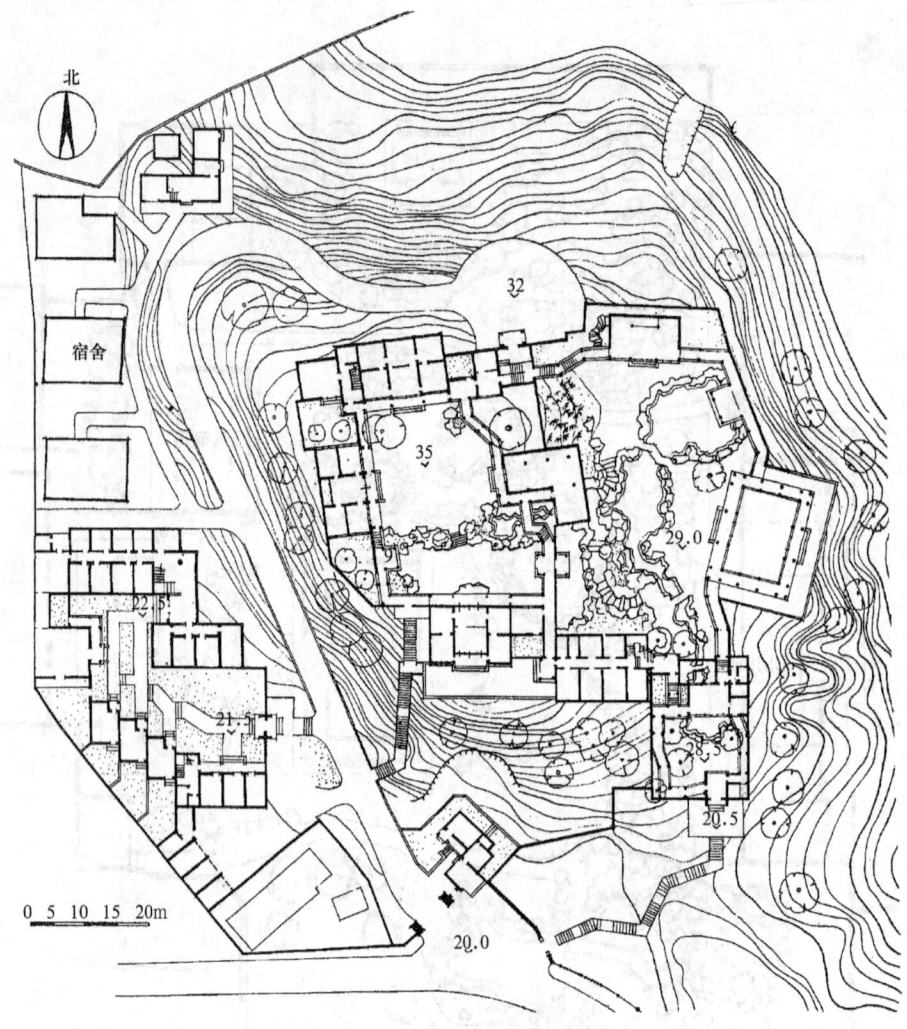

图 8-59 四明山庄总平面

在平缓斜坡上营造建筑物的方法是：

(1) 可将地面构筑成梯田状，建筑物所处地坪实际仍为平地；

(2) 是构筑台阶地形，建筑本身会有高差变化，与前法相比可减少挖土和填土；

(3) 是使用支柱结构，适用于坡度过陡或较难平整的基地。建筑物悬空能造成一种独特的景观。值得注意的是，无论坡度缓急，都需在基地周边一定范围内的地面上，设置排水坡或开挖排水沟，便于截流。

2. 基地

1) 安全性

工程地质的好坏，直接影响房屋安全、基建投资和进度。基地土质需坚实干燥，如基地处于山地，地质复杂，建设时应对滑坡、冲沟、崩塌、断层、岩溶等不良地质现象认真踏勘，并采取相应的措施。此外还需合理组织排水，避免建筑受潮或被急流冲塌。建于险峻悬崖、深渊峡谷间的各项服务性建筑要注意游客的安全，妥善安排各项安全措施，以防止失足、迷向或暴风雨吹袭等所产生的种种意外。

2) 舒适性

基地内须有良好的通风、日照条件，保证游客及工作人员生活的舒适性。

3) 易达性

基地需具备良好的交通条件、距离且高差要适度，以降低游人的疲乏程度、方便游客需求，同时也可解决建筑的水、电配备及后勤供应。

4) 特色性

环境的特色对游客的吸引力关系密切，布点时应尽量发挥环境自身的优越条件，仔细分析所在环境的风景资源及其性质，以表达每一景区的特有风貌。

5) 审美性

风景建筑既为风景区添景，又为游客提供较佳的赏景场所。因而在服务性园林建筑选址时要充分考虑风景区对风景建筑的上述要求。对可借之景如何与建筑基址配合须反复推敲，衡量利弊，同时要正确估计因借对象的景效（包括建筑和自然景色），以获得较理想的借景效果。

当建筑朝向和视野有矛盾时，可采用遮阳、隔热和其他技术手段来满足视野的要求，建筑物如设有空调装置，更应以扩大游客的视野为主。

3. 园林服务性建筑设计原则

1) 组分结合

服务性建筑多分散设置，穿插于各风景点或游览区中。有时几种不同功能的建筑也可串联起来组成若干小庭院，既可创造丰富的建筑空间，又节约用地，便于管理。如杭州"平湖秋月"、苏州"东园"茶室、武汉"水云乡"、北京"紫竹园"水榭、上海西郊公园"留春园"、广州华南植物园蒲江接待室、冰室、花展室等。

风景区各种服务性建筑在功能上不仅要满足游客在饮食和休息等方面的要求，同时它们往往也是园中各景区借景的焦点和赏景的较佳点。因此这些风景建筑无论在体形、体量和风格等方面都要从全园的总体布置出发，在空间组织上使之能相互协调，彼此呼应。

2) 因地制宜

风景建筑设计贵在与地形、地貌有机结合，相辅相成，结成整体，达到人工与自然的统一。因此风景建筑的构图可视作特定地形、环境的产物。基址选定后，要对其中有价值的一草一木、一水一石给予充分保护和利用。发挥积极的有利因素，改造消极的不利因素，达到建筑与基地的完美结合。如桂林七星公园小广寒宫位于月牙山北面山腰，隐于凹入的月牙岩内。建筑采用水平线构图，造型精巧，酷似月牙岩的浮雕。襟江阁则位于凸出的巨石之巅。在对比上用以强化垂直构图。两建筑以傍山而筑的弧形悬梯相连，宛似云霄彩带。这组建筑结合特定的地形，强化了地貌，一藏一露，一横一竖，对比运用得宜，空间构图极富动感，收到了诱导游客"探胜"的效果。

3) 妥善隐蔽

对于建筑的某些附属用房如厨房、堆场、杂物院等对景观不利的因素在总体布置时要防止损害景观资源，合理隐蔽，并妥善解决后勤、交通、噪音、三废等问题，防止对环境的污染。

4) 明确主从

风景区建筑除考虑建筑自身的使用功能外，还要注意建筑在景区序列空间中所产生的构图作用，处理好与自然景色的主从关系，明确自然为主，建筑为辅的原则。在整个风景区的建设中应以自然景色为主，建筑宜起点缀作用。从某种意义上讲，建筑存在的目的首先是衬托主景，突出主景，装点自然，然后才是个体形象的建筑处理。在风景区中出现压倒自然的建筑物，不论其自身形象处理得如何成功，从总体景效来说，终属败笔。如杭州西湖"西泠印社"原是一群小品建筑，依山而建，富有情趣。近年在山麓"西泠印社"旁新建餐馆"楼外楼"，巨大的体量对孤山轻盈的体态亦不相称。

5) 协调统一

建筑的体型选择、体量大小、色彩配置、材料选择、细部设计等各方面都要与所在环境相协调，浑然一体。若与旧建筑比邻，需保持一定间距，避免破坏原有环境的气氛与格调。如在景区中确需兴建较大规模的建筑，则应遵循"宜小不宜大、宜散不宜聚、宜藏不宜露"等原则，切忌损害环境，压倒自然。如因某种功能需要而兴建较大规模的服务性建筑时，其基址一般应选在景区外，既可避免大体量建筑倾压自然，又可减小彼此间的干扰。

6) 利于赏景

风景区内的建筑在起点景（添景）作用的同时，也要为游客赏景创造一定的条件。分析不同景象的视角、视距，寻求最佳的视点，创造良好视野。设计时要树立全局观念，不能顾此失彼，只注意创造新建筑的赏景条件，而忽略建筑自身对毗邻景点视线的障碍。

如广州西樵山主要景区白云洞，瀑布"飞流千尺"即在这洞天胜地深处。昔日从这危石凌空，飞瀑溅响的洞天往外眺望，周围林木葱茏，视野开阔。洞内外动静对比、明暗对比异常，倍添"飞流"磅礴的气势和洞天的挺拔幽深。

7) 内外渗透

这是指进行建筑单体设计时，建筑室内空间与室外环境间的交融渗透。这里建筑本身已经成为景观环境的有机组成部分，理应与环境形成紧密而非松散，交互而非独立，有机而非无关联，融合而非隔断的关系。故设计园林建筑时，一般采用下列手法：

(1) 设计中应避免建筑产生简单、封闭、盒状的外部轮廓，允许部分空间内外交错，模糊建筑与环境间的分界线。

(2) 在功能允许的前提下，最大限度地增加开窗面积，以增加室内外的视觉连续性。

(3) 增加室内外的过渡空间，以减小突变，缓和内外冲突。过渡空间可以通过悬挑入口、加大挑檐、设柱廊、挑阳台等建筑手法实行，也可以通过植物、围墙、土丘以及独特的铺装形式，部分地勾画出建筑物外的区域来构成（图8-60）。

图8-60 内外渗透效果

8.3.2 服务性建筑的设计

1. 接待室

风景区或城市园林中常设有一个或多个专用接待室,以接待贵宾或旅游团体,供宾客休息或赏景。因此在选址时多结合风景点或主要活动区,创造一种宁静优雅的空间环境。接待用房有时和工作间、行政用房一起统一安排,兼有承担园林管理的功能。

首先,接待室设计时应因地制宜,或跨于悬崖,或临于水面,或丛林掩映,天然成趣。单层接待用房通过水平方向组织交通,多采用庭院式布局,可进行多院落的组合穿插;多层接待室常将小卖、餐饮等人流多、交通复杂、紧密的内容置于一层,而将接室待等要求宁静和观景位置佳的部分置于其上。

桂林伏波山接待室筑于陡坡悬崖,借岩成势,因势成屋。楼分两层供贵宾休息、赏景用。建筑室内空间虽较简单,但利用山岩半壁,与入口前之悬崖陡壁相互渗透,颇富野趣。由于楼筑山腰,居高临下视野开阔,凭栏远眺,漓江胜景饱览无遗。

其次,应突出主题,吻合园意。广州兰圃是以兰花为主题的专业性花园,它虽临闹市,但经造园这一番经营,却成为一个浮香储秀,闹处寻幽的好去处。由"兰圃"景门折西,跨小石板桥便是兰圃阴生植物棚的接待室。室前临池,侧依小溪,平台卧波,清流咽石,绿荫曲径,环境幽雅。室内巧置兰草数丛,窗前品茗,兰香沁人肺腑。建筑室内外空间虚实相映,墙垣质感对比强烈,色彩明快和谐。墙面分青砖、粉墙或石壁,形朴质雅,颇为得体。幽旷野趣的建筑风格与兰花生长环境的相互协调,是吻合兰圃的主题的。

最后,设计师应发挥环境特点,创造丰富空间。广州西苑接待室"回波水榭"位于园西末端,为贵宾游园休息、品茗赏景或即兴挥毫的活动场所。此接待室虽位于园之一端,但由于巧借流花湖,视野开阔,环境十分绮丽。回波水榭外形淡雅、清新、明快,高低错落的内庭辟有竹兰石景。步入静室,东窗框景现出"越秀剪影";凌波平台可鉴湖面波光;绕过竹兰小院,拾级到书画间,但见窗明几净,简朴典雅、风流。

有些接待室环境虽平庸,但只要善于构思,经营得体亦可创造出较佳的内部空间。通过方中求曲、活泼多变的空间处理和精心经营的绿化配置,同样可以取得良好的空间艺术效果。

2. 茶室

为游客提供方便的饮宴条件也是风景区或城市园林的重要建设内容,茶室建筑近年来已逐渐成为一项重要设施,外观多体现地方特色。

园林中的茶室多以馆、轩、楼、榭、舫或亭廊等建筑形式出现。布局与设计时应多注意结合环境,创造出既有服务功能,又有点景与观景作用的园林建筑形式。因旅游受季节影响有淡季、旺季之别,茶室的数量和座位要合理设置,在旺季结合敞厅、花架、廊道布置散座,结合部分外卖等,采取多种服务方式,力求经济合理。

1) 位置经营

为方便游客,应配合游览路线布置茶室。在一般公园里,茶室应与各景区保持适当距离,避免抢景、压景而又能便于交通联系。建筑位置经营适当还能达到组织风景的作用。

在中等规模的公园里，茶室建筑宜布置在人流活动较集中的地方。建筑地段一般要交通方便、地势开阔，以适应客流高峰期的需要，也有利于管理和供应。为吸引更多的游客，基址所在的环境应考虑观景与点景的作用，如天津水上公园茶室。有些茶室建筑为取得幽静的环境，将建筑物略偏于主园道，如广州烈士陵园茶廊、广州文化公园茶廊等。

在规模较大的风景区，为方便远道而来的游客，亦有设置规模较大、设备较完善的生活服务点，以供游客食宿。在各景区则分设一些茶室、冰室等，在总体布局上形成一个完善的服务网。结合游览线布置茶室，还可以使富有动态的茶室和园中其他宁静的游览区交替出现，使园林空间序列富有节奏感。

在位置经营方面要注意下列两种不良倾向：一是设施不宜过于集中，二是选址不宜过于偏僻。

2) 建筑与客流量

茶室客流量的变化因素不独与公园规模、设施有关，即使在同一城市，因季节、假日和园外服务网之不同，也会产生极大的差异。在建筑处理上为解决客流量的变化，一般采用下列几种方式：

(1) 多种经营　在出现客流最高峰时，采取多种经营方式，如小卖、外卖等。

(2) 分区布置　建筑布局应按不同服务对象与服务特点，将营业用地分区处理。人流较多的一般服务点宜设于底层或靠近入口处，以求交通线短，进出快捷。单间雅座则设于楼上或底层一隅，以减小彼此间的干扰，获取幽静的环境。较高级的营业小厅还可专设小院。

(3) 内外结合　采取基本营业厅与敞厅、外廊的散座区相结合的方式是解决客流量变化幅度大的有效措施。如有条件的亦可通过庭园空间组成露天的营业区。营业厅容量可按日常平均游客数量来计算。当旅游旺季客量增多时，则开放敞厅、廊座和庭园露天散座，以满足客流量高峰的需要。

广州流花公园改建的音乐茶座由大厅、小厅、廊座和露天散座等组成，茶座通透开敞，室内外可打成一片，给人以明快清新之感。室内品茗，四周景色宜人。茶座旁的地坪在客流量较大时也可增加座位，扩大营业面积。这种内外结合的方式对于夏季时间较长的南方地区尤为适合。在建筑处理上采用内外结合的方式，除使用灵活外，亦有利于丰富建筑的空间层次，促进建筑与庭园空间的相互渗透，添增园林气氛。广州越秀公园改建的金印青少年游乐场茶室，营业部分由前厅、廊座和后厅组成，前厅面临规整的水池、草坪和花圃，环境宁静幽雅；中庭以绿地为主，添以多边形水池与小品等，富有动感；后厅筑有山池，壁山饰土墙，并使之分割和围合空间，形成山野之趣。

3) 隐蔽辅助部分

茶室建筑的隐蔽辅助部分用房和构筑物一般较难与园林风景相协调，极易破坏景区。近年来这类问题由于处理不当，矛盾十分尖锐。要解决好这项功能和建筑形象间的矛盾，主要是充分利用自然环境的特点，因地制宜，合理进行功能分区，并采取绿化和其他的建筑手段，以突出风景建筑的主体，隐蔽辅助部分。

(1) 山地建筑　建于山麓的茶室，其辅助部分宜设于靠山一侧或视野死角，务求隐蔽，以利于生产加工，后勤供应，交通运输，对外联系和"三废"处理。

设于山腰规模不大的茶座、冰室等，一般使用功能较简单，辅助面积较小，往往由于地势狭窄，多利用底层或洞穴作辅助部分，楼上挑出回廊，有利于游客赏景，加强建筑悬岩气氛又可隐蔽辅助部分。采用这种"下望上是楼,山半疑为平屋"的半山腰形式者较多,如柳州鱼峰山茶室、桂林伏波楼、广州白云山一峰茶室和"云岩"茶室等。

在风景区的点景布置中,有些将艺术性较强的建筑设于山巅,以利于观景和点景。

(2) 临水建筑 临水建筑形式多样,有傍水、跨水、四周濒水等。此类建筑多以水榭敞轩形式半支于沧浪中,半筑在驳岸上。主体建筑临水、取其便于赏景,辅助部分设于岸上,则取其易与绿篱、墙垣等障景相配,更有利于排污。

如水面不大,一带湾流,也可以考虑结合环境,把茶室、冰室等小体量的建筑驾于濠濮之上,紧贴浮萍。这类跨水建筑,其辅助部分宜设岸际,以免污染水面。

(3) 平地建筑 建于平地的茶室建筑为便于隐蔽其辅助部分,应尽量倚角处理,主体面向景区,把辅助部分障于主体之后。

设于园中心的茶室,辅助部分难以利用视野死角掩蔽,一般利用院墙和辅助部分用房组成杂物院,再加以绿化做障景。辅助设施除了考虑其对内部庭园空间的影响外,对外部空间和环境的影响亦很重要。

在城市或园林风景区,对一些构筑物或辅助性建筑要求有一定的艺术形象以满足景观要求。此时,可把这类单功能的构筑物辅以新的内容,从而使建筑物形象焕然一新。

4) 建筑造型与空间组织

点景是风景区茶室建筑的精神功能。要强化这种精神功能的作用则要根据不同地区的气候条件,不同环境的具体情况,因地制宜,结合功能要求仔细推敲其建筑造型与空间组织,切忌千篇一律的单调形象,以免削弱点景的作用。

(1) 湖心建筑 多取舫意。低濒水面,紧贴浮萍,襟江敞阁,是宾客揽胜登临的好场所。由于建筑居湖心,故对建筑各面造型均需仔细推敲,根据游览路线和建筑环境在眺望上的要求,对主要立面要做重点处理。这类建筑造型多采用榭舫和楼船等形式,以取临湖之意(图8-61)。

(2) 临水建筑 临水建筑包括跨水建筑和濒水建筑。不同的水局,建筑风采亦因之而异。"临溪越池,虚阁堪支,夹巷借天,浮廊可度",说的是溪涧水局,可跨水筑虚阁。如是夹巷,可凌空设浮廊。

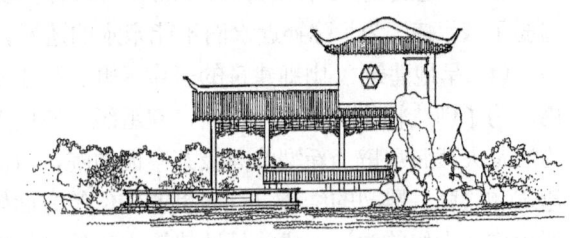

北立面

东立面

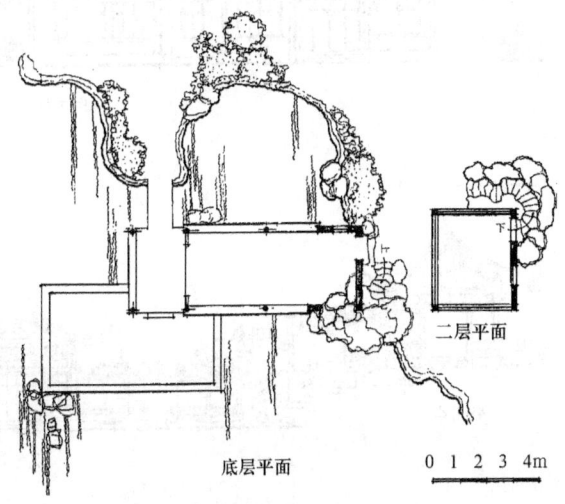

图8-61 鹭舫平面、立面

在临水建筑中，多属面临较宽阔的水域，这类建筑宜向湖面铺开，常采用厅、榭、亭、台等艺术形象去组织轮廓丰富的建筑空间。如杭州"平湖秋月""花港观鱼"茶室、杭州植物园茶室、广州白云山冰室（凌香阁）等。

一些规模较大、内容较多的临水建筑也可组织廊、亭、榭和小堤穿插于湖面，或另行组织岸际庭园空间使临水建筑得以两面成景。特别对于进深较大的临水建筑，增加岸际庭园，丰富空间层次，多面对景，其作用更大。如天津水上公园茶室，结合岸形插入湖中，冰室则临水开放。茶室和冰室间设有防风堤，堤端设花架。茶室、冰室南面临湖，背面利用原有坡地加高作小丘，院内设水池、方亭，形成一个通往茶室的半封闭的过渡空间。茶室和冰室的联系体景门，沟通了南面防风堤、花架和北面的庭园。

（3）岸边建筑　此类建筑大多隔开水面有一段距离，加上绿化和来往游人对视野的干扰，削弱了亲水感。为了弥补近水而不能亲水的遗憾，应组织内庭空间，如桂林七星岩驼峰茶室。

（4）旱地建筑　山地建筑的岩崖绿野，临水建筑的漪澜飘香，在选址上都能利用自然景色。为了创造较佳的室内外空间，宜组织一些内聚性的庭园空间。广州文化公园近年把新建的展览大楼底层辟为新型的高级茶亭园中院，对庭园主体的刻划，室内外庭园空间的组织，建筑和绘画、雕塑的结合以及意境的创作等方面做出了可贵的探索，对庭园空间的传统与革新也作了大胆的尝试，成为旱地建筑中巧妙利用内聚性庭园空间的佳作。

在建筑造型和空间组织方面，比例与尺度对景效亦有密切的影响。

南京古林公园的牡丹园茶室充分利用了所处位置的地形高差，将牡丹亭置于比茶室和小卖部高3m的坡地上，起着点景和观景的双重作用。曲折有致的廊道将三者联系起来，既丰富了立面层次，又增加了内部空间的变化，游览中步移景异，体现了中国古典园林建筑的历时性感受（图8-62，图8-63）。

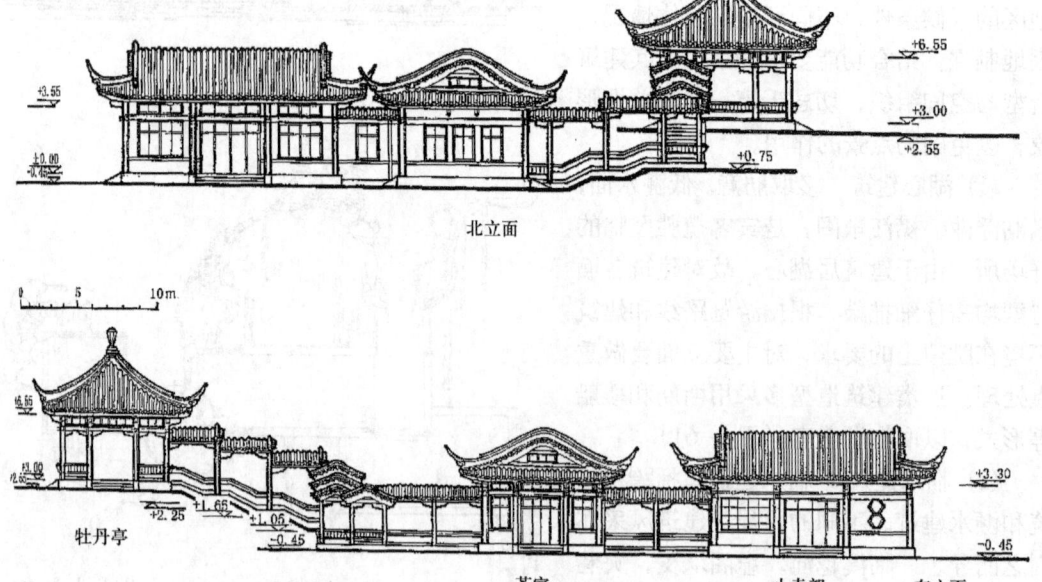

图8-62　牡丹园茶室立面图

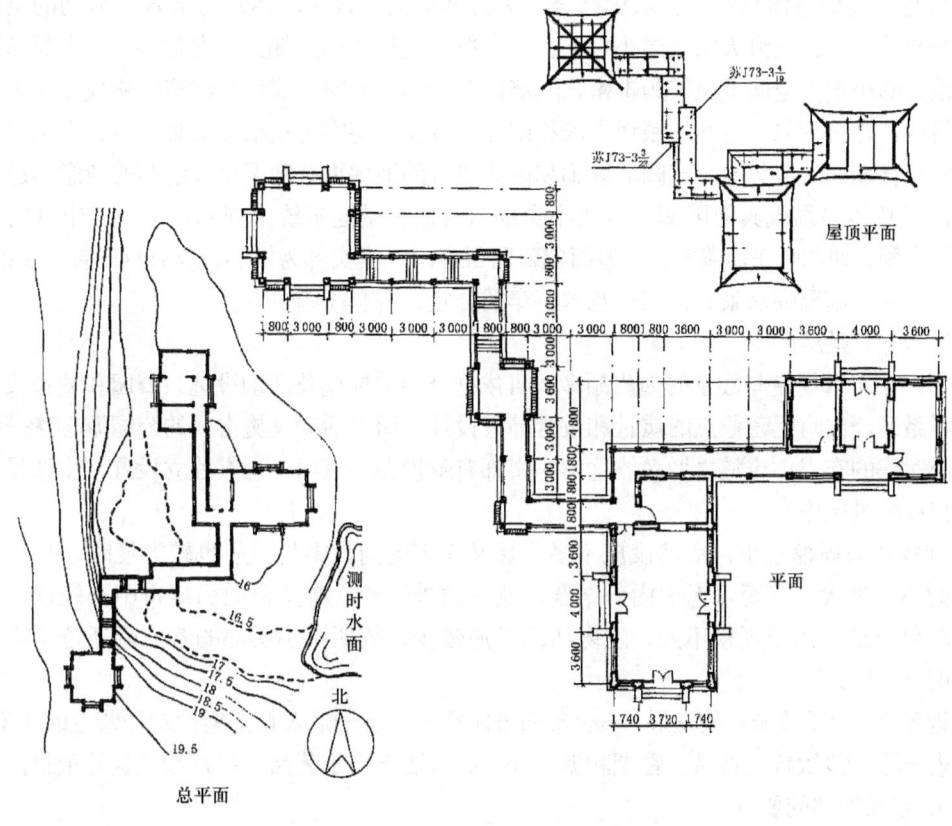

图 8-63 牡丹园茶室平面图

南京莫愁湖公园将茶室和演出舞台有机地结合起来,使游客在休憩之余能观看到精彩的演出,丰富了建筑的功能,不失为建筑设计可持续发展的一种方法。

福州西湖景点茶室包括茶室,小卖部和值班室,开水间等辅助用房,该建筑在平面布局,内庭空间处理和立面造型,单体设计等方面经一番深入构思,吸取了福建民居的形式风格,达到了树亭巧构,尽入自然的效果。

3. 小卖部

风景区或城市园林中的小卖部主要为游客的零星购物服务,有时也经营一些土特产品和工艺品,常结合一些景点或休息点分散设置,或结合入口和附近的接待室、餐厅、茶室,形式较为自由。

1) 设置形式

有些小卖部是附设在接待室、茶室或冰室内的,如桂林芦笛岩水榭,南京玄武湖白苑。这类小卖部的位置在营业厅内有作倚角处理,也有靠近入口和收款处统一安排,如南宁人民公园冰室、湛江海滨公园冰室、杭州灵隐冷泉茶室。也有毗邻营业大厅独立设置,如广州东郊公园冰室、广州晓港公园小卖部、茶座、天津水上公园茶座、广州流花冰室、小卖部等。小卖部作独立设置较便于经营管理,景观眺望亦易取得良好的效果。

有些小卖部与休息敞厅、敞廊结合，为游客提供了较佳的休息与赏景等活动的空间。如上海南丹公园、上海天山公园小卖部、广州白云山麓湖小卖部、休息廊等。上海长风公园临湖设置的小卖部空间组织较为丰富，院墙设有景门、景窗、墙垣与建筑物构成了较丰富的建筑轮廓，建筑形象与宽阔的银锄湖滨相配亦称得体。游客可在临湖的廊、亭、台上赏景饮食，在节日期间人流集中，宽阔的敞廊和浓荫覆盖的地坪更有利于众多游客的随意休憩。

由于总体布局或其他因素，有些小卖部与其他风景建筑统一规划，组成较丰富的建筑室内外空间。如苏州东园茶室。上海西郊公园留春园以小卖部为核心，东南西三向各设茶厅，以敞廊相连。庭园临水景石、园道花木，穿插合宜，富有江南情调。

2) 规模与位置

影响小卖部规模与数量的因素颇多，可依据公园的规模及活动设施、公园和城市关系、交通联系、公园附近营业点的质量和数量等来设计。园内活动设施丰富的公园游客量一般较多，小卖部的布点亦应随之增多。这类小卖部有附设在茶室内，也有独立设置，多选择在游人较集中的景区中心。

有些公园规模较小，活动设施不多，且又在市区内，零售供应也较方便时，小卖部的规模则不宜过大，甚至可考虑内外结合，兼对园外营业。有些公园虽离市中心较远，周围亦欠缺供应点，由于规模不大，院内活动设施较少，故所设小卖部的营业额还是不高，如上海南丹公园。

近年来，由于旅游业的发展，不少市内公园亦于公园干道入口处增设对外营业的小卖部，营业内容除一般饮料、食品、香烟和糖果外，有些还增设工艺品、花卉和盆景等项目。

3) 空间处理的要点

(1) 餐厅的入口应宽些，避免人流受阻。大型的较正式餐厅可设客人等候处。入口通道应直通柜台或接待台。

(2) 餐桌形式应根据客人对象而定；零散客人为主的宜用四人桌，以团体人员为主的可设置六人以上的席位。

(3) 在以便餐为主的餐馆，可设柜台席。

(4) 由于食品烹调方式不同，厨房可根据具体情况确定是否向客席区敞开。

(5) 服务台的位置应根据客席布局而定。

附桌椅尺寸及用餐空间尺寸图（图 8-64～图 8-66）

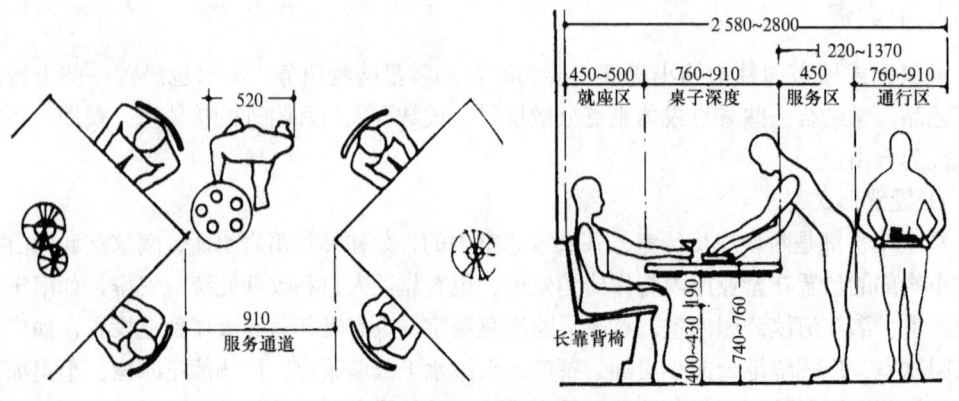

图 8-64 服务通道与桌椅之间作业示意图 (1)

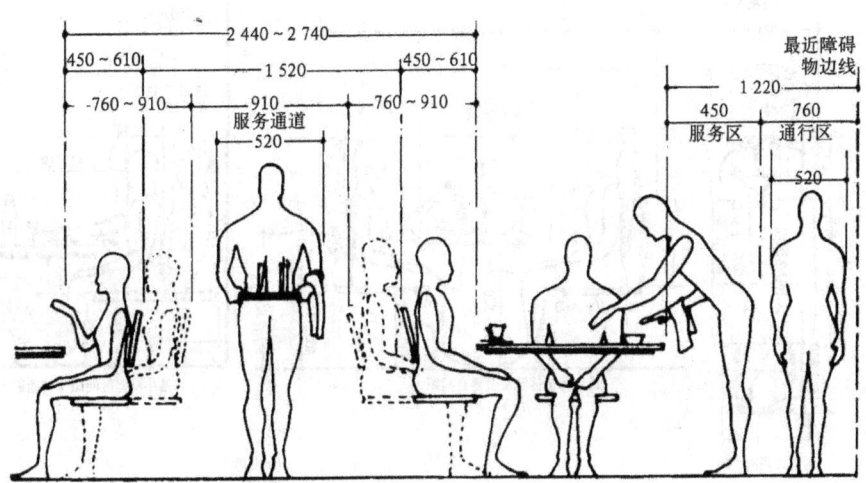

图 8-65 服务通道与桌椅尺寸示意图 (2)

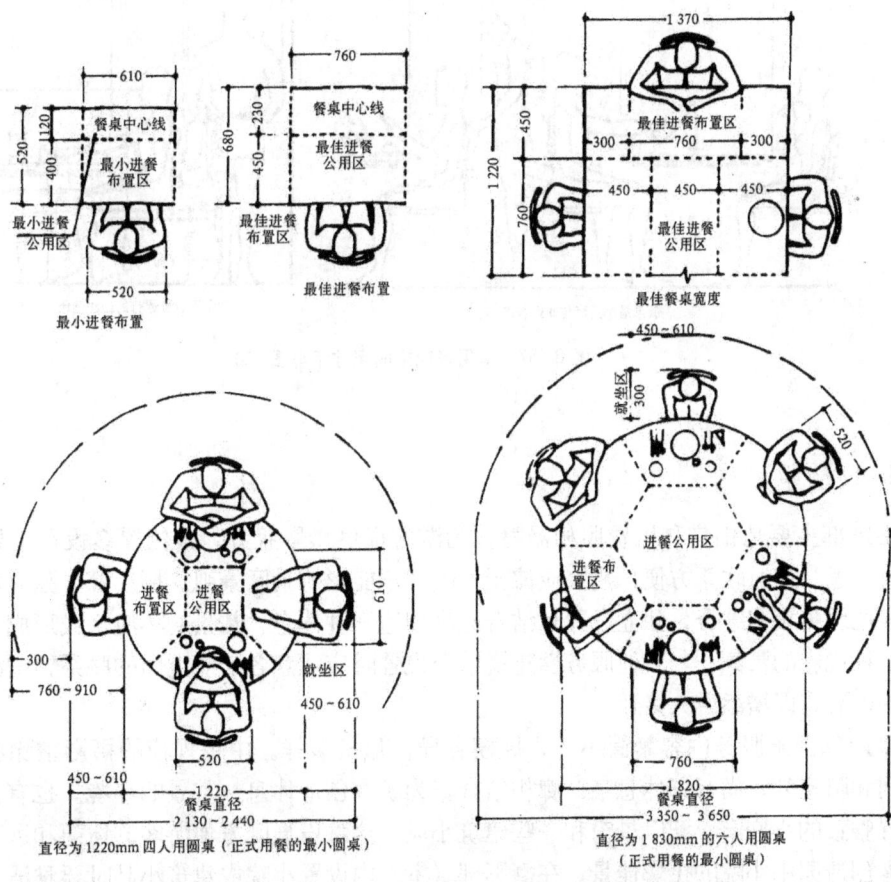

图 8-66 常用餐饮空间尺寸示意图 (1)

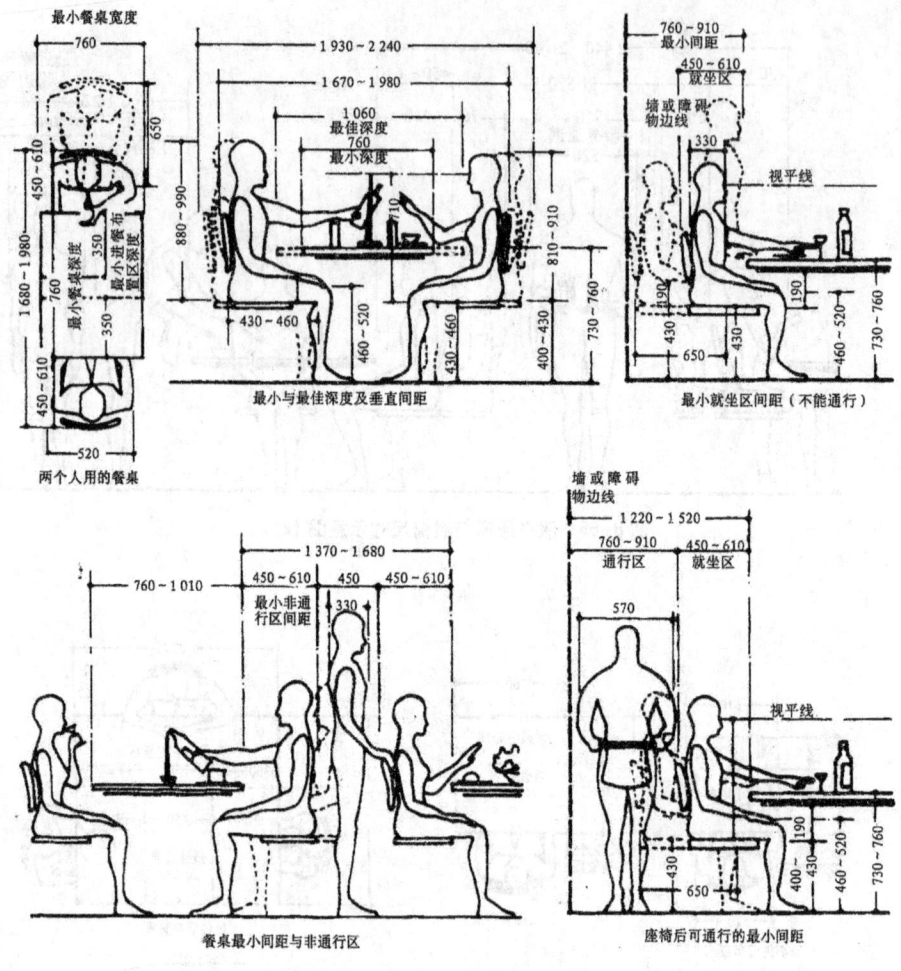

图 8-67 常用餐饮空间尺寸示意图（2）

4. 摄影部

摄影部主要是销售和租赁照相器材，为游客提供摄影服务。其位置多设在主要景点或主入口附近，交通联系方便，建筑应偏于一隅，不能影响景区景观。摄影部可独立设置，也可与其他服务设施结合，独立设置时结合庭廊创造一种休息、赏景的环境，或形成小庭院，创造一种优雅的气氛。与其他服务性建筑结合设置时应注意各功能空间的联系，增添休息与观景的内容，以增添游人兴致。

摄影部由于服务内容繁简不一，规模各异，形式多样。中等规模的摄影室除服务台、工作间和暗室外，尚有与休息亭、廊相结合，为游客创造休息、赏景的环境。也有在摄影部里设置雅致的小庭园，配以景窗和一些建筑小品。这种设施既方便游客的休憩和远眺，又可为游客创造园中小院的摄影佳景。在摄影部（室）内设置小院或建筑小品时要雅洁、明快。

摄影部除独立设置外尚有和其他类型小品建筑串联组合的，如武汉东湖公园"水云乡"的摄影部，通过游廊和水云乡主体建筑冷饮部相连，形成有对比、有起伏的建筑体型。

天然的游泳池和临水的水榭，宽阔的湖光山色和较丰富的景观性室内外空间均有利于摄影部的经营。

5. 游船码头

游船码头是提供游客上下船的所在，同时兼有供游客休息，赏景的功能，在设计时应该注意以下几方面：

1) 游艇的类型

（1）交通游览船　具有辽阔水域的风景区或公园，如无锡的太湖、武汉的东湖、杭州的西湖、云南的滇池等，它们不仅在陆地或半岛有众多的游览点，而且在湖心也有不少胜迹，吸引着广大游客，因而这些交通游览船既可解决风景区中各风景点的交通联系，又可在湖中畅览湖光山色，有些甚至可以组织水上的一日游。这类游览船除了满足游客视野要求外，尚需考虑有些船只旅游时间较长，因而要求有舒服的坐位和设置，规模较大的并有餐食供应。

（2）小游艇　在有湖泊的公园里多设有小游艇，规模4人至8人不等，适合各种不同年龄的游客随意泛舟或竞渡。

2) 位置选择

规模较大的交通游览船一般由轮渡码头统一管理。中小型的交通游览船多在湖滨陆地景点处设点，以方便游客往来。小型的游览船如小舢板、水上单车等，在位置选择方面要考虑两个因素，一是尽量设于公园一隅或尽端，以避免众多人流影响园中其他部分的活动。在设计总平面功能时，

（1）要处理好闹、静分区的问题；

（2）要注意游艇码头应设在背风的位置，以减少风浪经常袭击船只，以延长船只的寿命，同时也方便游客的上船、下船。

3) 管理与组成

园内游艇码头上的小游艇或水上单车在使用上受季节性影响较大，在管理上和使用上一般有两种方式。一是游客到票房购票，然后凭票到船艇停泊处对号上船；另一种是二次候船方式，把售票、检票、候艇、上船各环节按不同性质区分开来，如广州白云山麓湖公园游艇码头，这样处理既有利于分开上下船的两股人流，游客在候船时也可在廊亭中休息和远眺。

4) 游船码头的组成

一般营业性的游艇码头的组成较简单，分售票房和维修间两部分，也有在入口处设管理室，作为管理和检票等用。游船码头主要是提供游客上下船的所在，也有结合码头创造一些空间环境供游客休息、赏景。如广州晓港公园游艇码头在水廊上筑亭，底层组成小院和休息平台，二层休息亭可供游客登高凭栏远眺。有些游艇码头和公园其他活动设施统一安排，形成一个活动中心。

在景区内游艇码头的体型空间和组合，与水岸及环境关系十分密切。从其总体而言，要注意建筑与环境结合，以改善建筑的虚实景效及其总体轮廓线。

例如，广州白云山麓湖水域较大，有较长的湖岸线，麓湖游艇码头平面布置结合地形向湖面铺开，建筑大部分支于水中，并采取横线展开，与邻近的水榭、曲桥和鹿鸣酒家相呼应，因而形成了丰富的湖滨建筑轮廓线。

第三部分
园林建筑设计实例

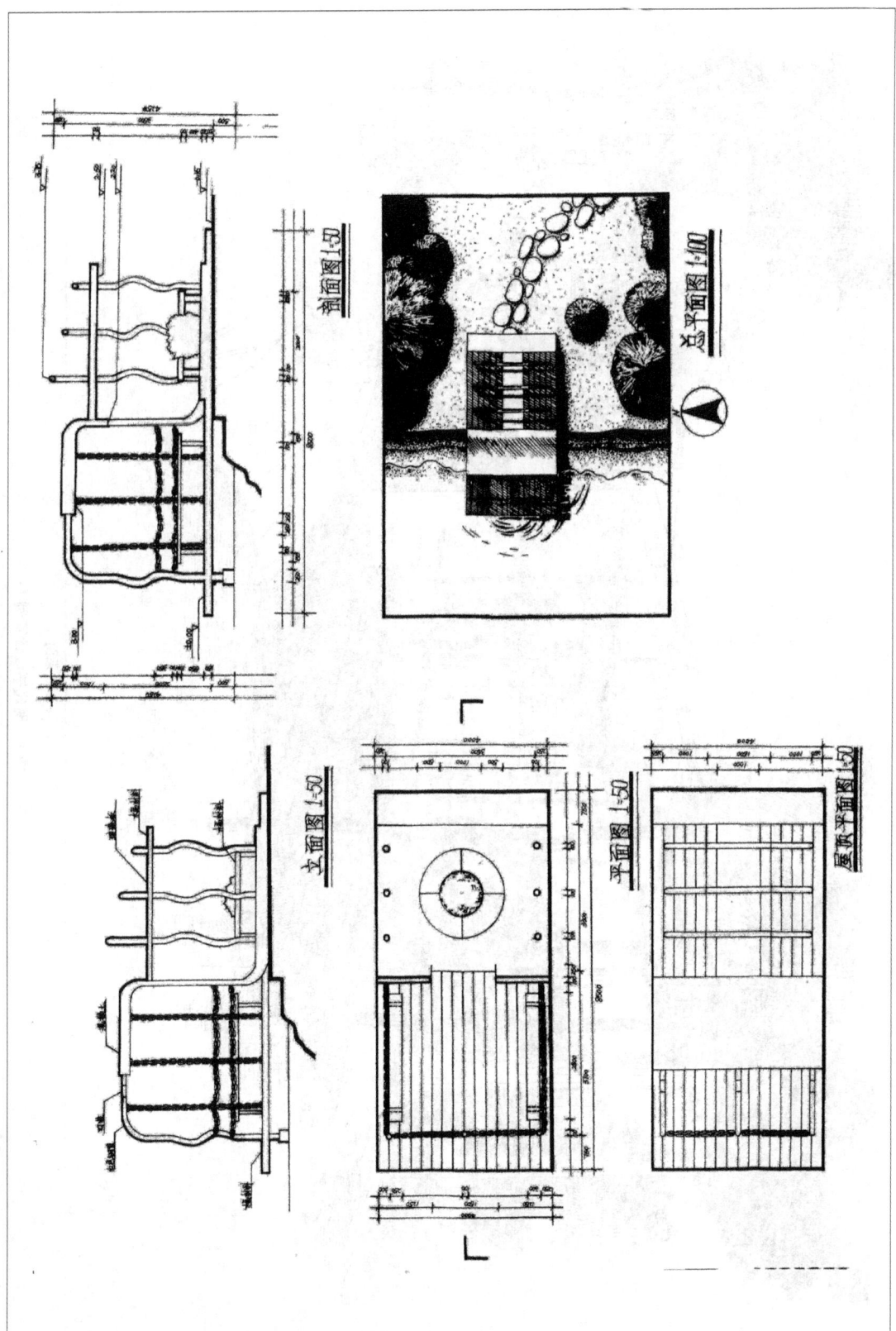

a 立面、平面、剖面图

图1 现代亭设计实例(1)

b 效果图

图 1 现代亭设计实例 (1)

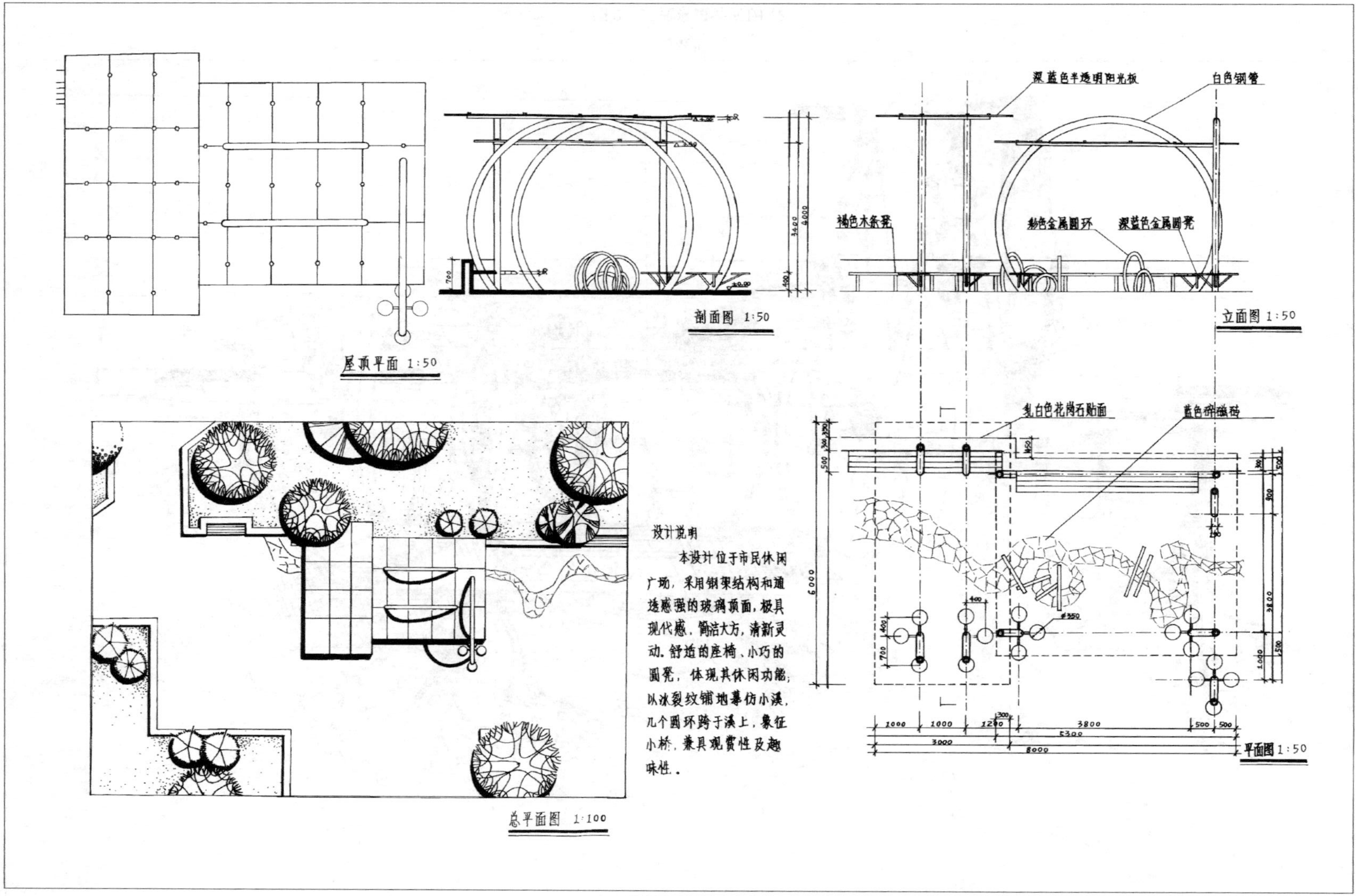
屋顶平面 1:50
剖面图 1:50
深蓝色半透明阳光板
白色钢管
褐色木条凳
粉色金属圆环
深蓝色金属圆凳
立面图 1:50
乳白色花岗石贴面
蓝色碎瓷砖
平面图 1:50
总平面图 1:100
设计说明
本设计位于市民休闲广场，采用钢架结构和通透感强的玻璃顶面，极具现代感，简洁大方，清新灵动。舒适的座椅、小巧的圆凳，体现其休闲功能；以冰裂纹铺地摹仿小溪，几个圆环跨于溪上，象征小桥，兼具观赏性及趣味性。

a 平面、立面、剖面图

图 2 现代亭设计实例 (2)

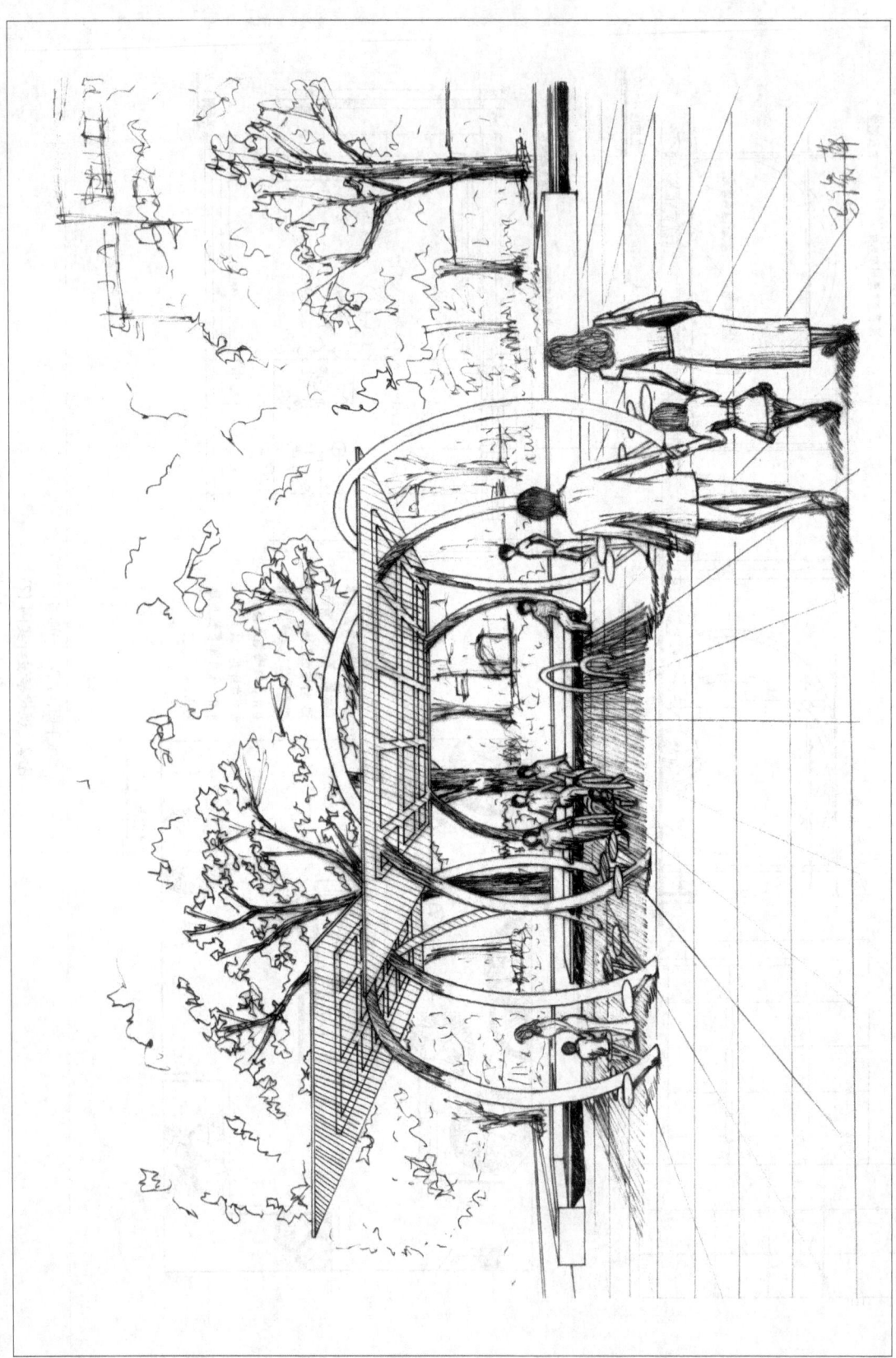

b 效果图

图2 现代亭设计实例(2)

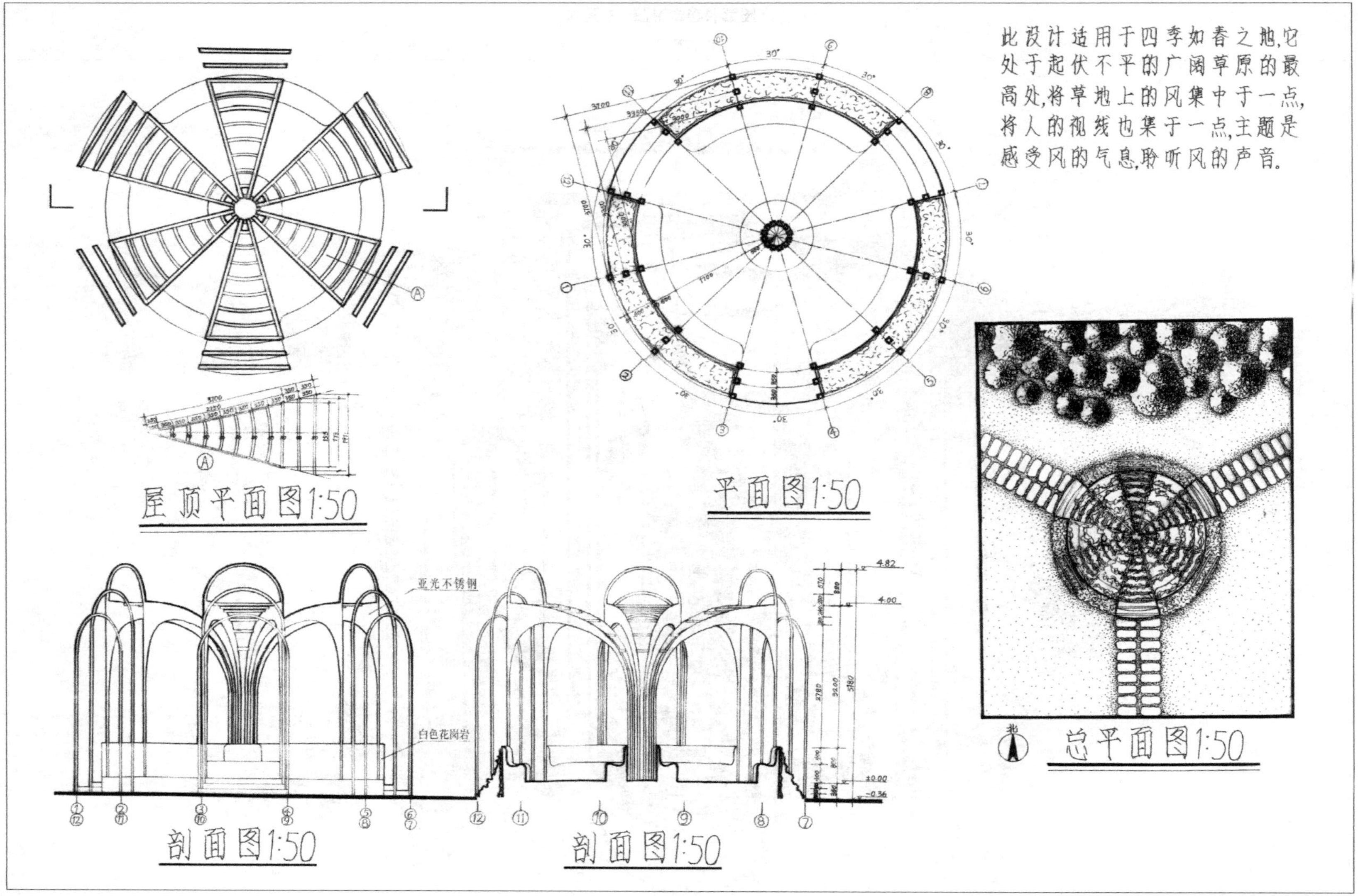
此设计适用于四季如春之地,它处于起伏不平的广阔草原的最高处,将草地上的风集中于一点,将人的视线也集于一点,主题是感受风的气息,聆听风的声音。
屋顶平面图1:50
平面图1:50
总平面图1:50
北
亚光不锈钢
白色花岗岩
剖面图1:50
剖面图1:50
4.82
4.00
±0.00
-0.36

a 平面、剖面图

图3 现代亭设计实例(3)

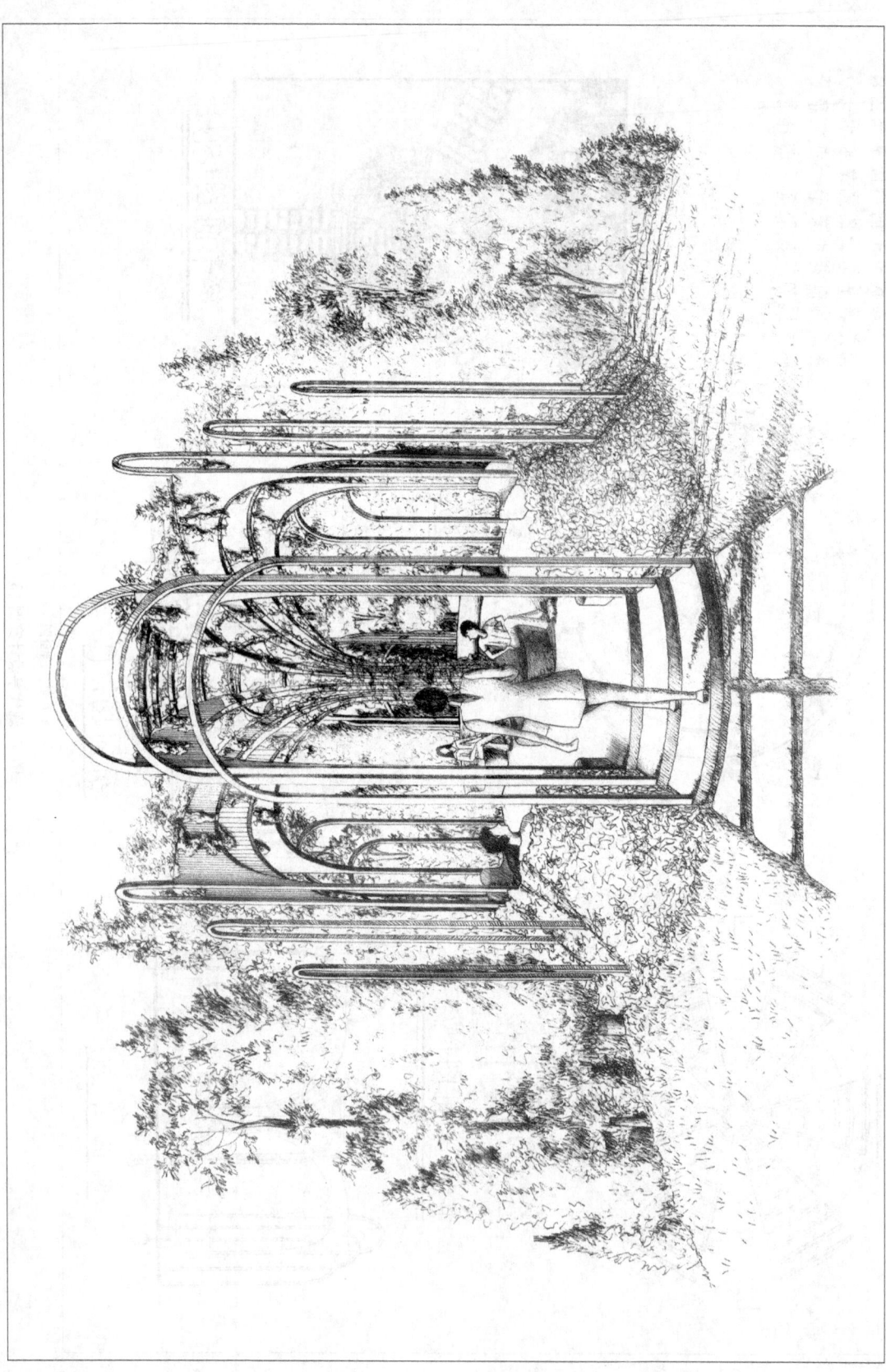

b 效果图

图3 现代亭设计实例(3)

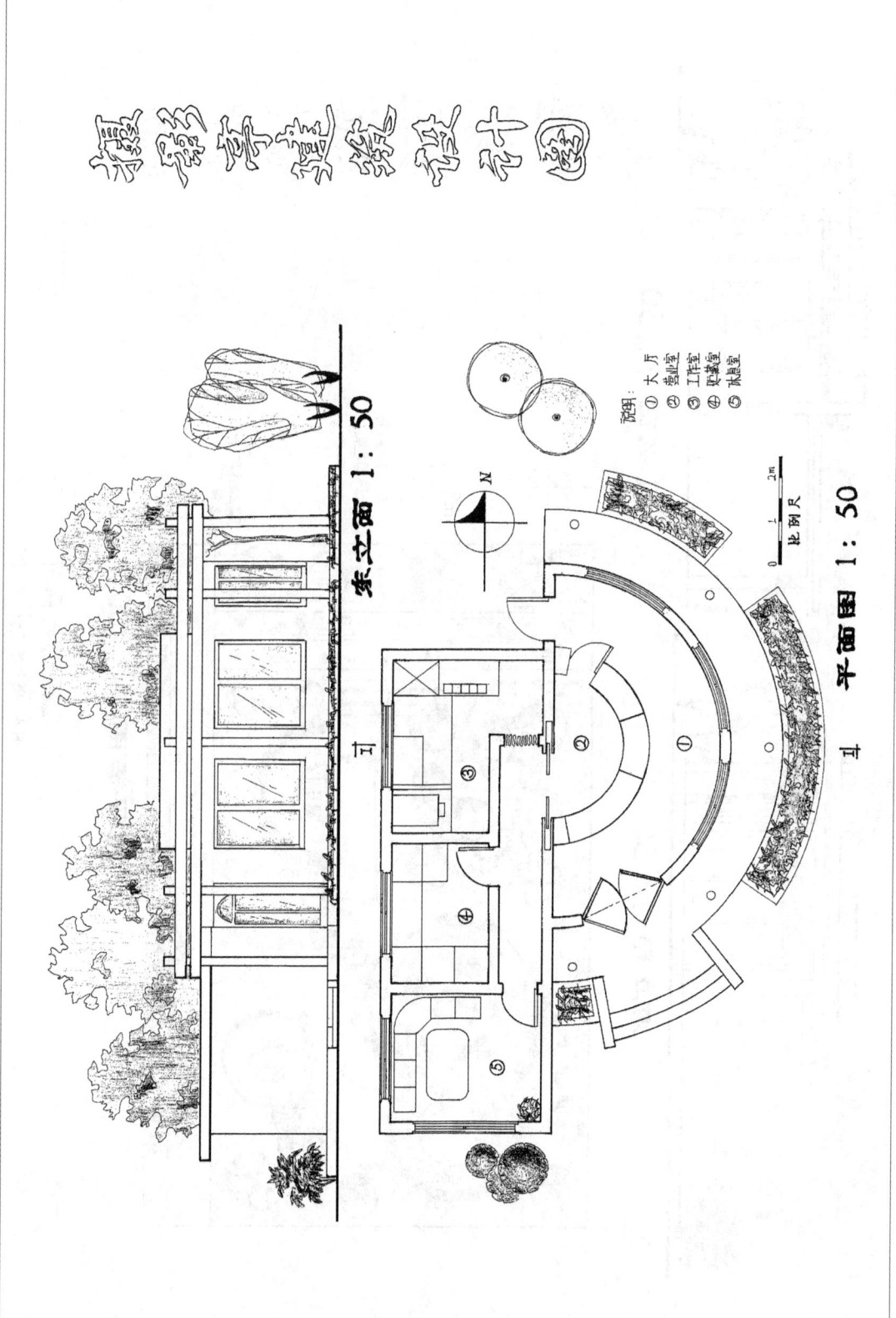

a 平面、立面图

图4 摄影亭设计实例(1)

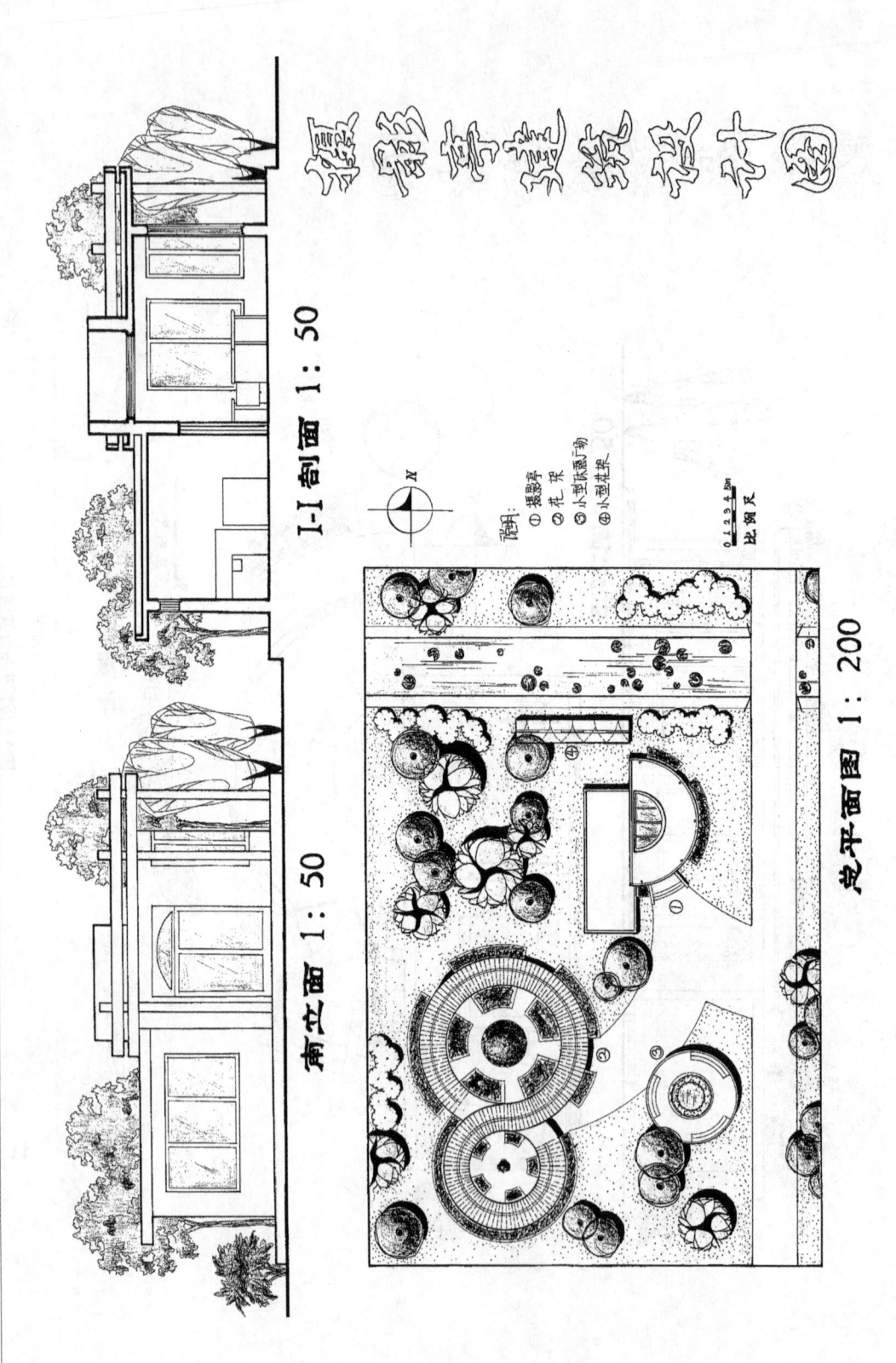

b 总平面、立面、剖面图

图4 摄影亭设计实例(1)

摄影亭建筑设计

设计目的
1. 初步学握建筑平、立、剖面图的画法。
2. 进一步认识空间尺度与建筑功能的关系。
3. 初步认识园林建筑的功能与空间尺寸。
4. 进一步认识园林建筑与场地环境及学习相应的设计方法。
5. 初步学握园林建筑的形体、空间的创造。

设计说明
1. 平面辟开天窗，建筑墙为最佳注视位置，用以聚焦巨幅摄影作品外形的美观，又利于建筑入口的空间光线强度。
2. 建筑入口正面的壁墙为最佳注视位置，又可做有力的空间手法。

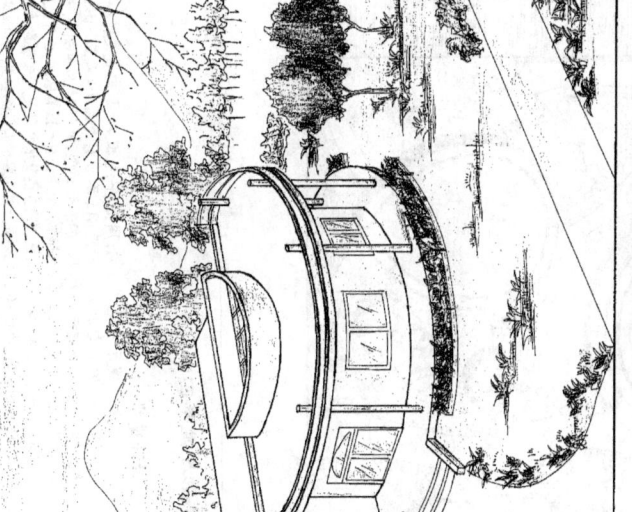

摄影亭透视效果图

c 效果图

图 4　摄影亭设计实例（1）

129

建筑设计图

摄影厅

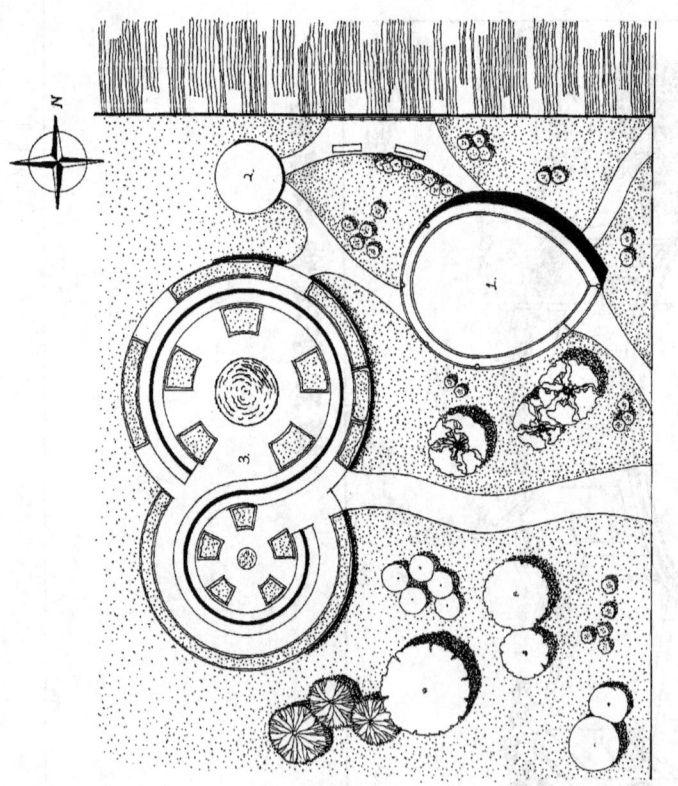

摄影厅总平面图 1:200

设计说明：

摄影厅建于建于大花果之前，周围环境良好，是游园人很好的休息点。所以平面设计要求之客流量，且为核明。本设计平面为水滴型，有较宽的流线，南立面有大块玻璃，具得好的采光功能，北立面有组雕塑，可作展示些摄影作品，供游人欣赏，引爆游客的一路兴趣，同时可以以大句作为背景，同前有花坛，延月一片花之池，是景色较好的一点，可吸引游人观赏。

建筑结构简明，功能充足，所以满足一般摄影的要求，另外为摆设外亚可以提供洗印快冲出显相机，八是最好要随机功能，所提供的摄影室，中央是供水台的休息，有且是健身池工的水不态，水较是他池工何住。

1. 摄影厅
2. 摄影装点
3. 花坛
4. 道路

a 总平面

图 5 摄影亭设计实例（2）

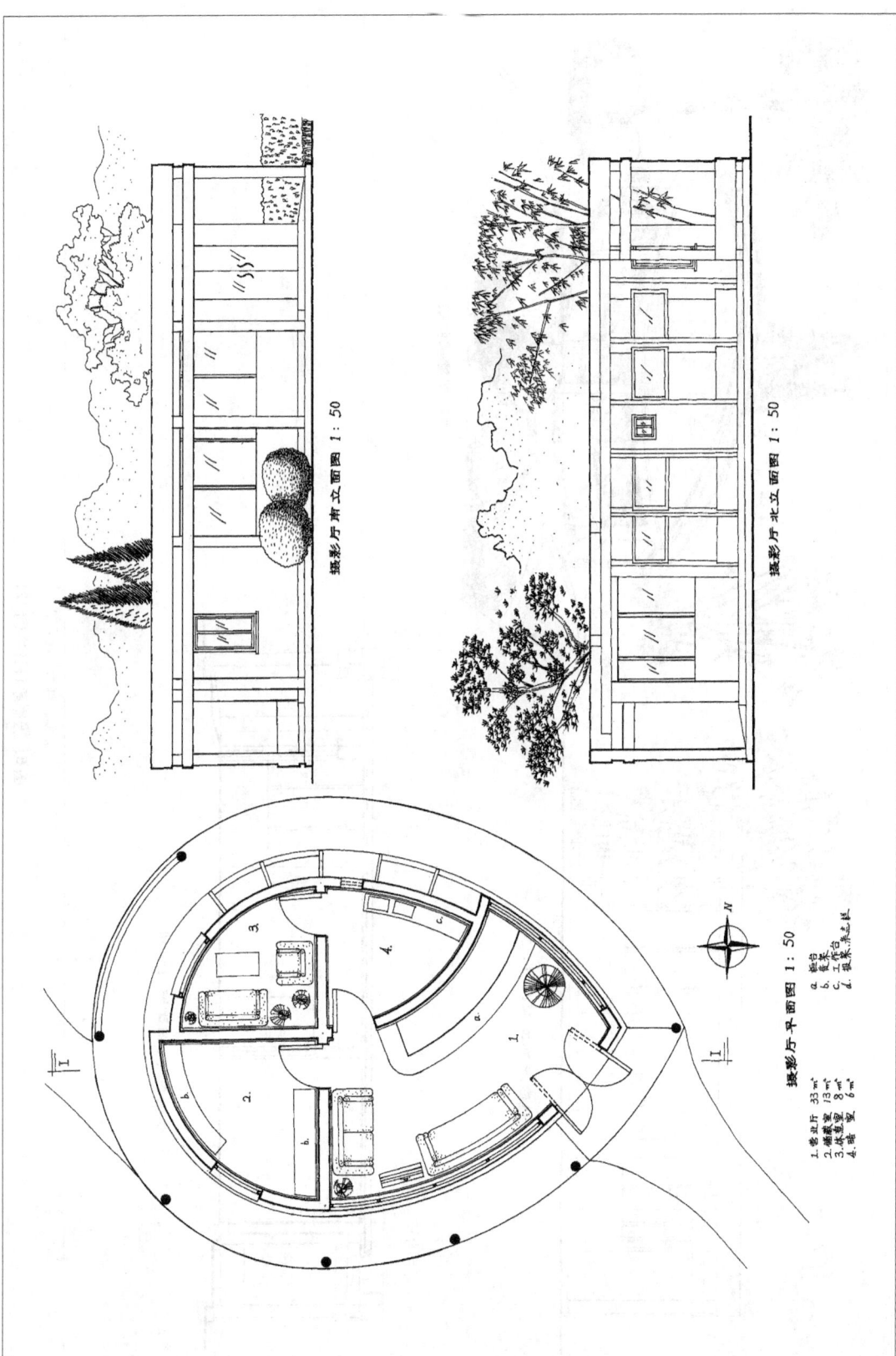

b 平面、立面图

图5 摄影亭设计实例(2)

摄影厅东立面图 1:50

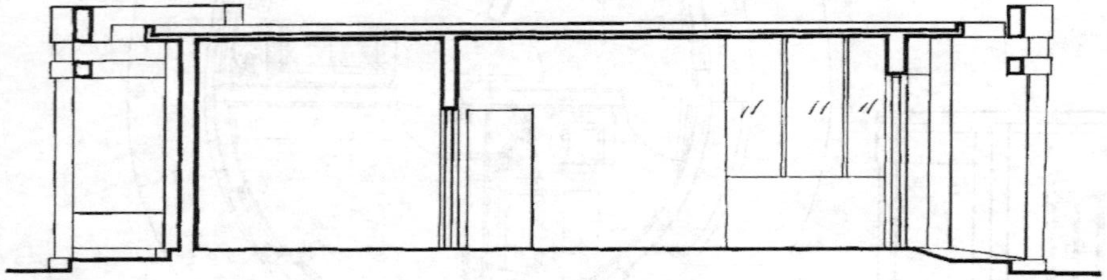

摄影厅 I-I 剖面图 1:50

摄影厅透视效果图

c 立面、剖面、效果图

图 5 摄影亭设计实例 (2)

作业Ⅱ——公园花店设计

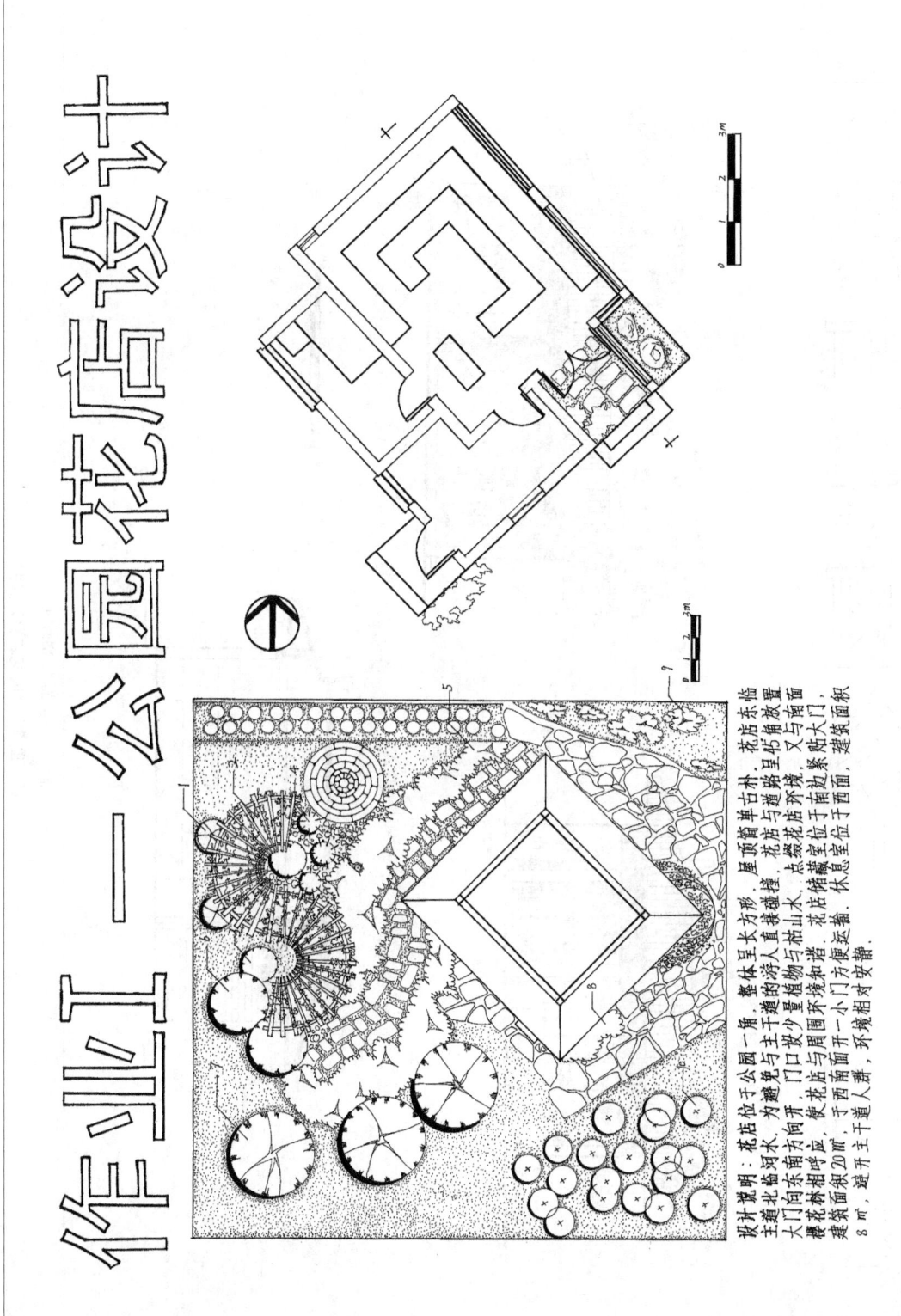

设计说明：花店位于公园一角，整体呈长方形，屋顶简单古朴。花店东临主道北临河水。为避免与主干道的游人直接连接，花店路呈折角放置。大门向东南方向开，门口设少量植物和路，点缀花店环境，又与南面主干道相呼应，使花店与周围环境和谐。花店储藏室位于西南边紧贴大门，建筑面积20㎡，盖花棚面东面，于西南面开一小门方便运输。休息室位于西面建筑面积8㎡，盖开与主干道人群，环境相对安静。

a 平面、总平面图

图6 公园花店设计实例

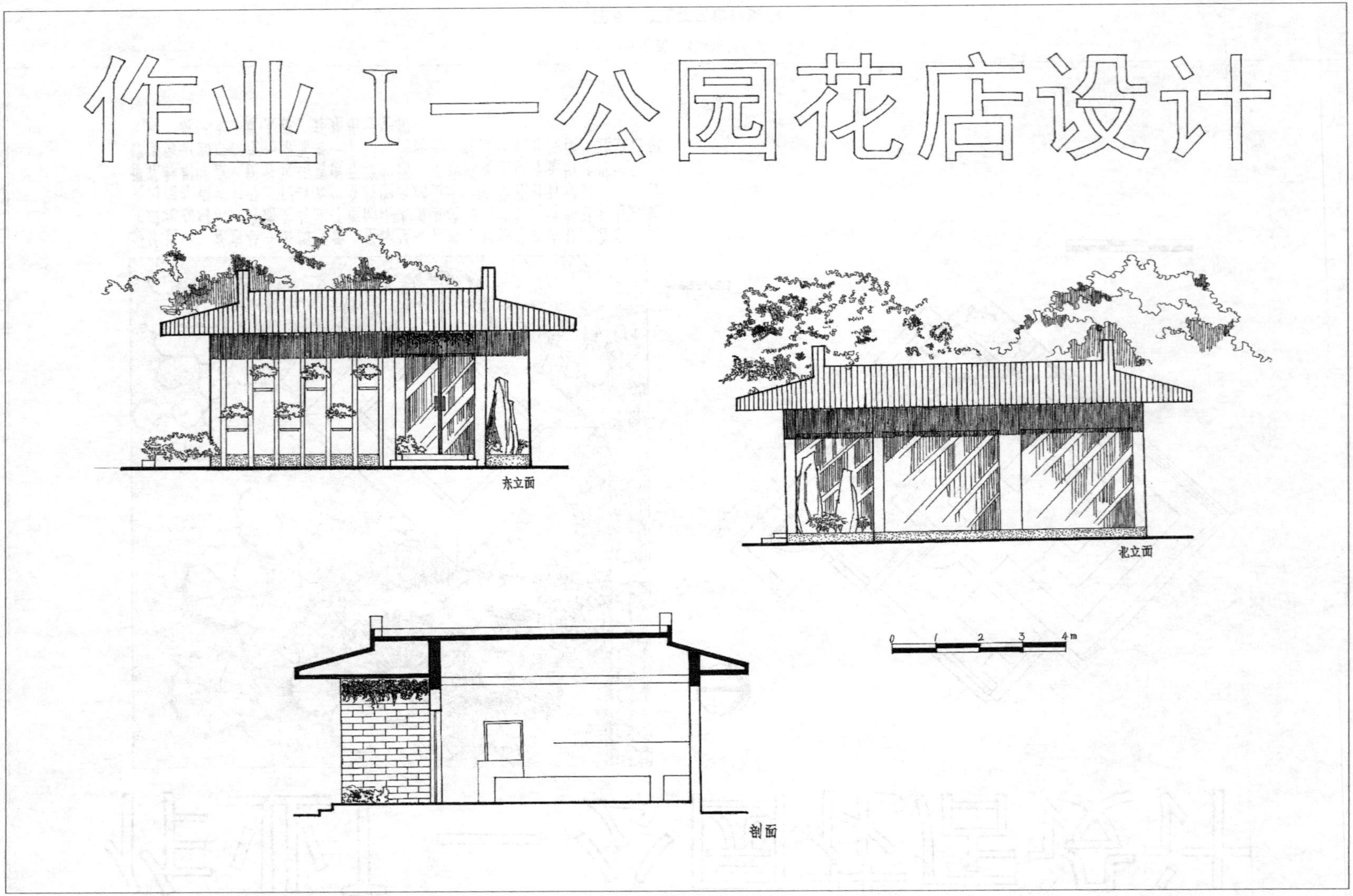

作业 I — 公园花店设计

b 立面、剖面图

图 6 公园花店设计实例

c 效果图

图 6 公园花店设计实例

园林建筑设计 亭、廊、榭组合

设计说明：
- 主题：古建亭、廊、榭设计。
- 本方案建于一山坡与水面相结合的基地上。山坡的坡度1/20。半山腰有一小溪绕行。
- 设计因地制宜。根据设计要求，一面须滨水，依山傍水，在基址起坡处建一未涉亭—临水的木榭。通立于山巅两建筑有功能结合起来，在半山腰正建着一个依山傍的亭子。终山巅为了丰富立面效果。
- 一侧有青松花草衬着的墙面。
- 建筑的内外交通连贯有的建成上进行改造，使其满足功能及能上的要求。组织交通尽量采用传统园林中亭榭轩的空间形式。

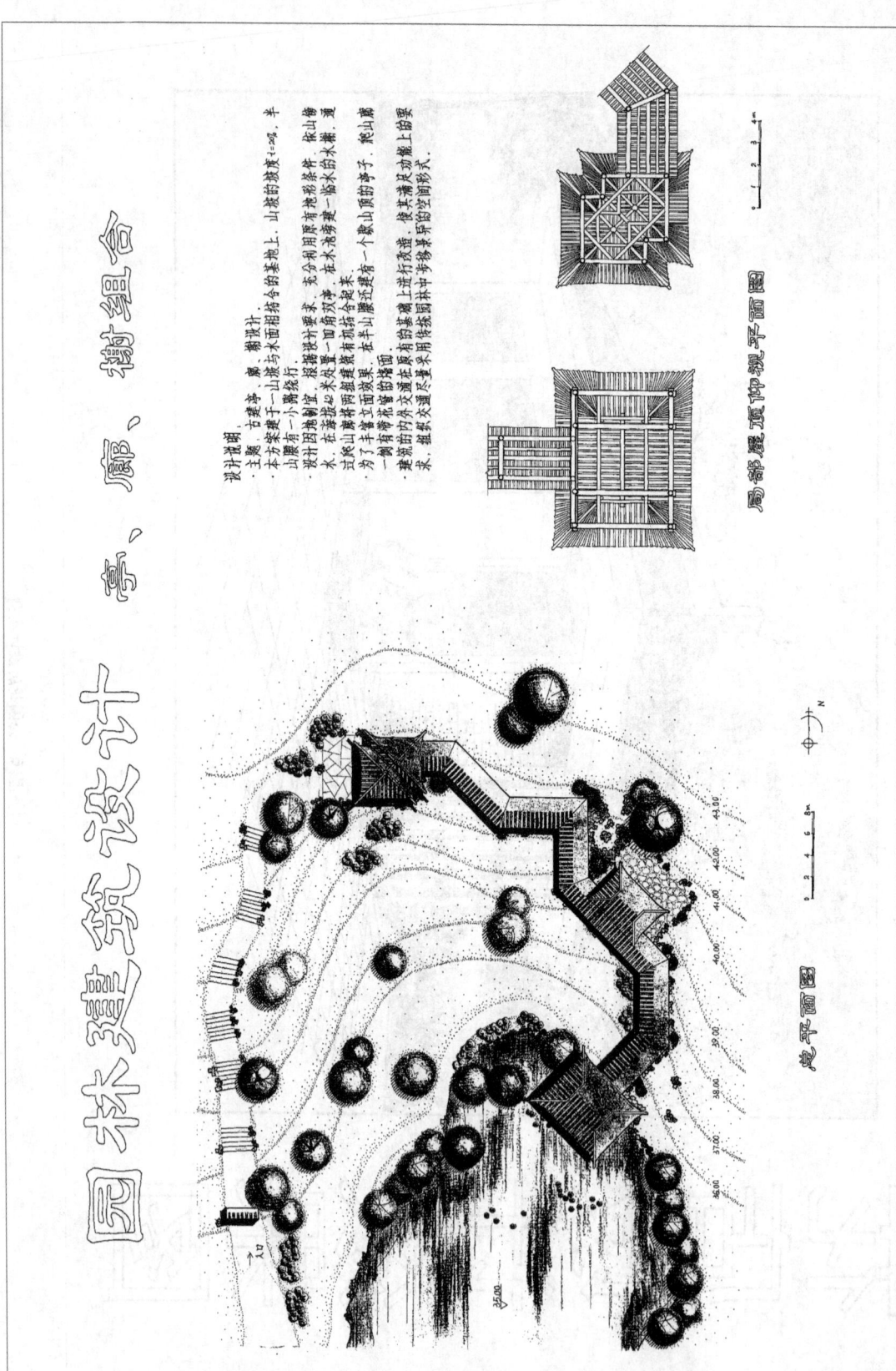

周部屋顶仰视平面图

a 总平面图

图7 亭、廊、榭设计实例（1）

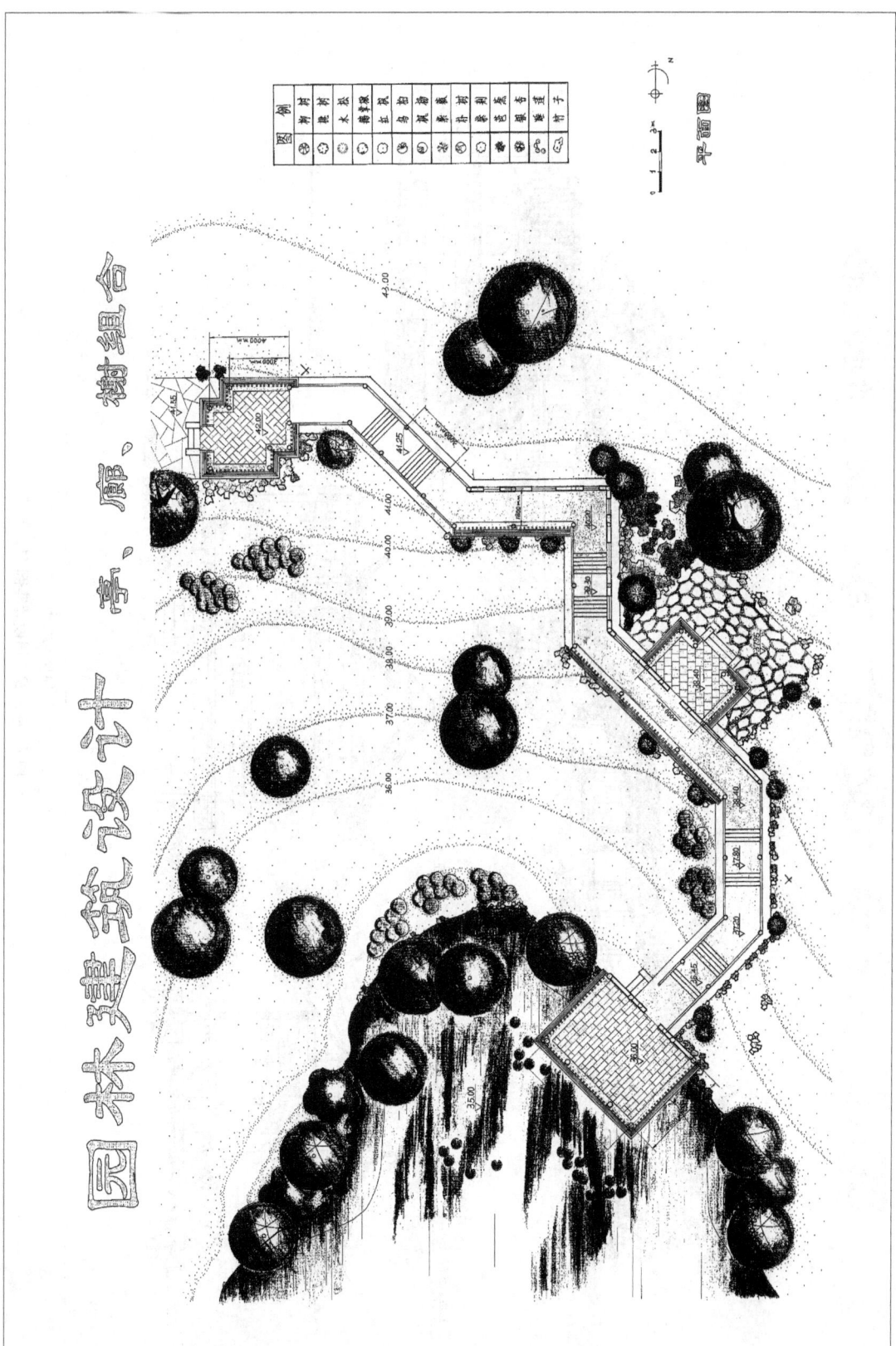

b 平面图

图7 亭、廊、榭设计实例(1)

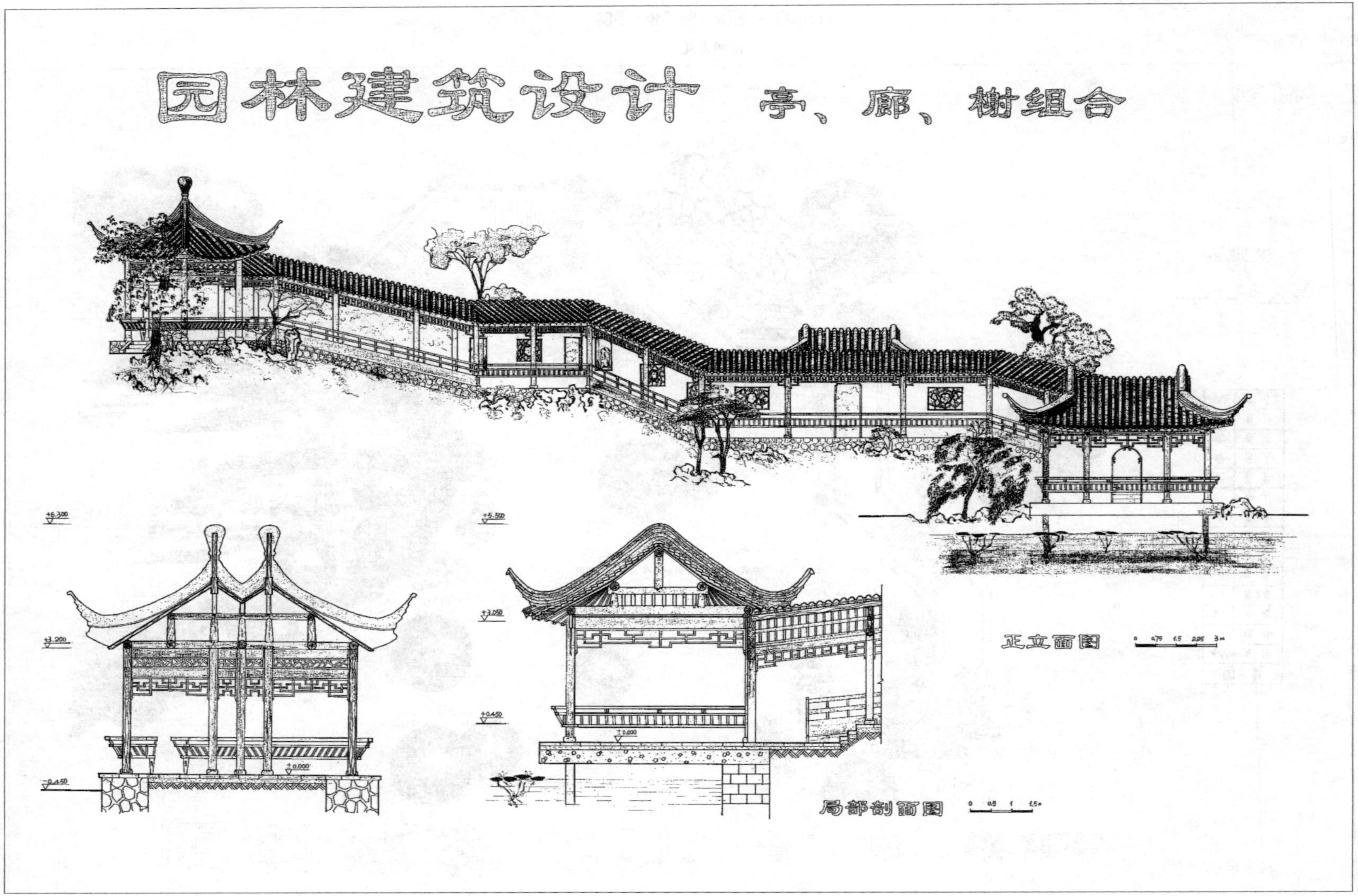

园林建筑设计 亭、廊、榭组合

正立面图

局部剖面图

c. 立面、剖面图

图7 亭、廊、榭设计实例（1）

园林建筑设计 亭、廊、榭组合

d 侧立面图

图 7 亭、廊、榭设计实例 (1)

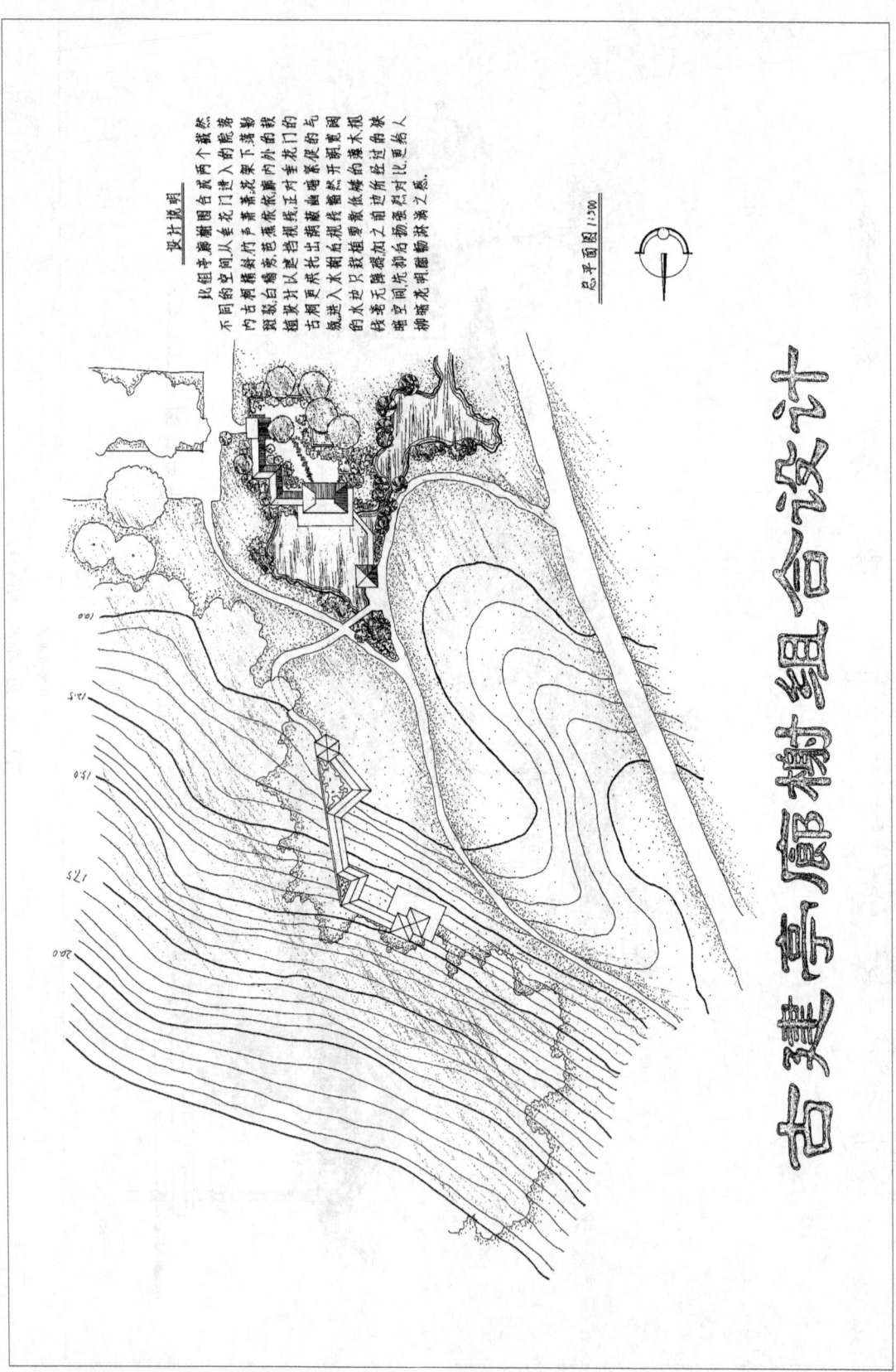

a 总平面图

图8 亭、廊、榭设计实例(2)

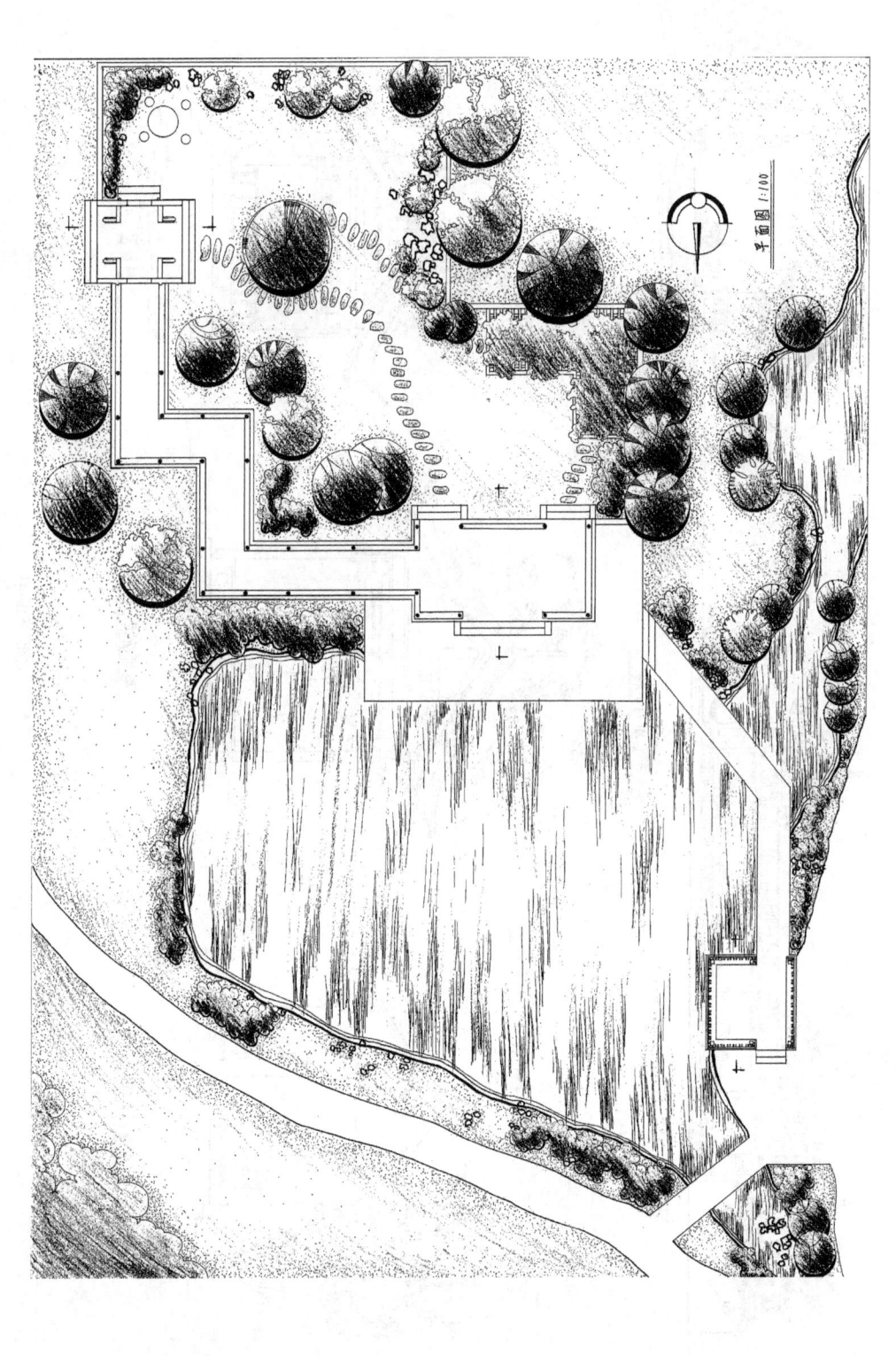

b 平面图

图 8 亭、廊、榭设计实例 (2)

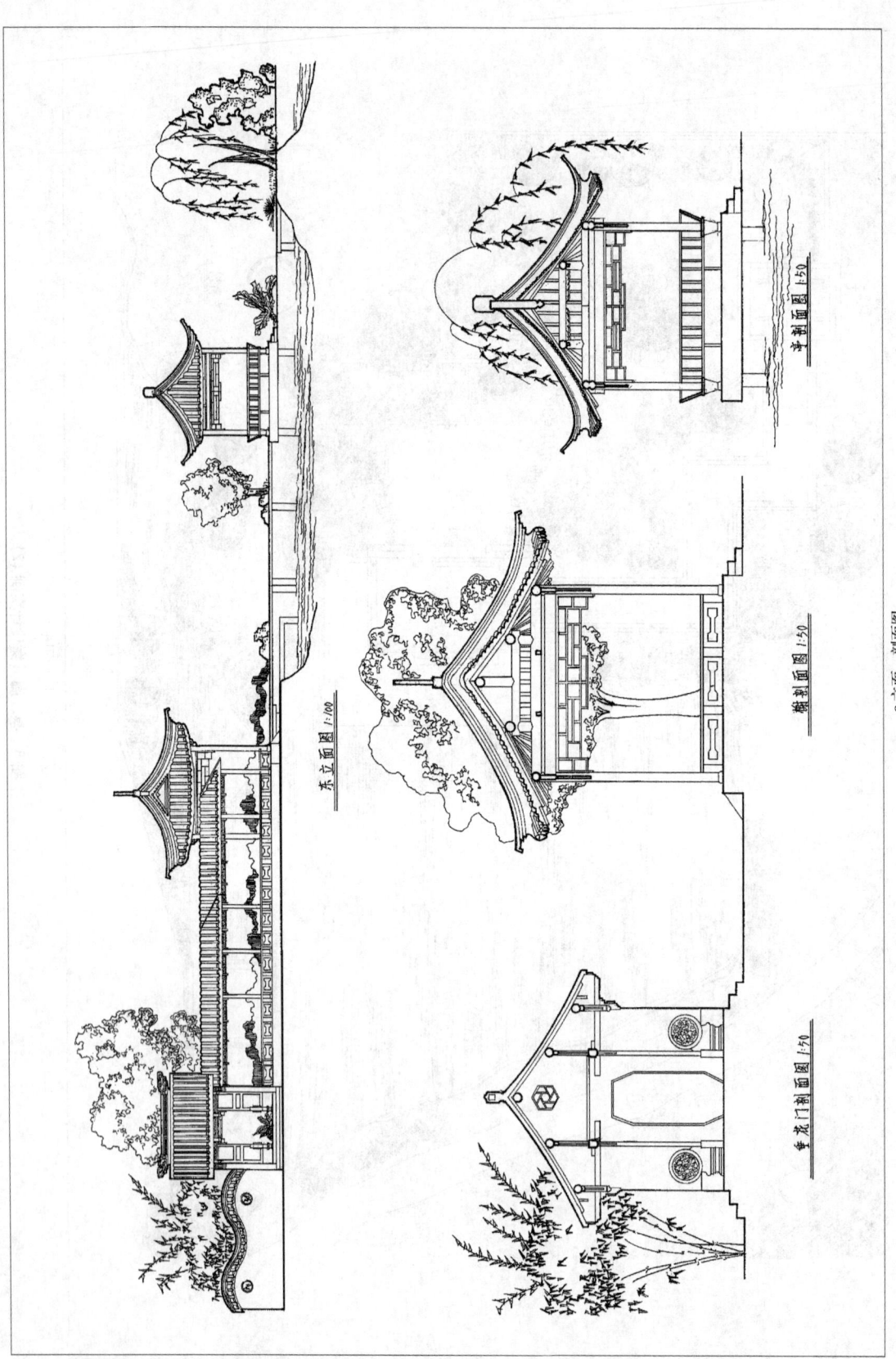

c 立面、剖面图

图8 亭、廊、榭设计实例(2)

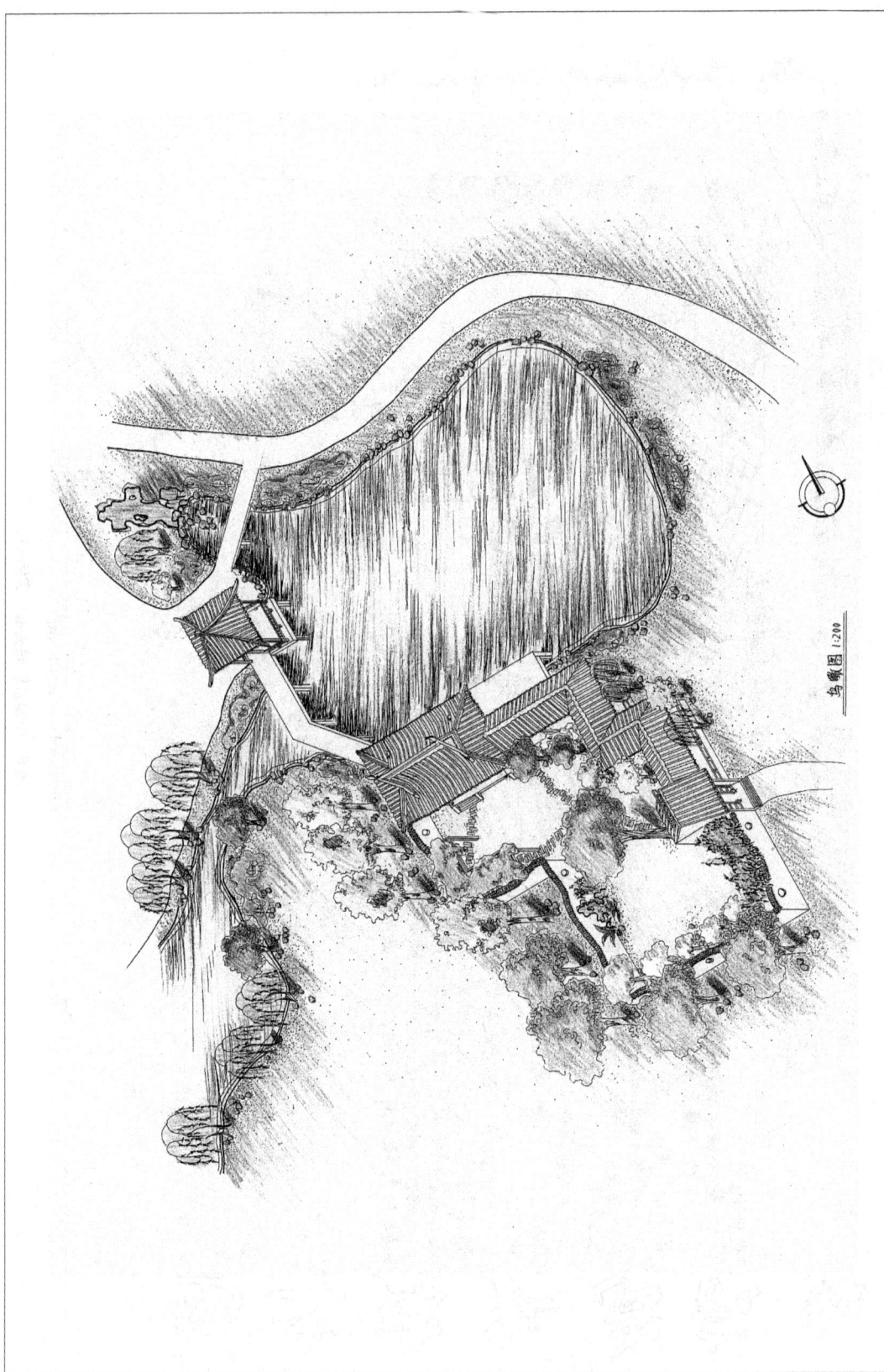

d 鸟瞰图

图8 亭、廊、榭设计实例(2)

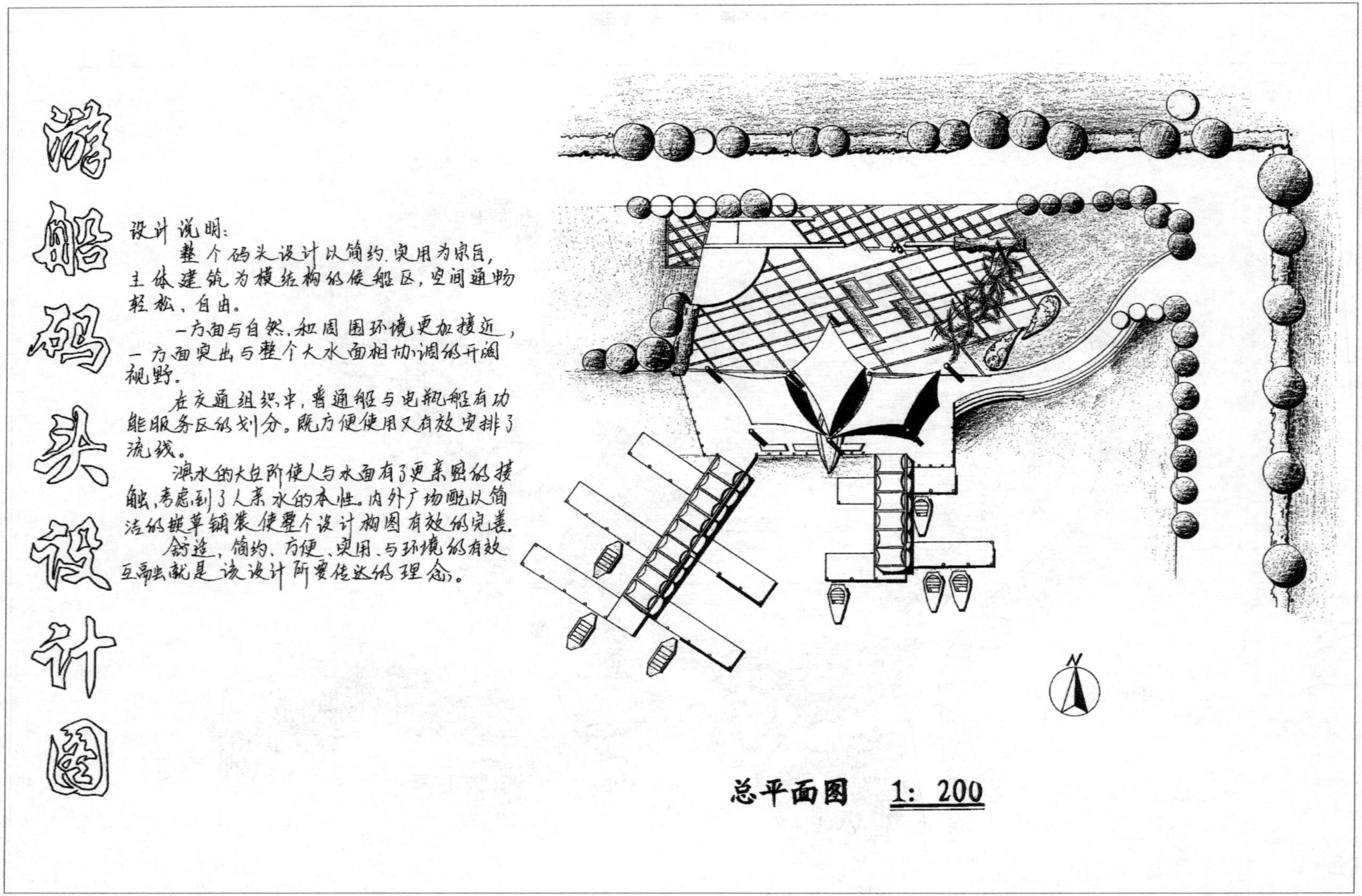

总平面图 1:200

游船码头设计图

设计说明：

整个码头设计以简约、实用为原则，主体建筑为框架结构低碳建物，造型自由。一方面设出与整个大水面相协调的千码头，一方面与自然、如周围环境船区，空间通物更加接近。

走交通组织上，普通船与观光船有功能服务区划分，既方便使用又合放设排了流线。

湖水的大台阶使与水面有了更亲密的接触，考虑到3层水的水准，内外了物围环境设计该整个桥梁码头环境有达到舒适、简约、方便，与环境相协调的理念。

互等站和星池波计所要达到的理念。

图9 公园游船码头设计实例 (1)
a 总平面图

144

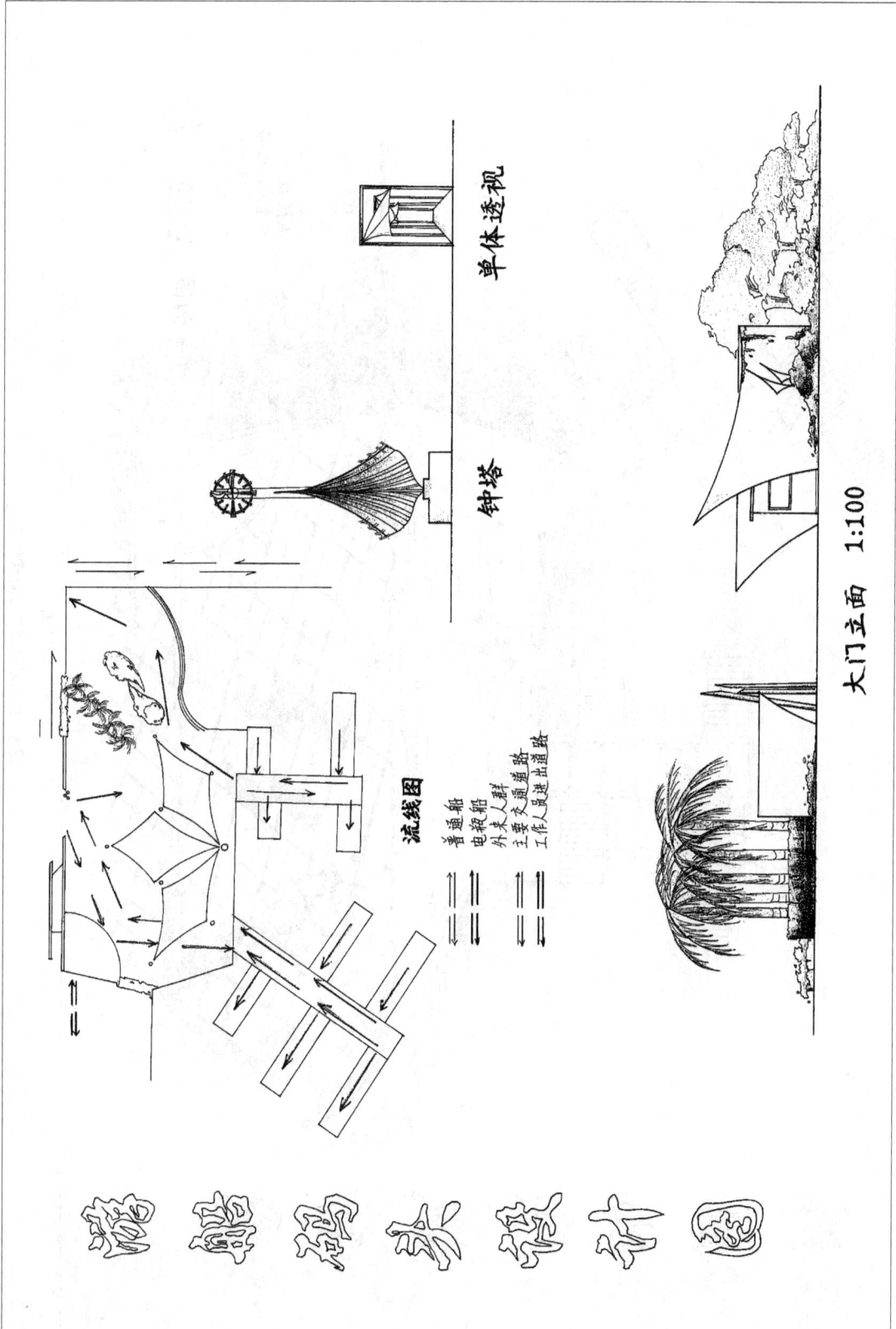

b 流线、单体透视及大门立面图

图9 公园游船码头设计实例（1）

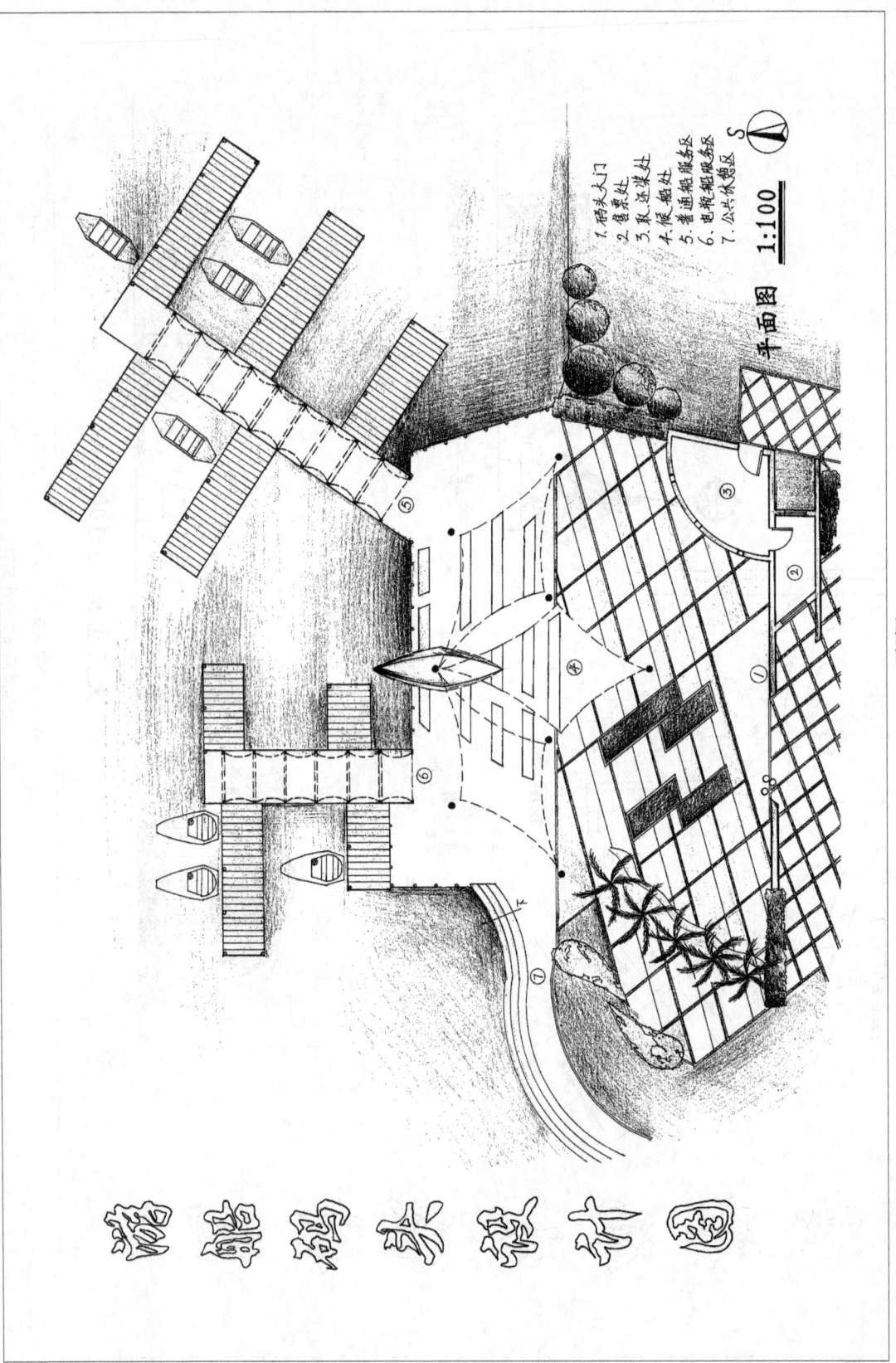

图 9 公园游船码头设计实例 (1)
c 平面图

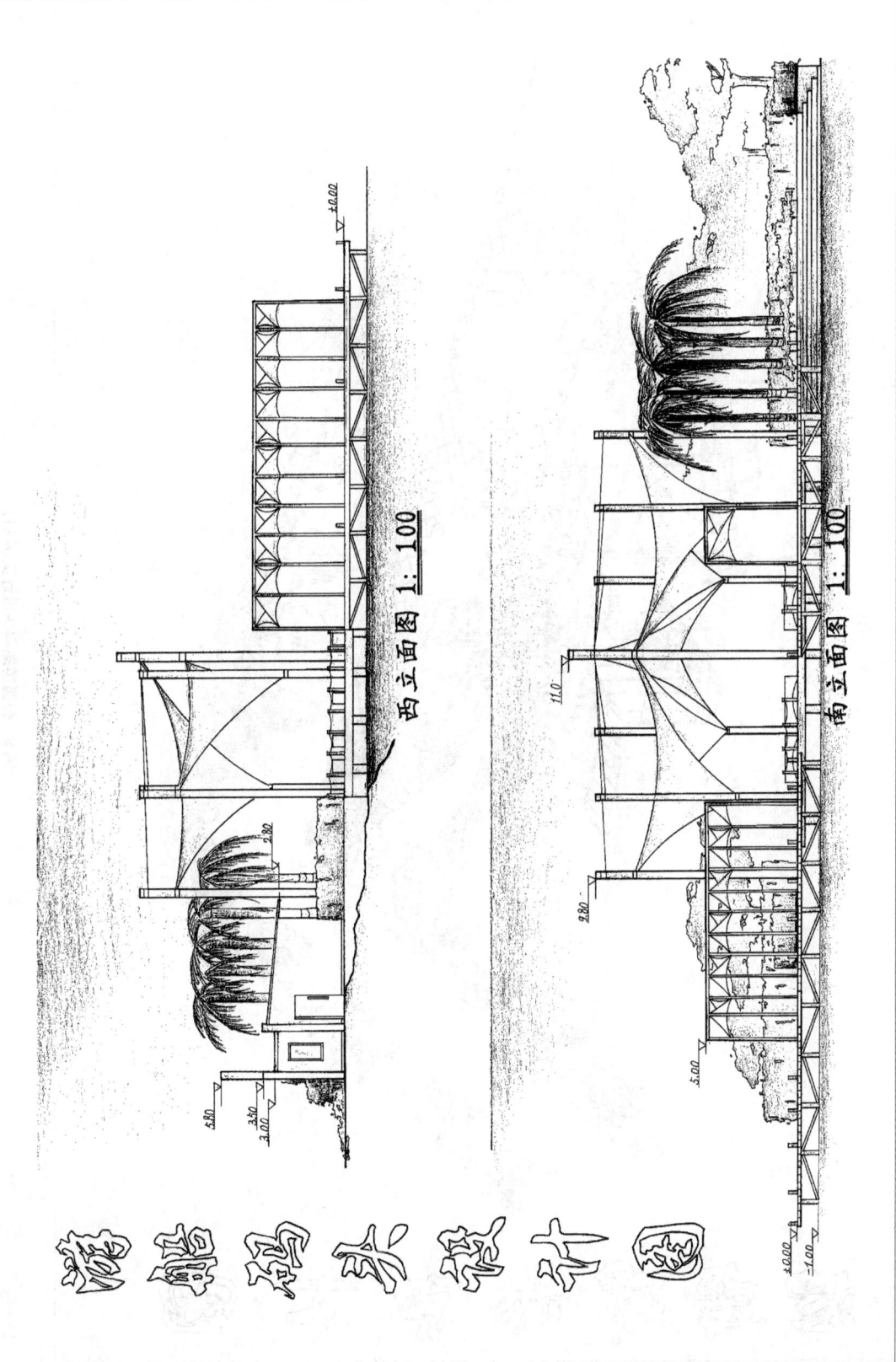

d 立面图

图9 公园游船码头设计实例(1)

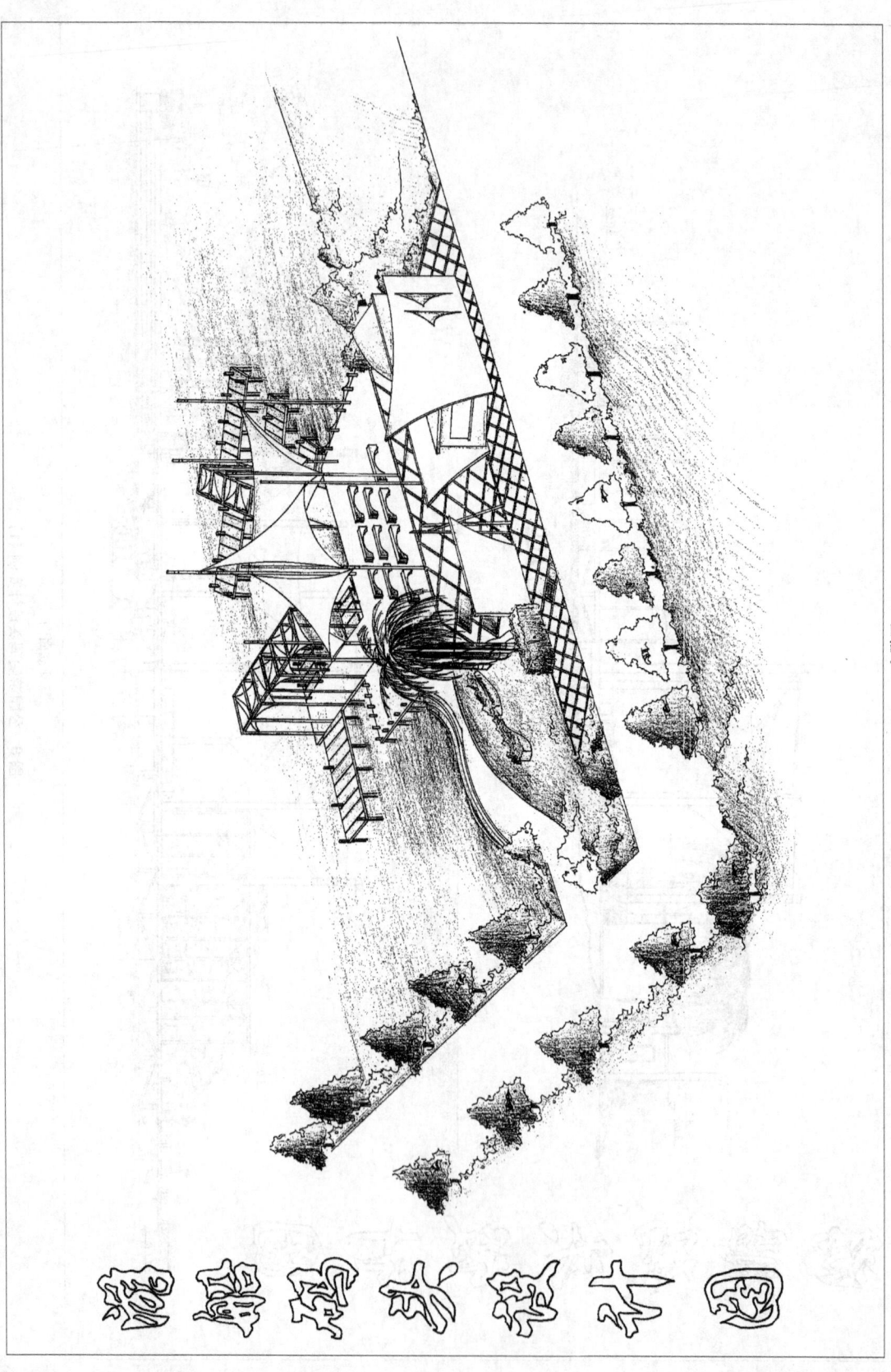

e 鸟瞰图

图9 公园游船码头设计实例(1)

a 总平面图

图10 公园游船码头设计实例（2）

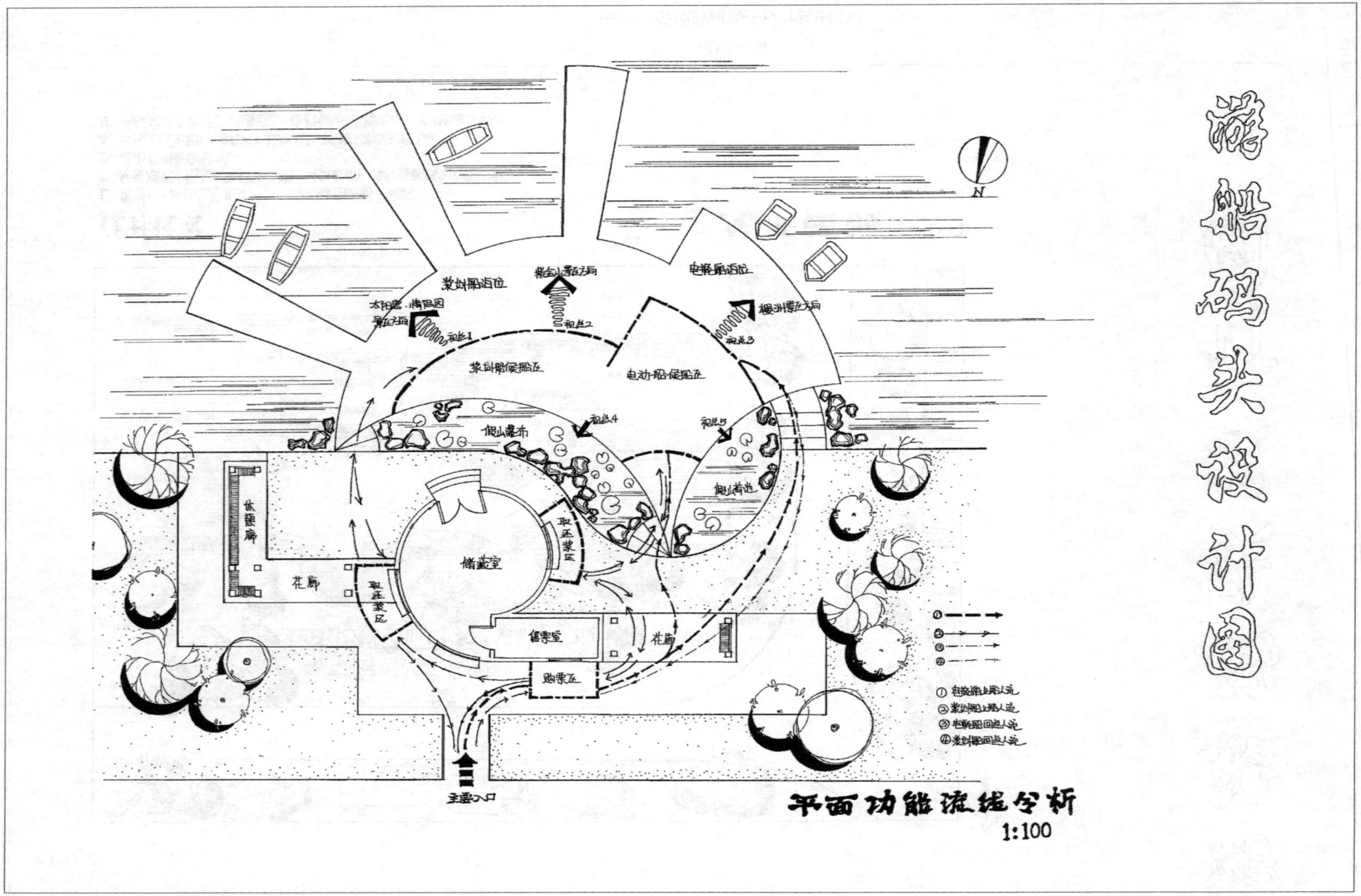

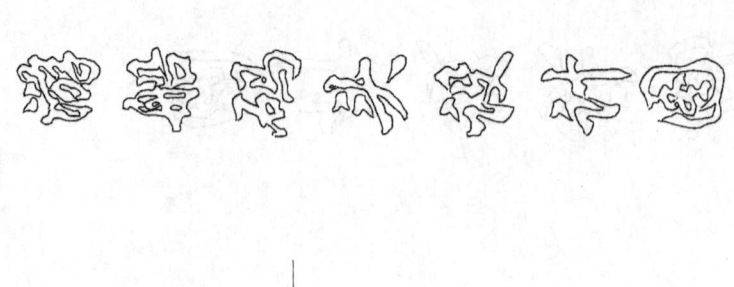

图 10 公园游船码头设计实例 (2)
b 功能分析图

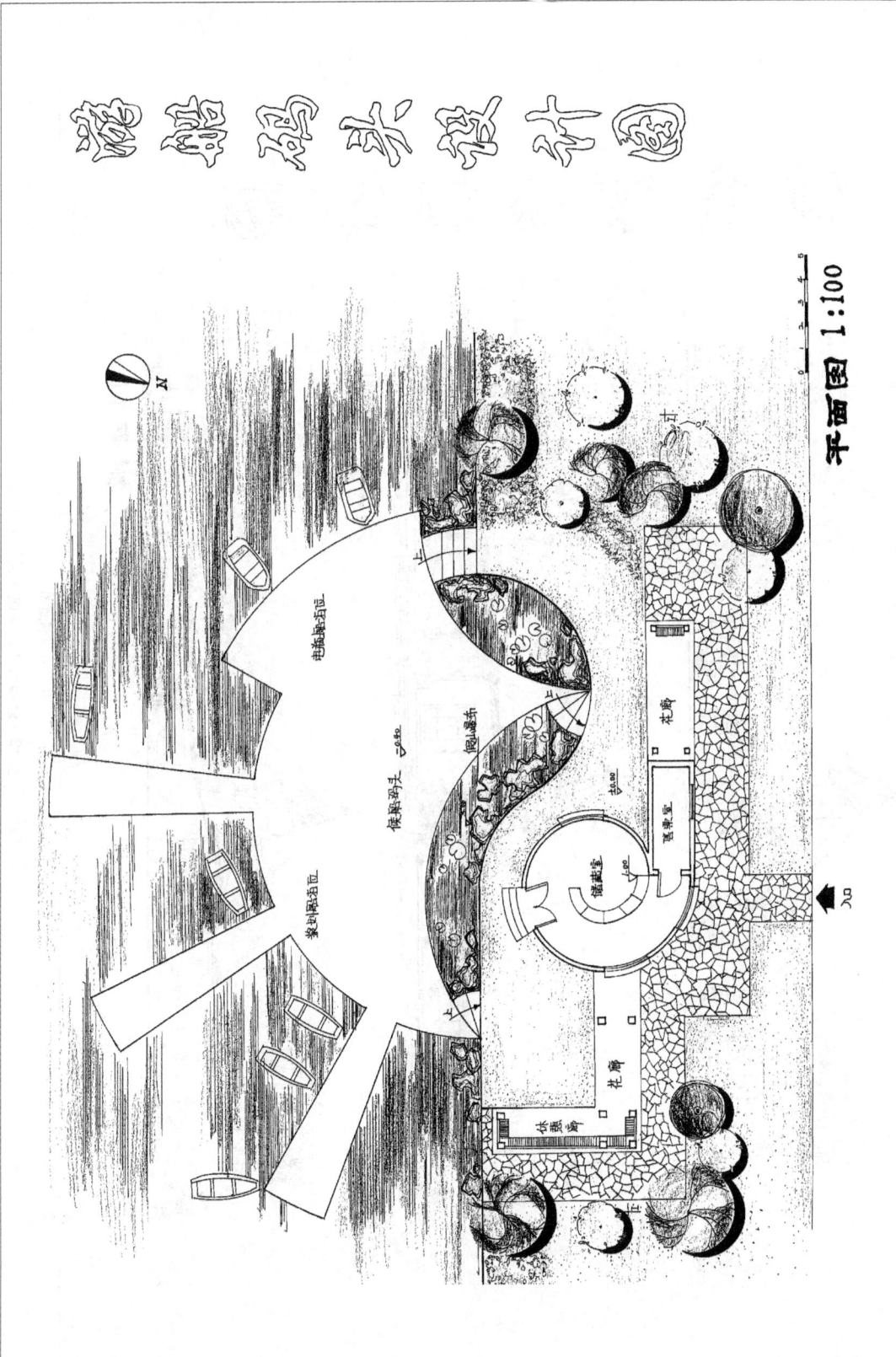

c 平面图

图10 公园游船码头设计实例(2)

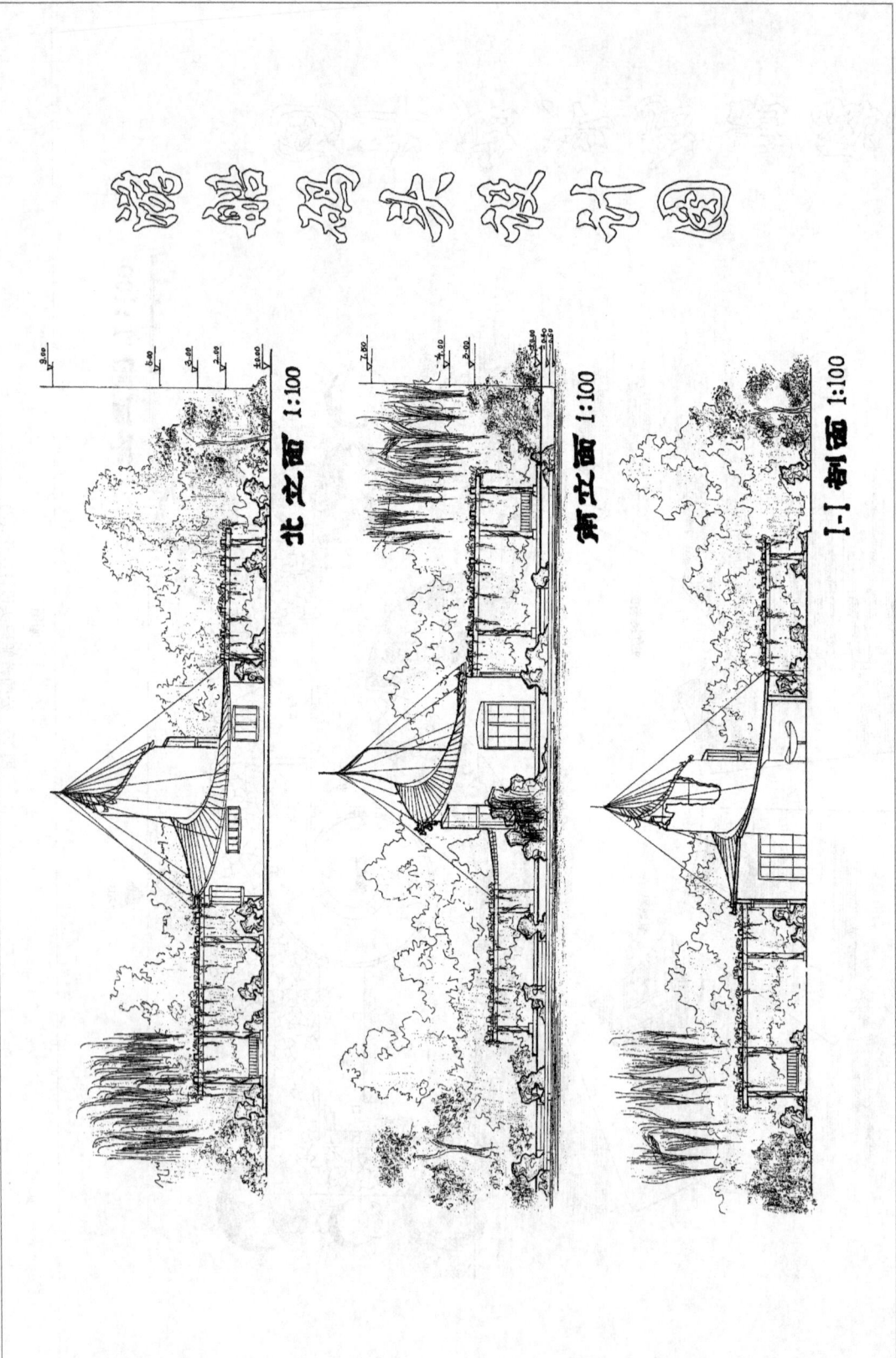

d 立面、剖面图

图10 公园游船码头设计实例（2）

图 10 公园游船码头设计实例 (2)

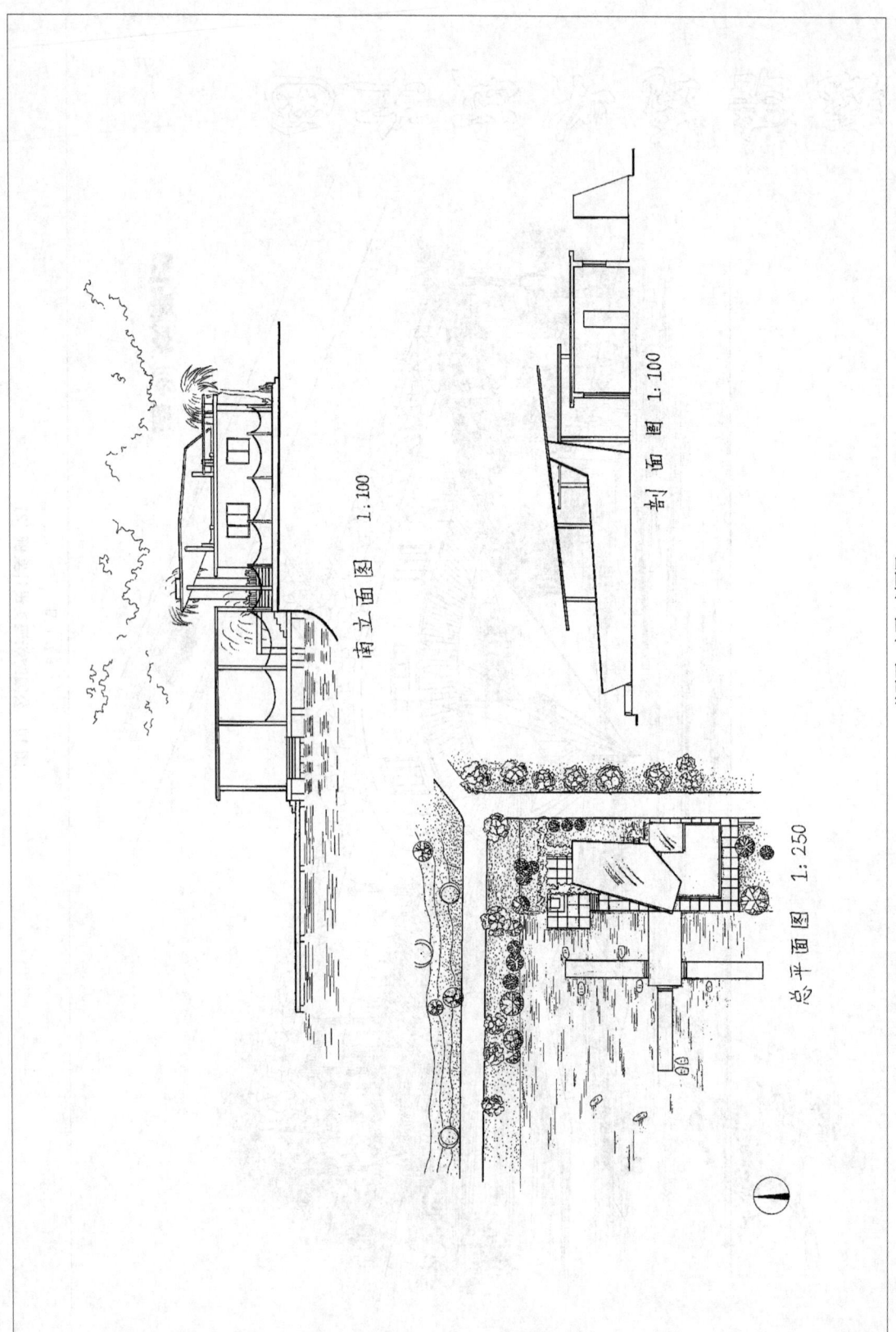

图 11 公园游船码头设计实例 (3)
a 总平面、立面、剖面图

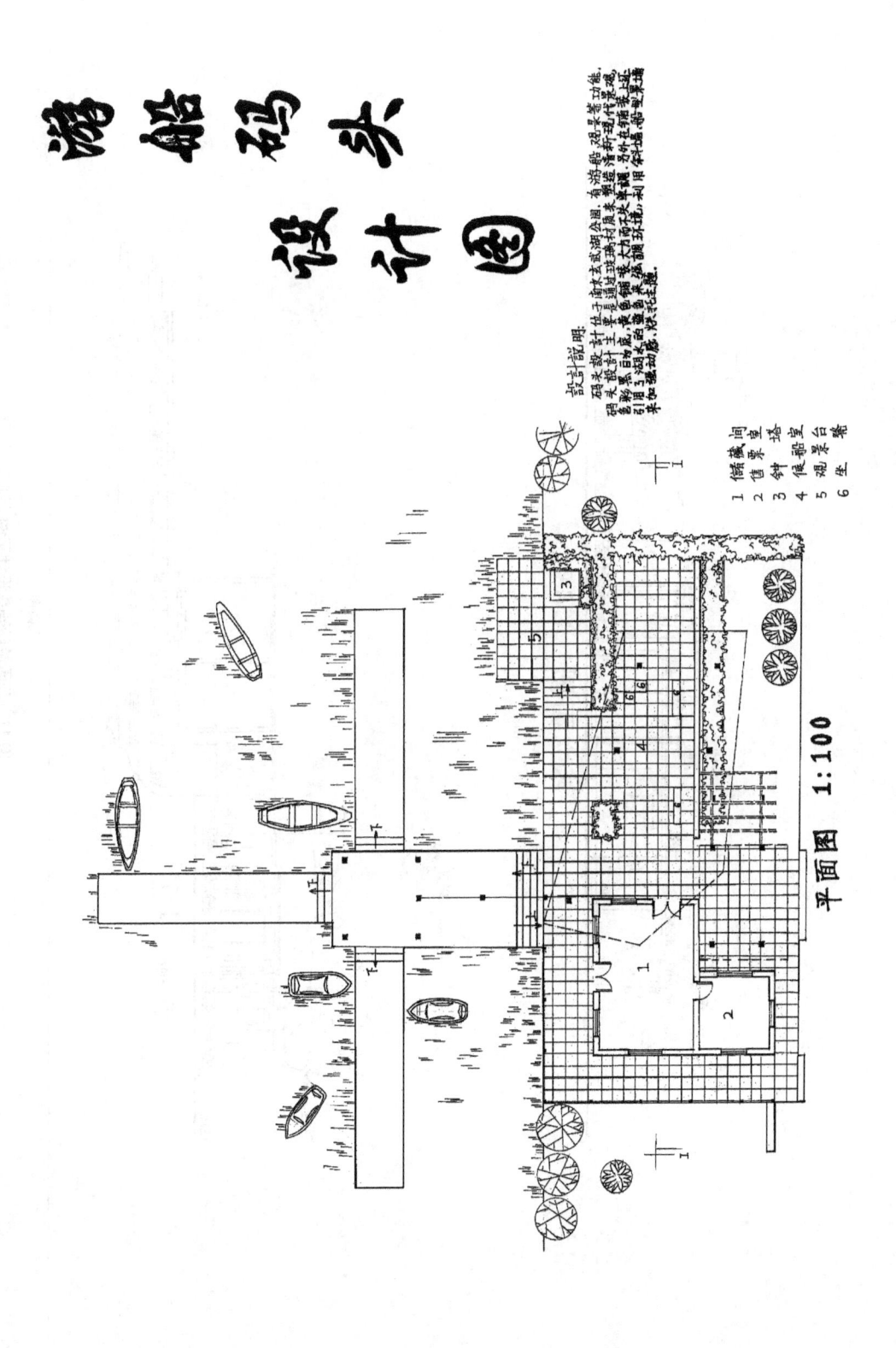

图 11 公园游船码头设计实例 (3)
b 平面图

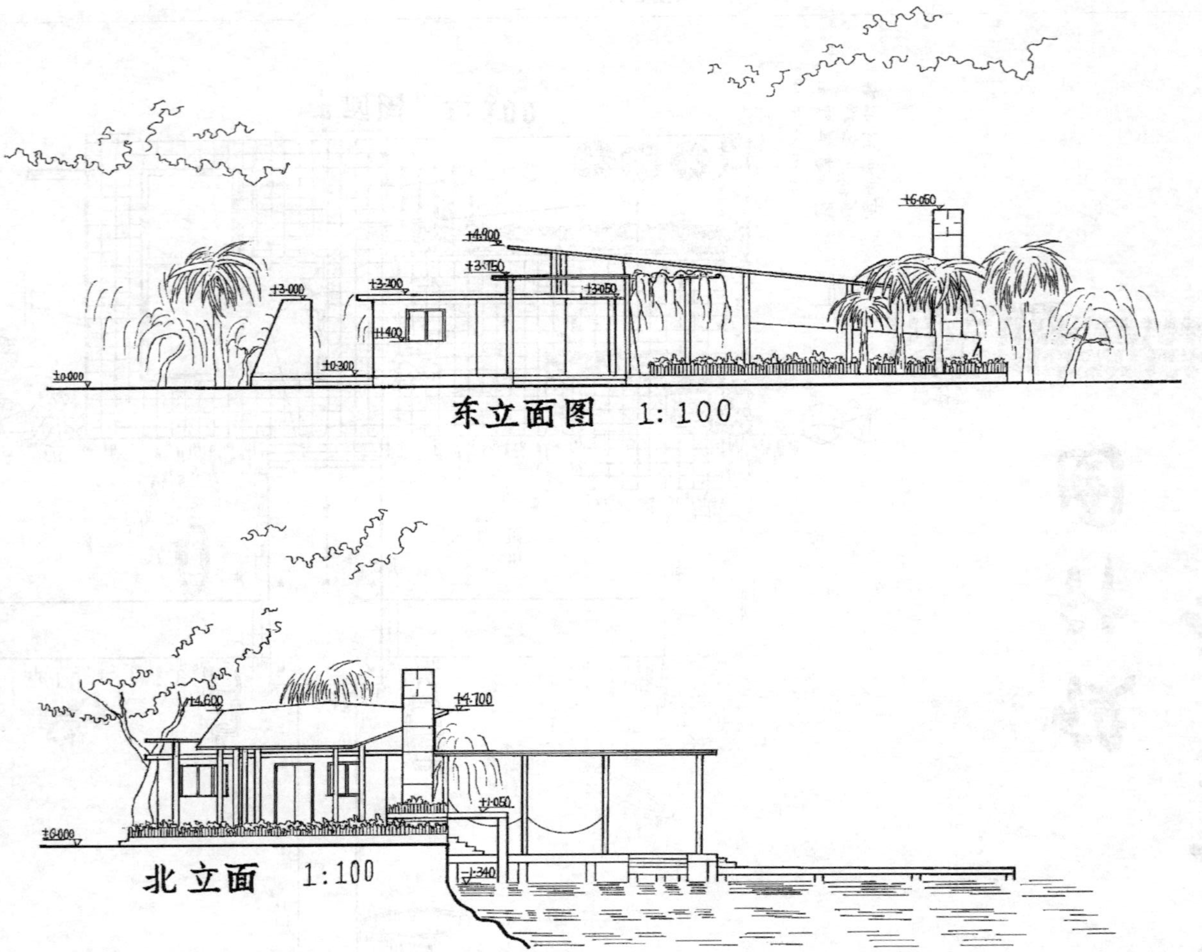

东立面图 1:100

北立面 1:100

c 立面图

图 11 公园游船码头设计实例 (3)

e 效果图

图 11　公园游船码头设计实例 (3)

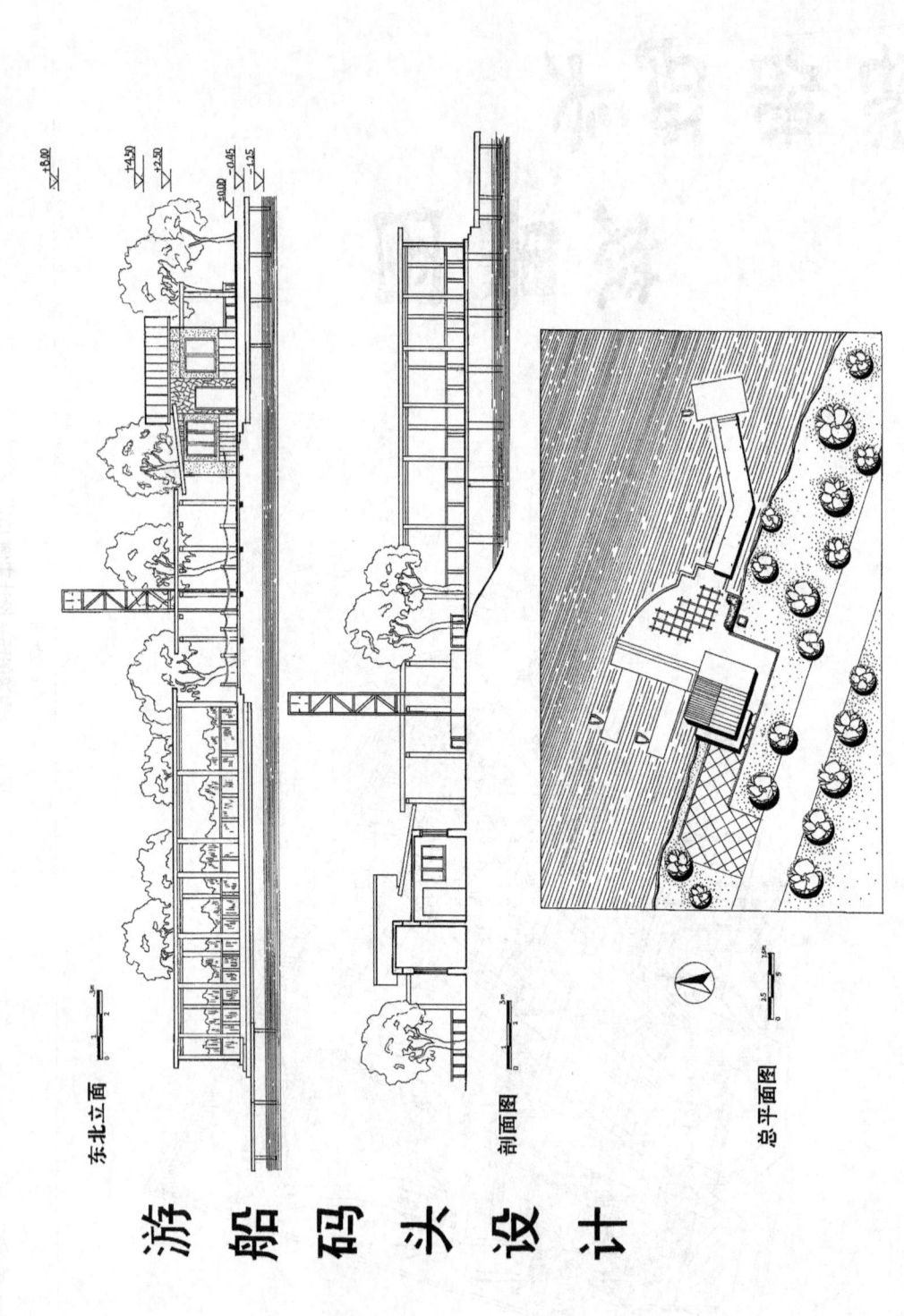

a 总平面、立面、剖面图

图12 公园游船码头设计实例（4）

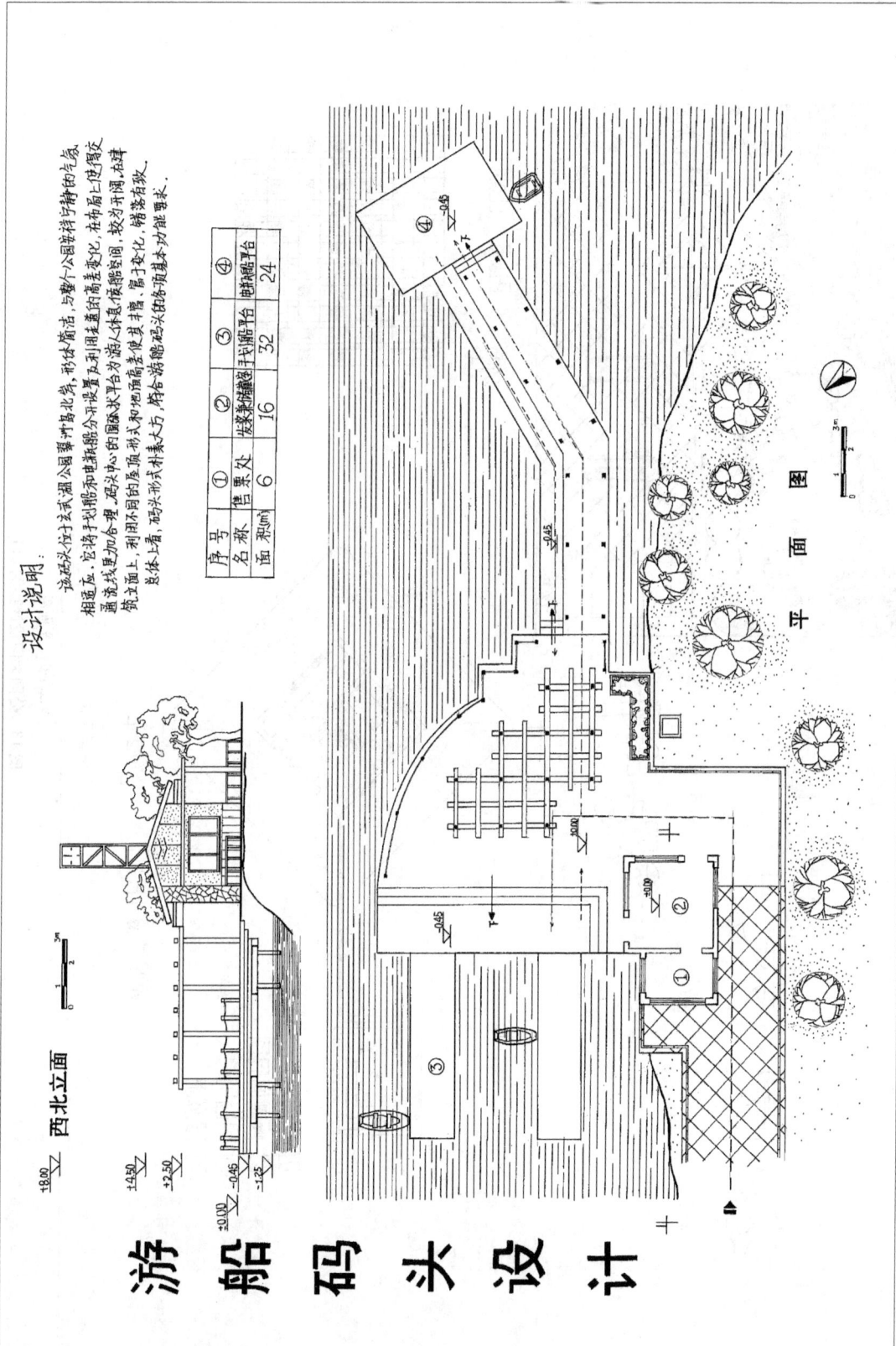

图12 公园游船码头设计实例 (4)
b 平面、立面图

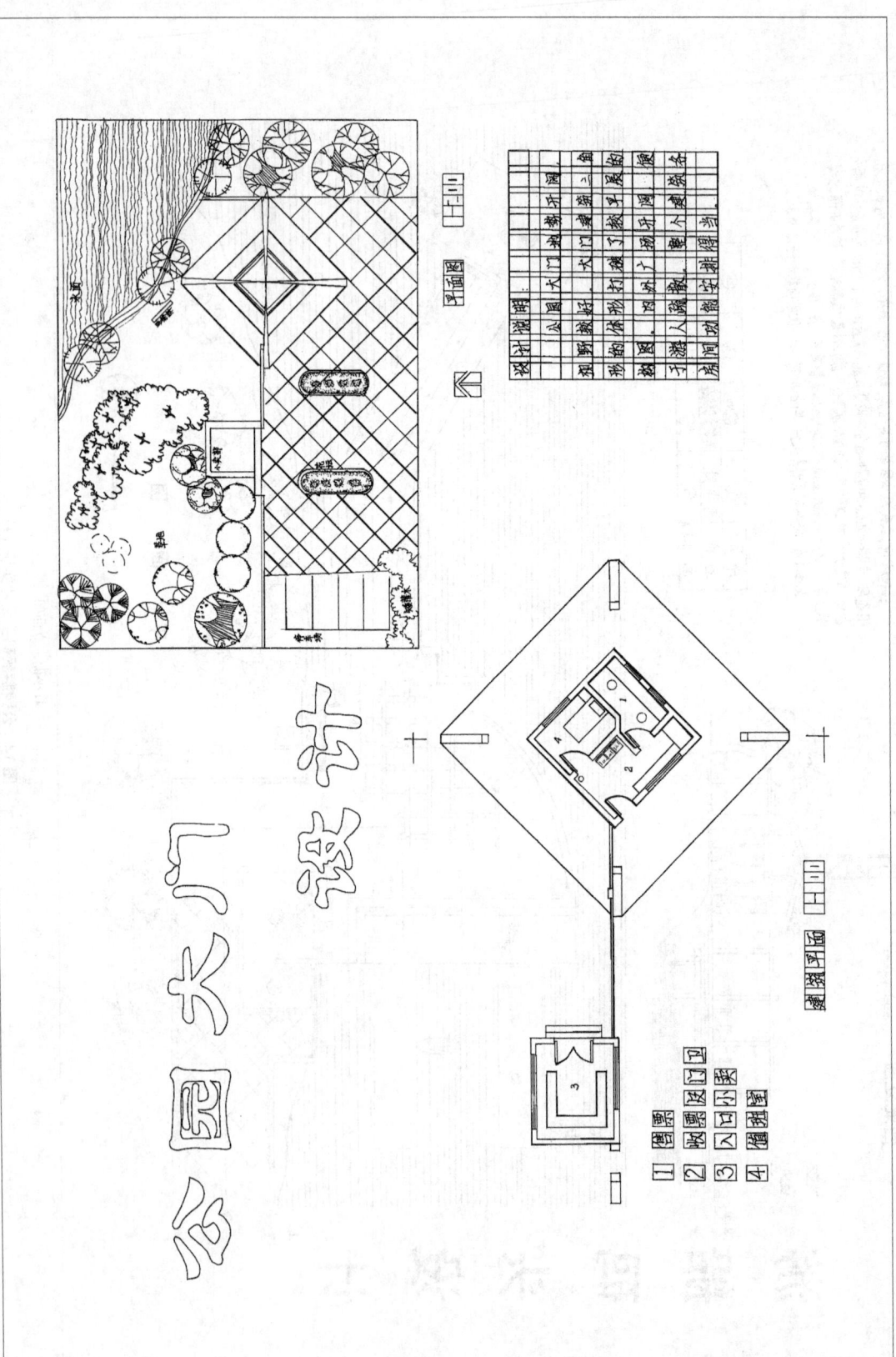

a 总平面、平面图

图13 公园大门设计实例(1)

160

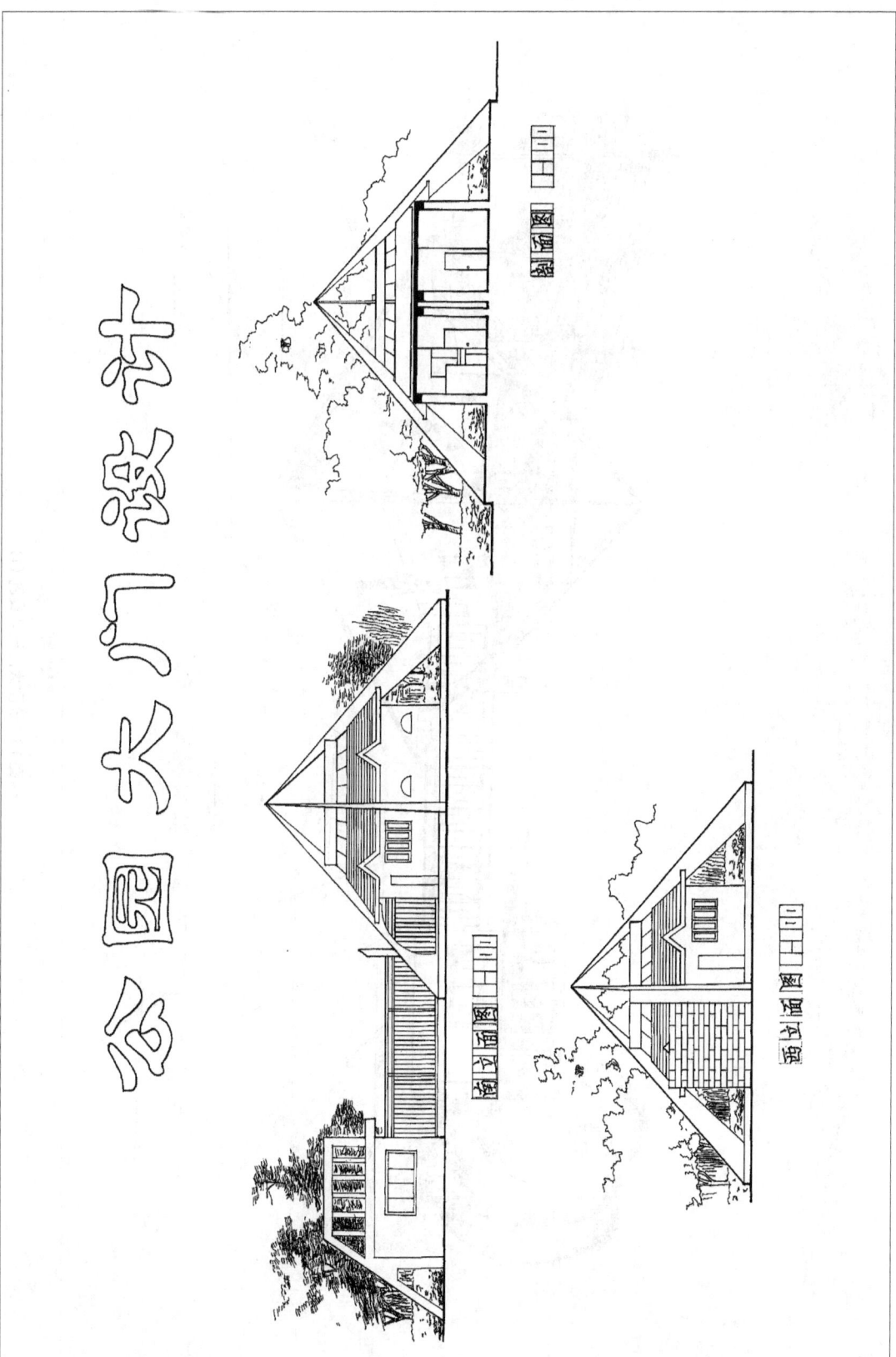

b 立面、剖面图

图13 公园大门设计实例 (1)

c 效果图

图13 公园大门设计实例(1)

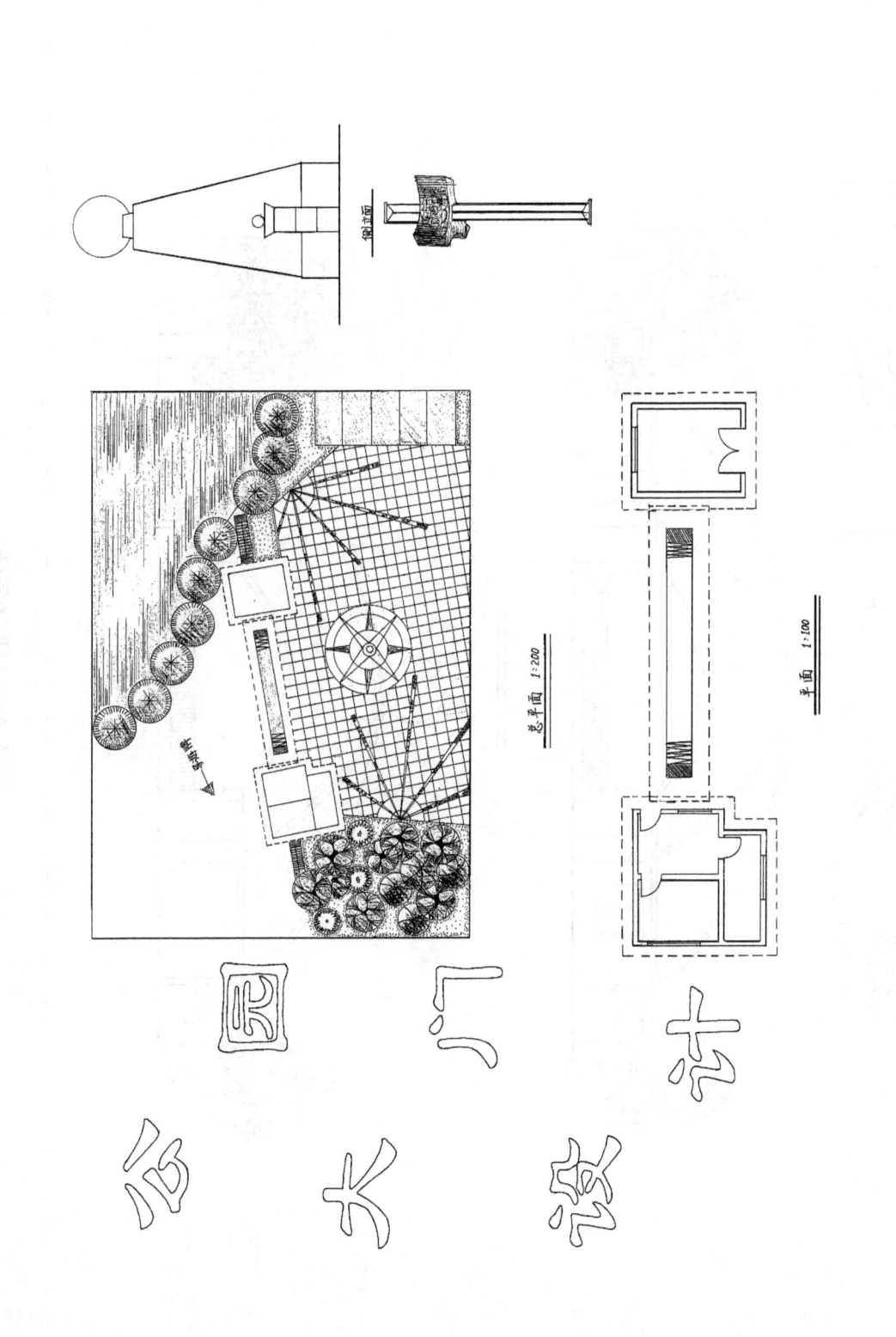

a 总平面、平面、立面图

图14 公园大门设计实例(2)

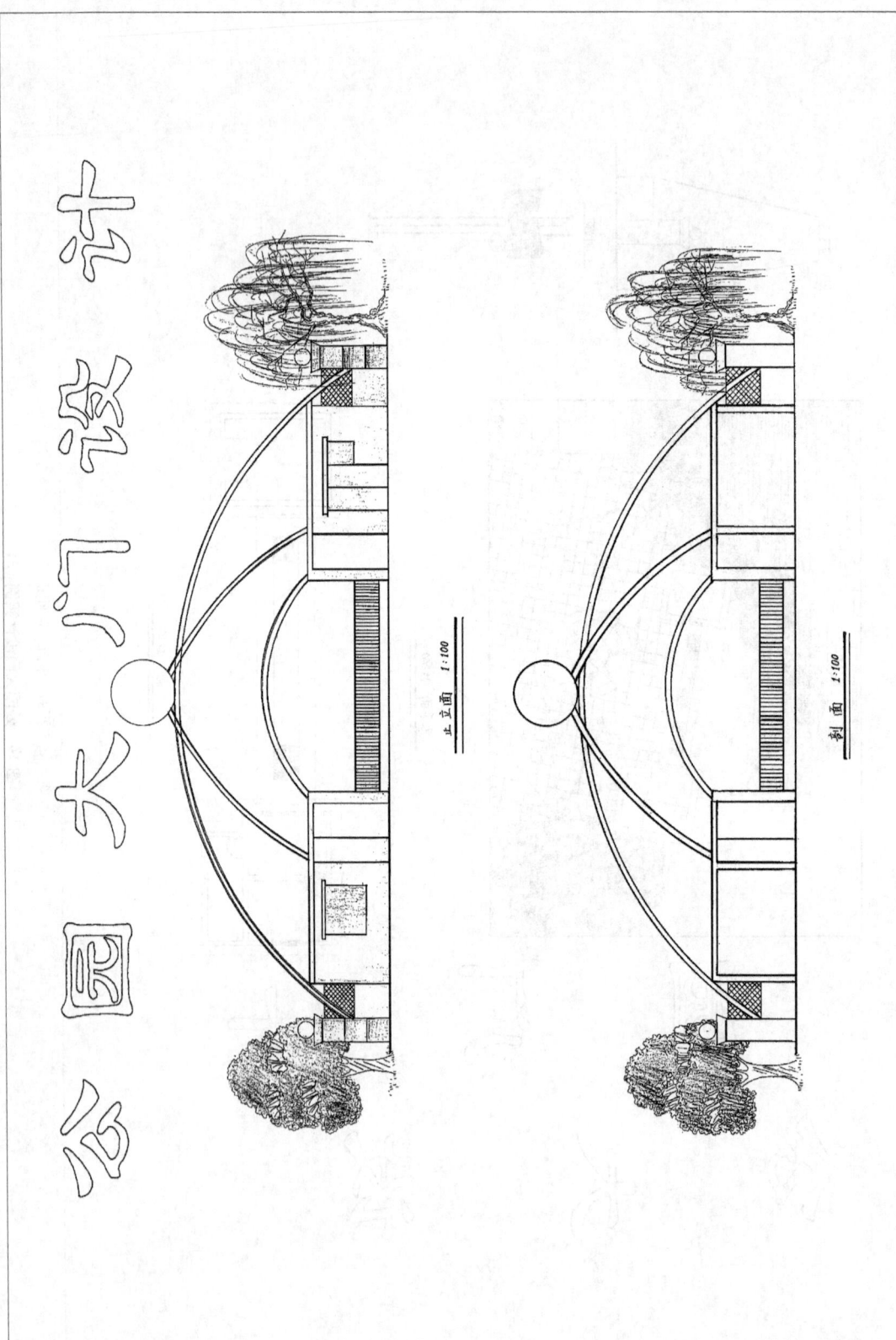

b 立面、剖面图

图14 公园大门设计实例(2)

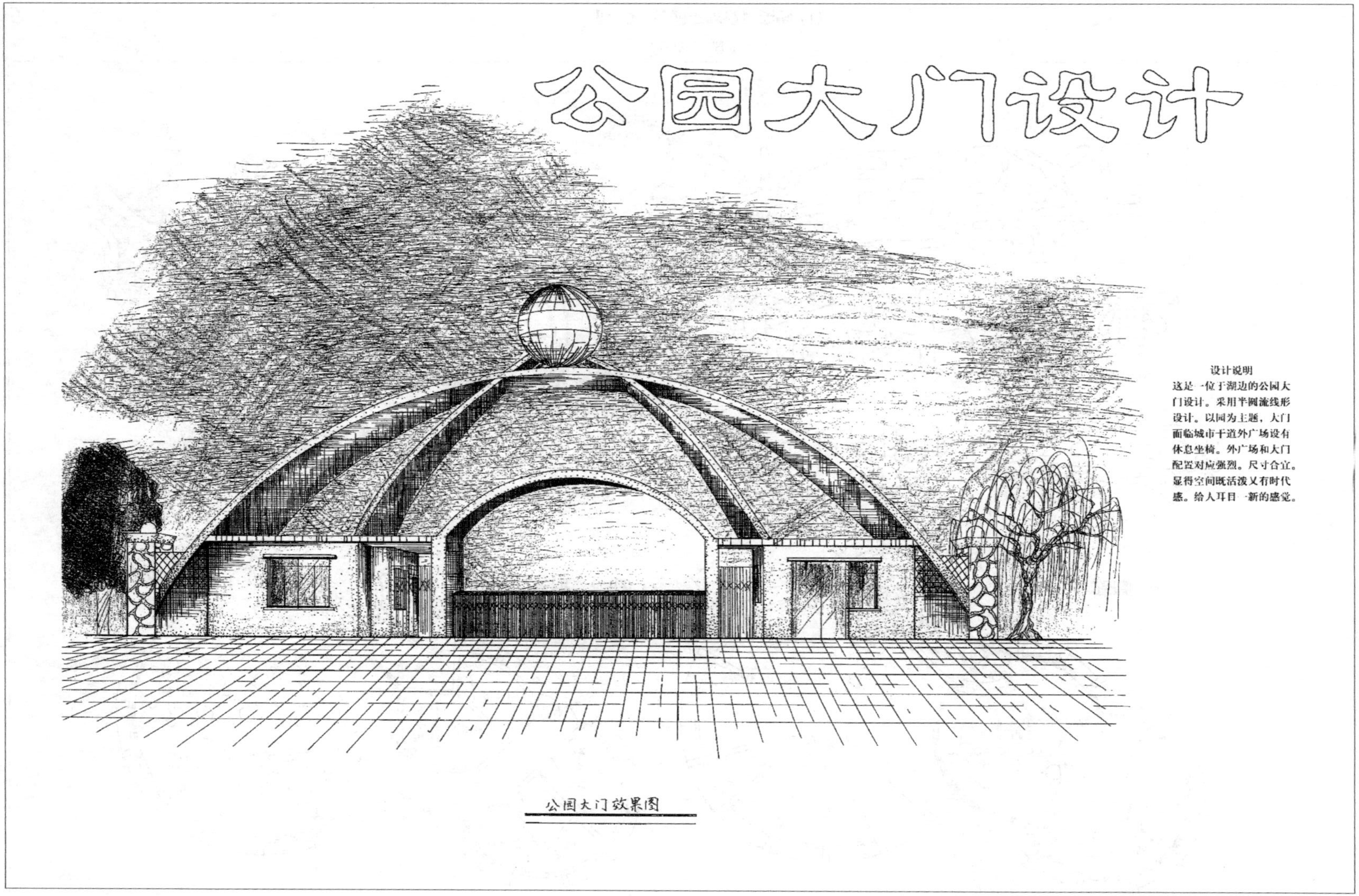

公园大门设计

设计说明

这是一位于湖边的公园大门设计，采用半圆流线线形。入口为主题，以入口正面临城市干道外广场设有休息坐椅。外广场和入口配匹对称强烈，尺寸合宜，坚持空间既活泼又有时代感，给人耳目一新的感觉。

公园大门效果图

c 效果图

图 14　公园大门设计实例 (2)

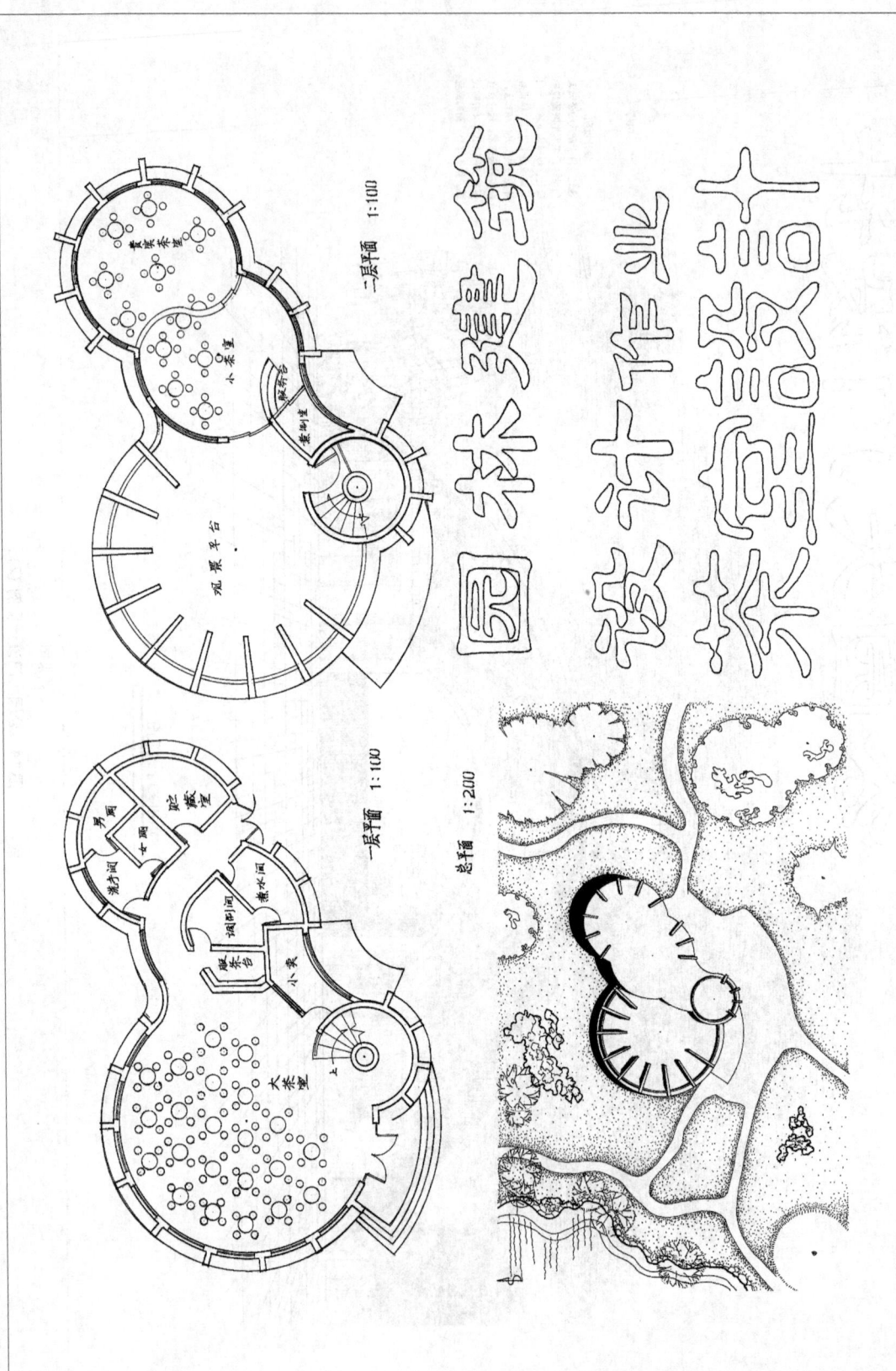

a 平面、总平面图

图15 公园茶室设计实例(1)

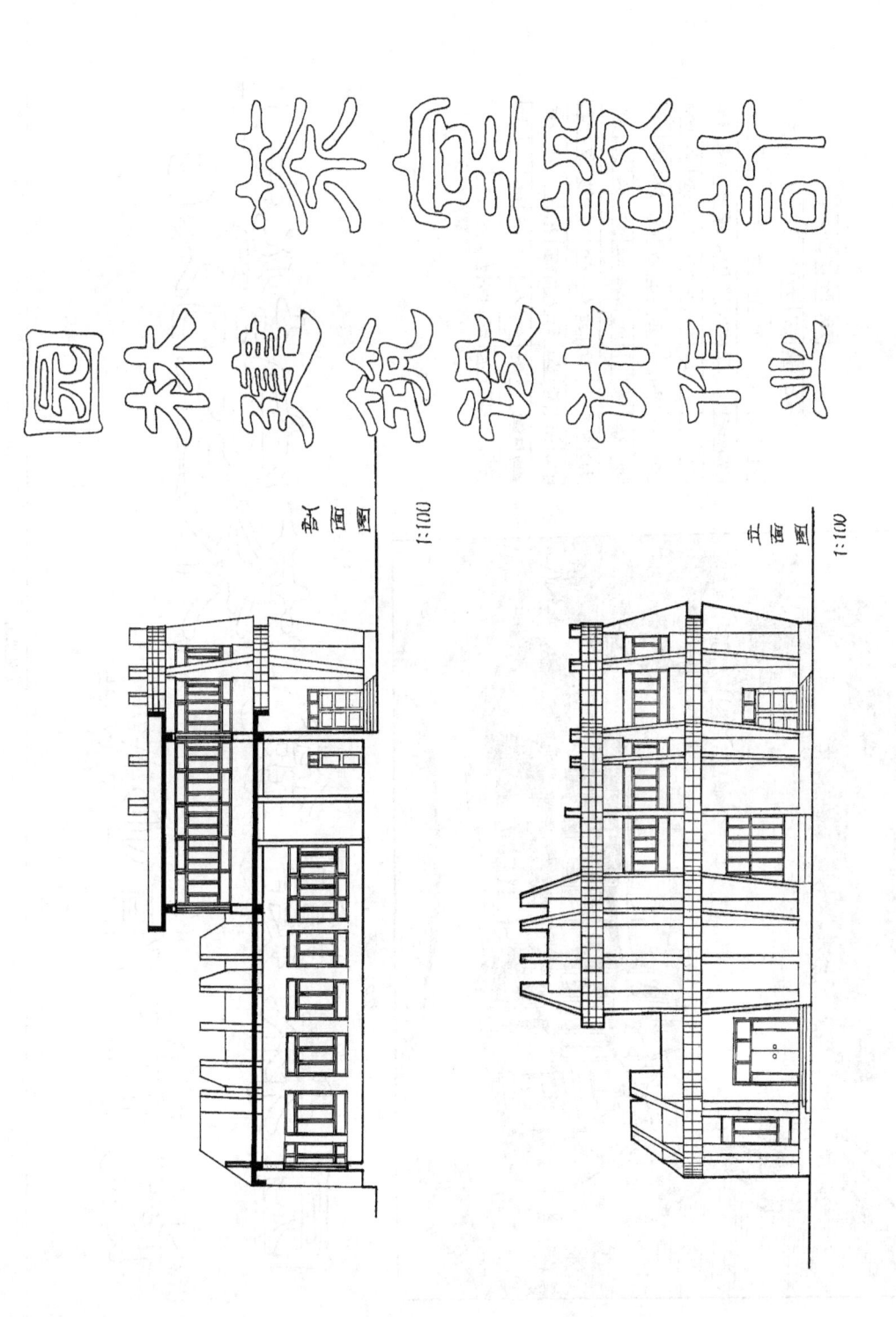

b 立面、剖面图

图15 公园茶室设计实例（1）

园林建筑 茶室设计

设计作业 VI

效果图

设计说明

此设计为一茶室设计。外观以圆柱体作为主面。 川面临湖，远岸、以草地绿花为主。草坪、两岸以河路踏林寒地为主体。远处此画以画木艺术地为内墙景。内满此画种植的重屋。材比树木，西面配水植梅花、环境幽雅，是供人们休闲饮茶、娱乐的好场所。

图15 公园茶室设计实例（1）
c 效果图

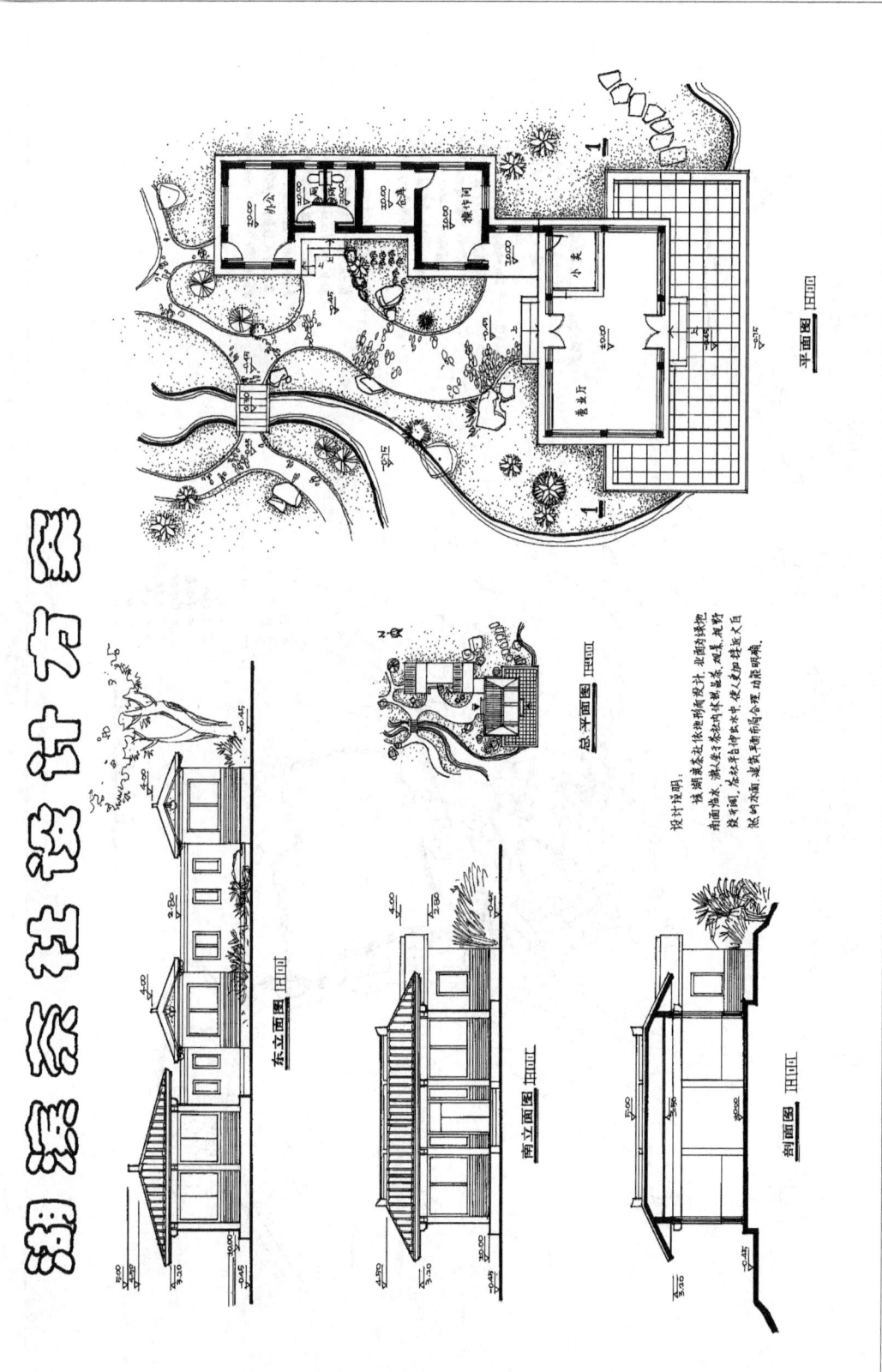

图16 公园茶室设计实例(2)

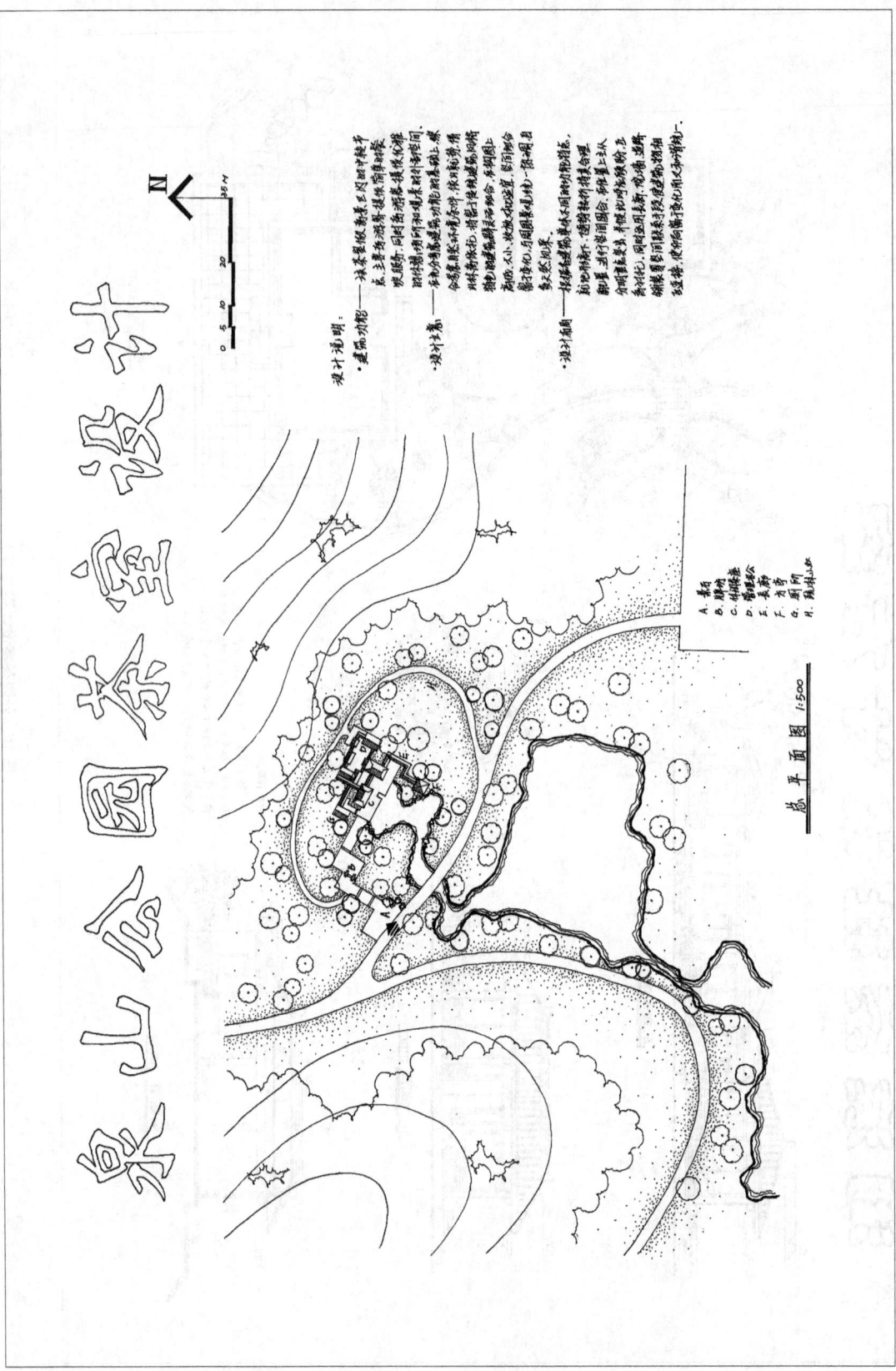

a 总平面图

图17 公园茶室设计实例(3)

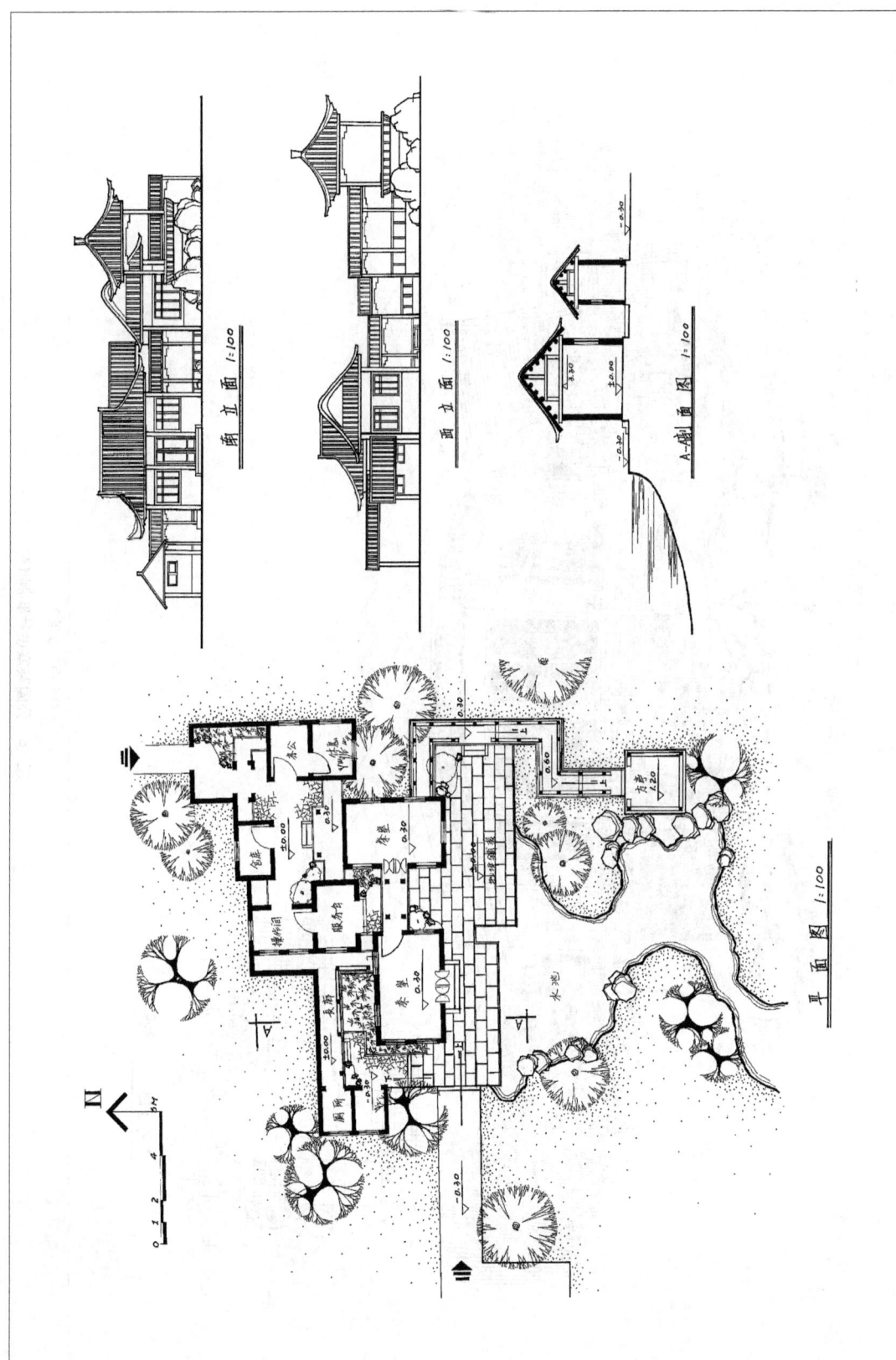

b 平面、立面、剖面图

图17 公园茶室设计实例(3)

a 总平面、效果图

图 18　公园茶室设计实例 (4)

总平面图　1:250

172

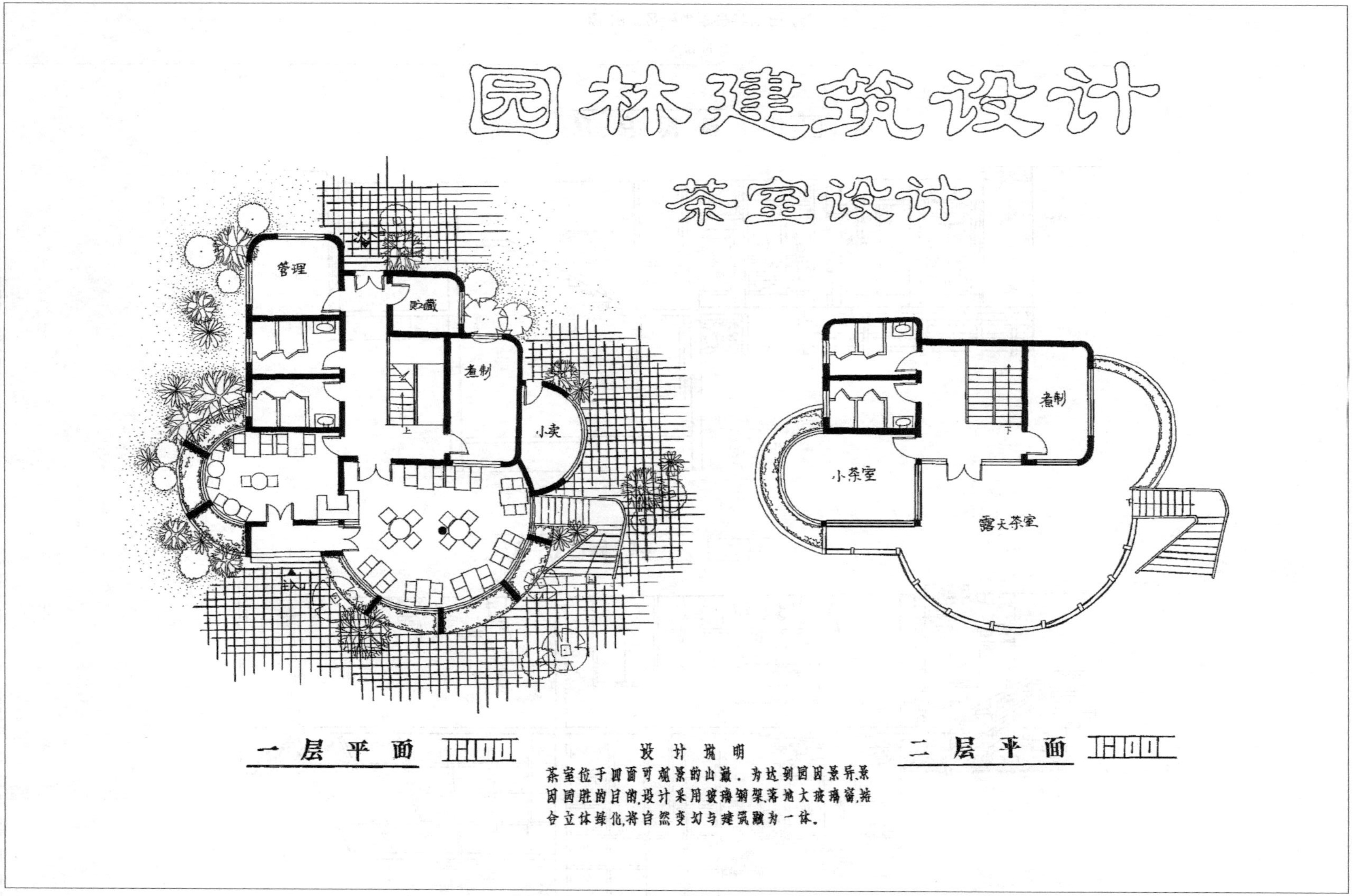

园林建筑设计

茶室设计

一层平面图

二层平面图

设计说明

茶室位于湖畔可观景可纳凉。为达到四季异景首图楼跨首自然形象计采用圆形玻璃顶,茶室挑大成玻璃窗廊令立体林草花掩目然多变与建筑融为一体。

b 平面图

图18 公园茶室设计实例 (4)

173

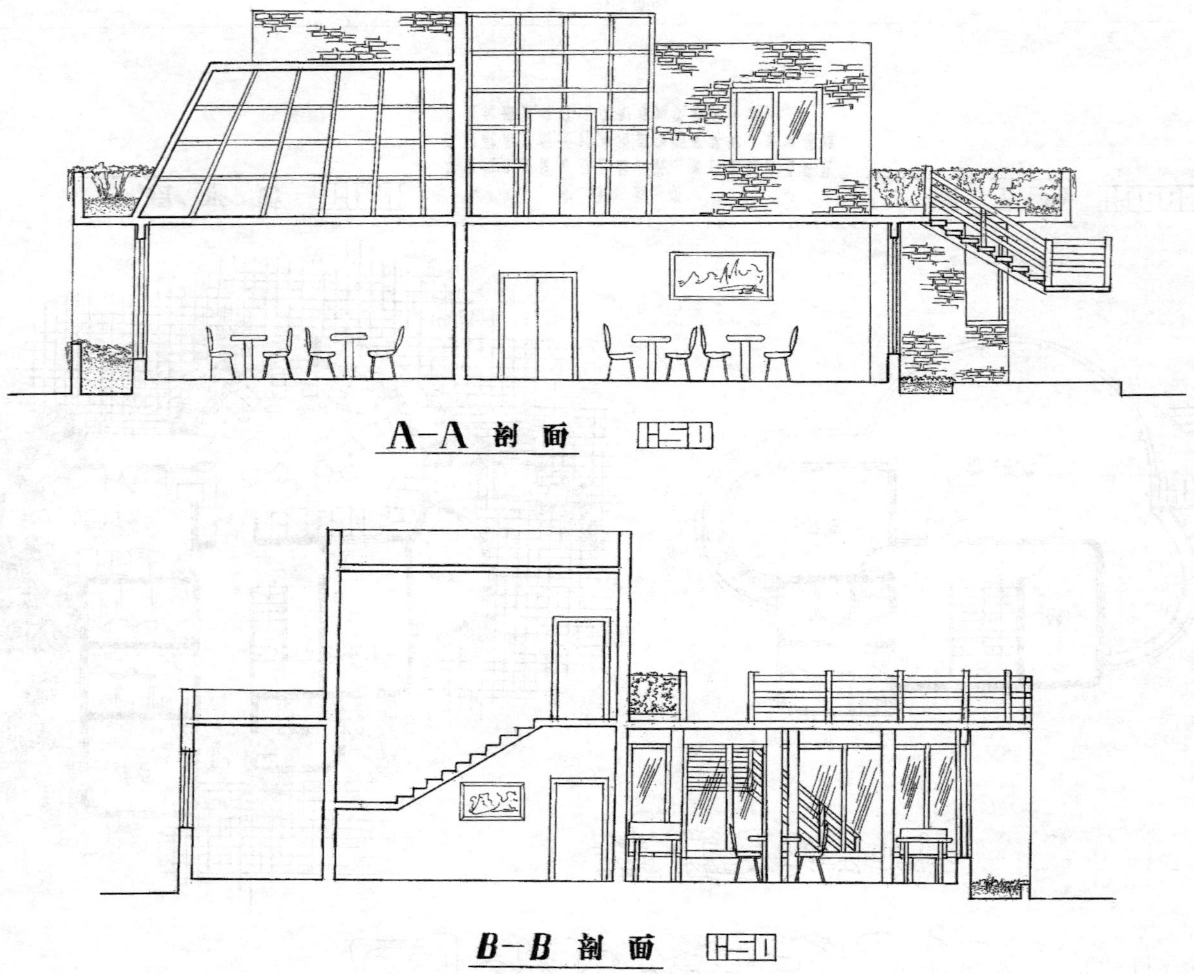

A—A 剖面

B—B 剖面

c 剖面图

图18 公园茶室设计实例（4）

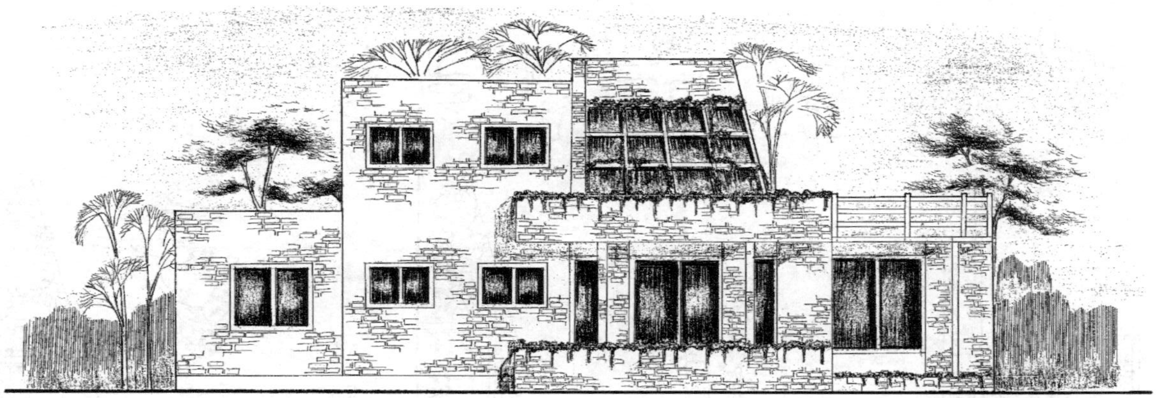

侧 立 面

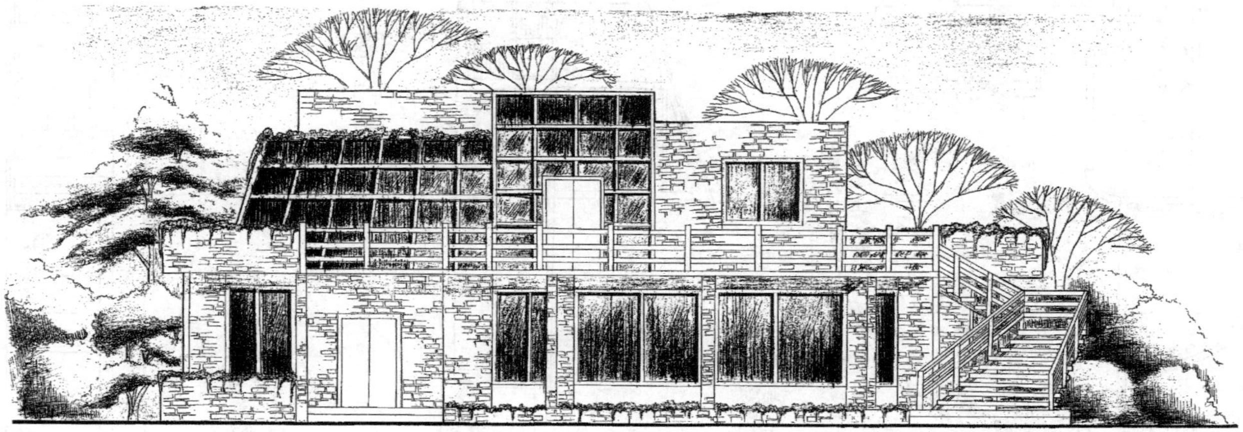

正 立 面

d 立面图

图18 公园茶室设计实例(4)

175

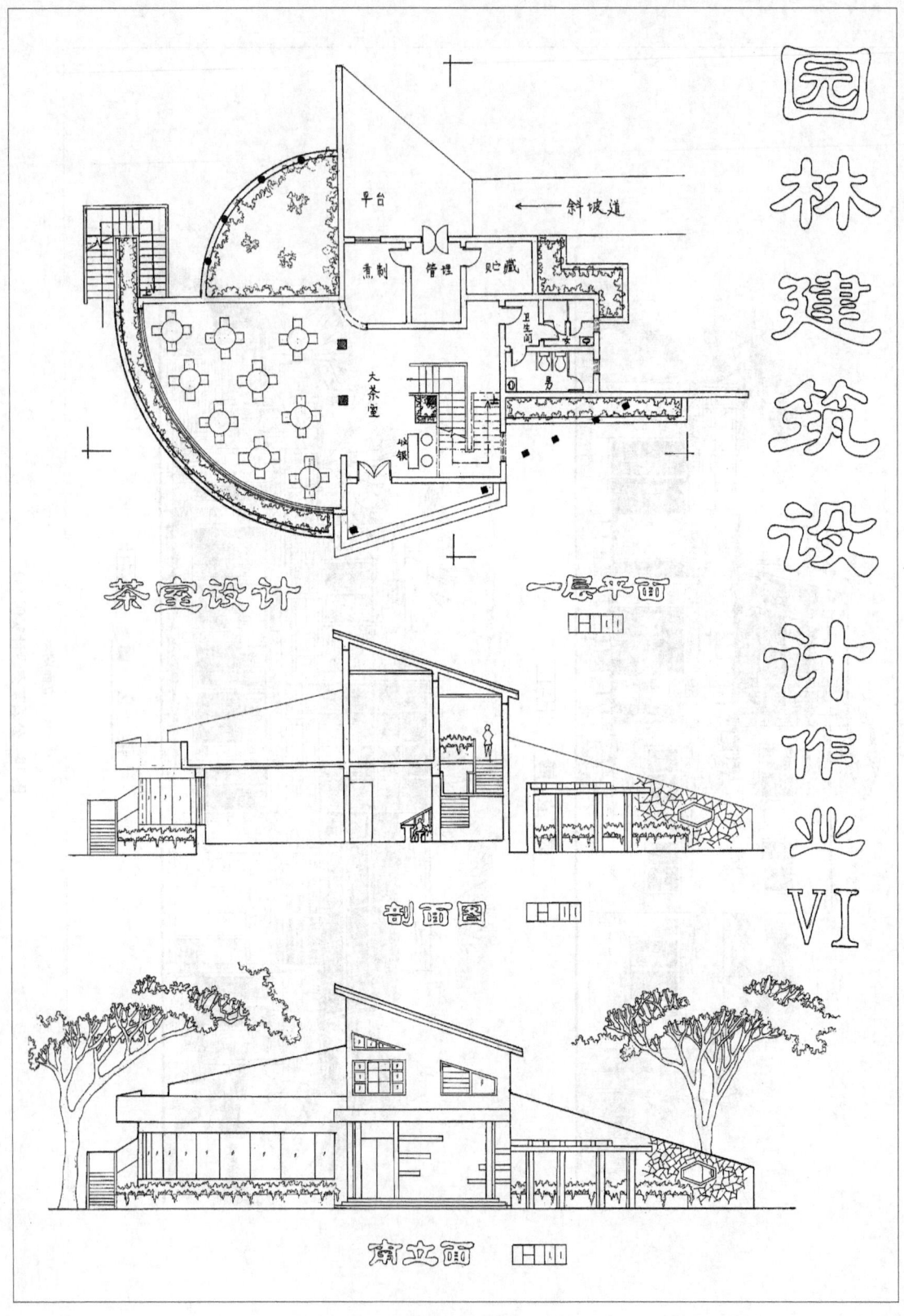

a 平面、立面、剖面图

图19 公园茶室设计实例(5)

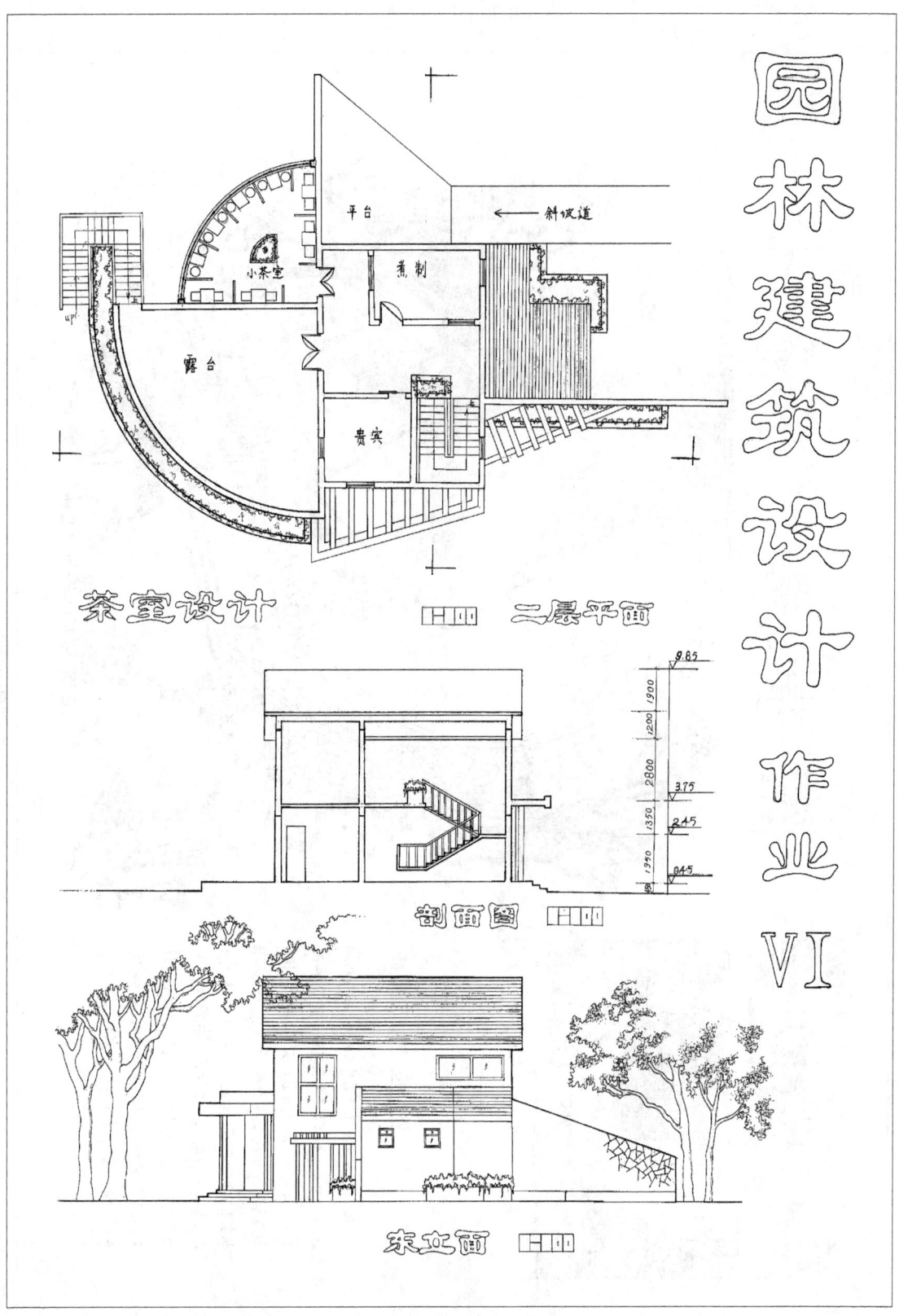

b 平面、立面、剖面图

图19 公园茶室设计实例(5)

c. 总平面、轴测图

图19 公园茶室设计实例（5）

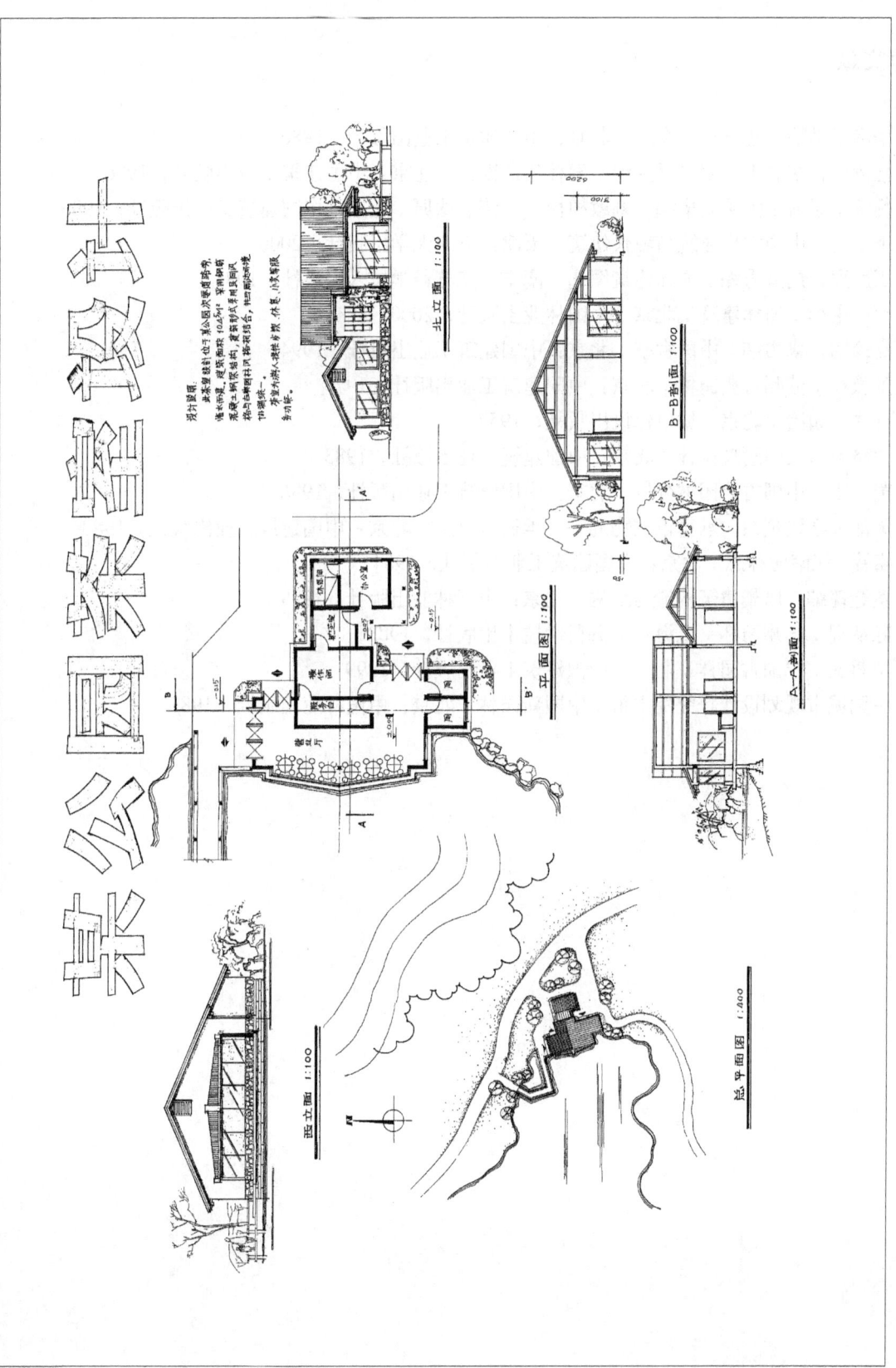

图 20　公园茶室设计实例 (6)

参考文献

1. 华南工学院. 建筑小品实录. 北京：中国建筑工业出版社，1980
2. 杜汝俭，李恩山，刘管平主编. 园林建筑设计. 北京：中国建筑工业出版社，1986
3. 姚承祖原著；张祖刚增编；刘敦桢校阅. 营造法原. 北京：中国建筑工业出版社，1986
4. 卜德清. 中国古代建筑与现代建筑. 天津：天津大学出版社，2000
5. 王庭熙，周淑秀编. 园林建筑图选. 南京：江苏科学技术出版社，1988
6. 卢仁主编. 园林建筑. 北京：中国林业出版社，2000
7. 高珍明，覃力编. 中国古亭. 北京：中国建筑工业出版社，1994
8. 刘敦桢. 苏州古典园林. 北京：中国建筑工业出版社，1979
9. 计成. 园冶. 北京：城市建设出版社，1957
10. 卢济威. 大门建筑设计. 北京：中国建筑工业出版社，1983
11. 彭一刚. 中国古典园林分析. 北京：中国建筑工业出版社，1986
12. 天津大学建筑系，承德市文物局编. 承德古建筑. 北京：中国建筑工业出版社，1980
13. 童寯. 江南园林志. 北京：中国建筑工业出版社，1984
14. 黄金琦编. 风景建筑构造与结构. 北京：中国林业出版社，1989
15. 陈从周. 扬州园林. 上海：上海科学技术出版社，1983
16. 罗哲文. 中国古园林. 北京：中国建筑工业出版社，1999
17. 中国城市规划设计研究院主编. 中国新园林. 北京：中国林业出版社，1987